AKADEMIE DER WISSENSCHAFTEN DER DDR
ZENTRALINSTITUT
FÜR ALTE GESCHICHTE UND ARCHÄOLOGIE

BIBLIOTHECA

SCRIPTORVM GRAECORVM ET ROMANORVM

TEVBNERIANA

LEIPZIG

BSB B.G. TEUBNER VERLAGSGESELLSCHAFT

1988

HISTORIA
APOLLONII REGIS TYRI

EDIDIT

GARETH SCHMELING

LEIPZIG

BSB B. G. TEUBNER VERLAGSGESELLSCHAFT
1988

Bibliotheca
scriptorum Graecorum et Romanorum
Teubneriana
ISSN 0233-1160
Redaktor: Günther Christian Hansen
Redaktor dieses Bandes: Günther Christian Hansen

ISBN 3-322-00450-3

© BSB B. G. Teubner Verlagsgesellschaft, Leipzig, 1988

1. Auflage

VLN 294/375/7/88 · LSV 0886

Lektor: Dr. phil. Elisabeth Schuhmann

Printed in the German Democratic Republic

Gesamtherstellung: INTERDRUCK Graphischer Großbetrieb Leipzig,

Betrieb der ausgezeichneten Qualitätsarbeit, III/18/97

Bestell-Nr. 666 443 5

04500

PRAEFATIO

Historia Apollonii regis Tyri (= Historia), quamquam incerti auctoris fuit, magna tamen auctoritate apud posteros valuit. ac primum quidem scriptoribus Christianis fideles docere cupientibus castitas illa incredibilis ac paene absurda eorum qui primas partes agunt (Apollonium, uxorem Apollonii, Tarsiam dico) valde placuit. deinde s. V − VI (ut videtur) scriptores Historiam emendare et locutiones ex litteris sacris adiungere coeperunt; quo factum est ut textus receptus sine spe redeundi ad exemplar pristinum contaminaretur. tum Historia illa non solum veteribus Christianis sed etiam poetis et historicis recentioribus iucunda visa est: nam et Godefridus di Viterbo illam versibus Latinis illustravit (s. XII) ut in Pantheon (compendium historiae universae) includeret; et Gestorum Romanorum (s. XIV) caput 153 compendium Historiae est; exstat etiam interpretatio Historiae Anglo-Saxonica (s. X − XI) et interpretatio Hispanica quae inscribitur Libro de Apolonio (s. XIII); eodem denique fundamento usus carmen epicum (20000 versuum) Henricus von der Neuenstadt Germanice conscripsit (s. XIII); fabulam scaenicam quae inscribitur Pericles Prince of Tyre composuit Guilelmus Shakespeare (1609); postremo eadem Historia inductus est T. S. Eliot ut Marinam (1930) conscriberet (Klebs 325 − 511, Kortekaas 5 − 9, 97 − 98).

DE TEMPORE HISTORIAE

Quo autem tempore Historia conscripta sit, ambigitur; tamen de termino qui dicitur 'ante quem' ex his duobus locis coniectura fieri potest:

Testimonia

1. de dubiis nominibus (s. VI) libri auctor incertus haec in commentarium refert: *gymnasium generis neutri, sicut balneum; in Apollonio 'gymnasium patet'*; cf. Historiam c. 13 (Grammatici Lat. ed. Keil, 1868, 5, 579).
2. Venantius Fortunatus (obiit 568) carm. 6, 8, 5:

> *tristius erro nimis patriis vagus exul ab oris*
> *quam sit Apollonius naufragus hospes aquis*

(F. Leo, Venanti Fortunati Opera poetica, MGH Auct. Ant. 4, 1, 1881, 148).

In Historia c. 42−43 aenigmata quaedam exstant (10 in RA, 7 in RB, 9 in RC), quae etiam in Symphosio inveniuntur. quae si Symphosius ipse (s. IV−V) composuit, Historia quae exstat post s. IV−V scripta esse debet: nam aut auctor Historiae post Symphosium vixit aut is qui Historiam in eam formam redegit quae vetustissima exstat haec interposuit. quem Symphosium aenigmata collegisse, non composuisse veri simile forsitan sit, et auctorem Historiae ipsum s. III haec in textu posuisse. ceterum praeter haec aenigmata plurima a Symphosio aliena in Historia inventa sunt. contra hanc rationem v. Kortekaas 257.

Ac plerique quidem viri eruditi Historiam s. III Latine scriptam censent: Klebs 194; Schanz−Hosius, Geschichte der röm. Lit. 4, 2, 1920, 90; Perry 294; Duncan-Jones 252; Callu 188; Lana 112; Nocera Lo Giudice 273. 283; Ziegler[1] 157; Ziegler[2]; nonnulli interpretationem in Latinum ex Graeco factam s. V−VI: in quibus Kortekaas 97−115 et viri eruditi qui ab illo laudantur. igitur Historia non solum auctoris et temporis incerti sed etiam linguae incertae est; testimonium tamen a Klebs, Perry, Duncan-Jones, Ziegler collectum grave videtur esse.

DE TEXTVS TRADITIONE

Nata est Historia pristina (HA) fabula s. III ex aliarum fabularum radicibus (post Charitonem et Xenophontem Ephesium, aequalis Achilli Tatio et Heliodoro), Latine scripta sed fabulis Graecis cognata. cum igitur impares partes narrationum appareant, Historiam compendium esse eruditi nonnulli suspicantur aut interpretationem, quippe quae tot verba locutionesque Graecas contineat. sed utrum epitomen Historiae an Historiam pristina in forma habeamus diiudicari non potest.

Iure tamen coniecturam facere possumus Historiam (R) mutatam ignotis de causis sed de industria esse s. V−VI in Italia a piis Christianis, locos e litteris sacris in idoneas sententias Historiae interpositos esse (cf. Thielmann), et *aurei* sententia sub *talenti* voce subiecta (cf. Callu 194−196; sestertium (ellipsis) auri [1000 HS auri] = 10 aurei ex s. III fit 1 solidus [1 aureus] = 1 talentum s. VI; scriba s. VI rationem duxit scripsitque *talentum* pro *solido* [cum verba *aureus* et *sestertium* non iam usitata essent]). haec mutata Historia est vetus forma 'redactionis' primae (RA). vocem 'redactionis' Klebs finxit, cum formae Historiae illius inter se adeo discreparent ut vocabulo 'recensionis' uti nollet. vocabulum igitur 'redactionis' etsi minus Latinum adhibuimus Klebs ceterosque secuti.

At ego adsentior rationi generali a Kortekaas expositae, qui censet redactionem RB conari corrigere RA, RC componere RA et RB; **P** corrigere electiones in RA sicut exhibentur in **A**, **βMπ** corrigere lectiones

in RB ut exhibentur in b. nam momenti maximi est redactio RA pro
RB et RC; codices optimi sunt A (RA), b (RB), ε (RC). deinde interpositis aliquot annis redactio secunda (RB) quoque in Italia fortasse
corrigendae excolendaeque primae (RA) causa est scripta (cf. Kortekaas
114; Klebs 277). tum itinere non perspicuo ad septentrionem codices
RA et RB Historiae s. VIII−IX moventur in Galliam et Angliam et
Germaniam. denique anno 747 abbas Wando Historiae codicem biblio-
thecae Sancti Wandregisili Fontanellensis donavit; anno 821 e testi-
monio indicis iam perditi erat Historiae codex in Augia Divite (Kortekaas 28. 419. 421). codex vetustissimus eorum qui ad nos pervenerunt b
(RB), Caesaroduni s. IX exaratus, Lugduni Batavorum exstat; insequens
codex A (RA) s. IX Monte Cassino scriptus, hodie Florentiae conserva-
tur. primorum RC codicum, qui redactiones RA et RB coniungere
conantur et modo post s. XII superstites sunt, exemplar non nisi post
RA et RB partitionem esset scriptum, id est post s. VI. ille RB conatus
excolere primam RA redactionem et haec RC confusio erant signa
infausta minaciaque in posterum. nam contaminationes coniunctionesque
non solum inter codices sed etiam redactiones tam crebro lateque fiebant
ut textus traditionem penitus interpretari non possemus. ex iis igitur,
quae de textus traditione Klebs et Kortekaas sive coniectura sive via
atque ratione investigaverunt, tota recentiorum doctrina pendet. ceterum
haec editio est omnis divisa in partes tres, quarum unam tenet redactio
RA, secundam RB, tertiam quae post Klebs RC dicta est.

DE EDITIONIBVS PRIORIBVS

In hoc textu constituendo, qui totus codicibus denuo excussis nititur,
nonnihil etiam labore eruditorum editorum priorum profecimus. his
quantum debeamus in apparatu passim manifestum est. atque editiones
quidem a. 1474 (editio princeps), 1595 (Velserus), 1856 (Lapaume), 1871
(Riese[1]) paene nullius sunt momenti ad textum constituendum. Riese
enim, codice P nondum adhibito, codicem A et alios aliarum redactionum
promiscue coniunxit, ut unam quasi procrearet Historiam. tum codicem
P, quo edendi condicio mutaretur, Ring in sua editione (1888) protulit.
paucis annis post idem Riese RA et RB separatim edidit, illam in supe-
riore parte paginae, hanc in inferiore. eius editio altera, vitiorum quidem
plena, tamen quasi primus gradus scalarum fuit: demonstravit enim non
esse unam Historiam superstitem, sed varias redactiones varie compo-
sitas. tum etsi editionem veram Klebs non edidit, opere eius (1899) de
codicibus atque traditione, quod monumentum aere perennius manet,
omnes recentiores nituntur. denique Raith (1956) partem Anglicam ex
RC illustravit. nuper in sua editione Tsitsikli (1981) priorum editorum
errores persaepe correxit et saepius textum emendare ausa est. postremo

editio Kortekaas (1984) maioris quidem pretii quam apographon codicum **Ab** est, sed plus ex ea emolumenti capi poterat, si editio vere critica esset. eo tamen Kortekaas de Historia bene meritus est, quod singillatim origines historiasque codicum et orthographica corruptionesque descripsit, et comparationes (in RA RB) collationesque instituit utiles. ceterum Tsitsikli et Kortekaas RA et RB separatim, illam in pagina sinistra, hanc in dextra proponunt.

DE REDACTIONIBVS ET CODICIBVS PRIMIS

RA vetustissima et optima redactio est. quamquam RA RB RC eandem fabulam, eventa eadem narrant, saepe ordo verborum sententiarumque non idem est. documento igitur certo non prodito, observationes tamen complures, quae ad redactiones tres pertinent, afferre possumus. nam vestigia originis paganae manifesta prodit RA c. 30 *manes . . . invocabat*, c. 31 *invocat manes*, c. 32 *Dii Manes* (illis locis RB tacita), c. 38 *Dii Manes* (*Diis Manibus* RB). versus Vergilii, quorum RB non agnovit imagines Vergilianas, conservat c. 18 RA. brevitas ut ita dicam 'classica' redactioni RB est: c. 2 RA *nutrix ut haec audivit atque vidit, exhorruit atque ait* (*nutrix ait* RB). RB dat nomina personis minoribus (*Amiantus* c. 33, *Chaeremon* c. 26), quae aliquantum coloris atque vigoris afferunt lectoremque ad discernendas personas adiuvant. in c. 1 RA omittit tam neglegenter incisum *ex amissa coniuge* (quod in RB invenitur), ut lector quid narretur in RA penitus perspicere non possit. sententiae in RB saepe limatiores quam in RA (c. 46 *impetrat a plebe ut taceant* RA: *imperat plebei ut taceant* RB; c. 34 *dedit ad te* RA: *tibi dedit* RB). fortasse RB (1) brevitatis formaeque classicae causa exemplar correxit (c. 14 *beneficio unius adolescentis quem nescio* RA: *beneficio nescio cuius adolescentis* RB; articulum incertum usurpat RA, *habuit unam filiam* c. 1 RA: *habuit . . . filiam* RB) aut (2) interpolata Christiana amovit (c. 21 *quod filia mea cupit, hoc est et meum votum. nihil enim in huiusmodi negotio sine deo agi potest* RA: *quod filia mea concupivit te, et meum votum est* RB) aut (3) exemplar quod partim melius quam RA erat accepit aut (4) redactionem quandam propinquiorem HA quam R invenit. media inter RA et RB stat RC, mutuans eventa, sententias, verborum ordines aeque a RA et RB. testimonium praeterea est RC invenisse codices qui contineant lectiones passim meliores illis quae sunt in RA et RB, aut etiam exemplar redactioni R aut HA propinquius.

SIGLA OMNIA

A	Laurentianus plut. LXVI 40, s. IX
As	Aschaffenburgensis 33, s. XV
Au	Augustanus 2° Cod. 126, s. XV
B	Barcinonensis 588, s. XIII – XIV
Bw	Windsheim 9 Stahleder, s. XIV
b	Vossianus lat. F 113, s. IX
C	Cameracensis 802, s. XII
Ca	Cantabrigiensis collegii Sidney Sussex 60, s. XIII – XIV
Ch	Chantilly 724, s. XV
c	Oxoniensis collegii Corporis Christi 82, s. XII
d	Bernensis 208, s. XIII
e	Vaticanus Reginensis lat. 905, s. XII
F	Lipsiensis 431, s. XII
Fa	Fermo 26, s. XIV – XV
f	Romanus Casanatensis 463, s. XIII
fa	Laurentianus plut. LXV 35, s. XI
fi	Florentinus Conv. Soppr. J. 5. 8, s. XV
G	Gottingensis philol. 173, s. XV
Ga	Graeciensis 350, s. XII
Ge	Gandensis 92, s. XII
g	Vaticanus Ottobonianus lat. 1855, s. XIII
gd	Dantiscanus 1944, s. XV
ge	Genuensis 113, s. XV
gr	Hagensis Comitum 72 A 23, s. XV
H	Lipsiensis Haenel. 3518, s. XIV
Hn	San Marino HM 1034, s. XIV
Ht	San Marino HM 140, s. XV
Hu	San Marino HM 30319, s. XV
h	codex usurpatus in editione principe 1474, iam perditus
I	Oenipontanus 60, s. XV
K	Oxoniensis Bodl. 834, s. XV
Ka	Cassellanus 4° ms. theol. 27, s. XII
Kb	Hafniensis Thott 1063, 4°, s. XIV
Ko	Kornik 801, s. XV
Kr	Cremifanensis 92, s. XV
Ku	Cusanus 16, s. XV
L	Parisinus lat. 7531, s. XIV
Lc	Londiniensis 1, s. XIV
Le	Lipsiensis 919, s. XV
Ls	Londiniensis Stowe 56, s. XII
M	Matritensis 9783, s. XIII
Mc	Monacensis Clm 17129, s. XIV
Mh	Monacensis Clm 18060, s. XV
Mi	Ambrosianus C 72 Inf., s. XI – XII
Mn	Monacensis Clm 215, s. XV
Mu	Monacensis 8° Cod. ms. 154, s. XV
m	Berolinensis theol. lat. fol. 194, s. XV
N	Venetus Marc. lat. X, 182, s. XV
O	Vaticanus Urbinas lat. 456, s. XIV
O1	Vaticanus Ottob. lat. 1387, s. XIII
O2	Vratislaviensis IV Q 84, s. XV

Ol	Olomucensis 300, s. XV
P	Parisinus lat. 4955, s. XIV
Pa	Parisinus lat. 8503, s. XIV
Pf	Pragensis 2125, s. XIV – XV
Pg	Pragensis 2637, s. XV
Ph	Pragensis A 43, s. XV
Pi	Pragensis G 29, s. XV
Pj	Pragensis H 14, s. XV
Po	Pommersfelden 233, s. XV
Ps	Parisinus lat. 3764, s. XIII
p	Londiniensis Arundel 123, s. XIV
q	Parisinus nouv. acq. lat. 1423, s. XIII
ql	Carlopolitanus 275, s. XIII – XIV
r	Vaticanus lat. 1869, s. XII
S	Stuttgartensis Hist. Fol. 411, s. XII
T	Monacensis Clm 19148, s. IX
Ti	Augustanus Treverorum 79, s. XV
Tr	Augustanus Treverorum 547/1542, s. XV
t	Basileensis E III 3, s. XIV
t1	Basileensis E III 17, s. XV
ta	Basileensis A IX 4, s. XV
V	Vindobonensis 226, s. XII
V2	Tridentinus 3129, s. XV
Va	Vaticanus lat. 1984, s. XII
Vb	Vaticanus Reginensis lat. 718, s. XII
Vd	Vindobonensis 510, s. XIII
Ve	Vindobonensis 362, s. XIV
Vf	Vaticanus lat. 1961, s. XIV
Vg	Vaticanus lat. 2947, s. XIV
Vh	Vaticanus Reginensis lat. 1401, s. XII – XIII
Vj	Vindobonensis 3126, s. XV
Vl	Vaticanus lat. 6966, s. XVI
Vp	Vaticanus [Archivio di S. Pietro] E 36, s. XIV – XV
v	Vindobonensis 3332, s. XV
Wf	Washingtonensis 1106, s. XV
Wl	codex usurpatus in editione Velseri 1595, iam perditus
Wll	Augustanus Vindelicorum II 1, 2°, fol. 190, s. XV
w	Vratislaviensis IV F 33, s. XIV
wr	Vratislaviensis I F 108, s. XV
Y	Oxoniensis Bodl. 287, s. XIV
Z	Tigurinus C 35, s. XV
β	Oxoniensis collegii Magdalenae 50, s. XII
β1	Londiniensis Sloane 2233, s. XVII
Γ	Atrebatensis 163, s. XIII
Γa	Atrebatensis 736, s. XV
γ	Londiniensis Sloane 1619, s. XIII
δ	Oxoniensis Laud. misc. 247, s. XII
ε	Cantabrigiensis collegii Corporis Christi 318, s. XII
ζ	Londiniensis Cotton Vesp. A XIII, s. XV
η	Cantabrigiensis collegii Corporis Christi 451, s. XII – XIII
Θ	Parisinus lat. 17569, s. XIII
Θp	Parisinus lat. 17568, s. XIII
ϑ	Londiniensis Arundel 292, s. XIII

$\varkappa$	Vaticanus lat. 7666, s. XV
$\varLambda$	Vindobonensis 480, s. XIII
λ	Parisinus lat. 8502, s. XIV
μ	Vaticanus Reginensis lat. 634, s. XII
ξ	Oxoniensis Rawl. D. 893 et Rawl. C. 510, s. XII
π	Parisinus lat. 6487, s. XIII
ϱ	Erfurtensis Amplon. Oct. 92, s. XIII
τ	Oxoniensis Rawl. B. 149, s. XIV
φ	Pestinensis lat. 4, s. X – XI

(codices perditi: cf. Kortekaas 419 – 424)

INDEX SIGLORVM CVM REDACTIONIBVS ET SIGLIS EDITORVM PRIORVM

+ codex redactioni non attributus
− codex editori ignotus
× codex cognitus sed non adhibitus

Schmeling	Redactio	Kortekaas	Klebs
A	RA	A [RA 1]	A
As	+	×	−
Au	+	−	−
B	RSt	[RSt?]	−
Bw	RC	[RC 20]	−
b	RB	b [RB 1]	b
C	RE	C [RE 5]	×
Ca	RB	[RB 7]	×
Ch	R$\varkappa$	[R$\varkappa$ 7]	−
c	Rber	(c) [RBern 1]	c
d	Rber	(d) [RBern 2]	d
e	Rber	(e) [RBern 3]	e
F	R$\varkappa$	F [R$\varkappa$ 2]	F
Fa	+	×	−
f	Rber	(f) [RBern 4]	f
fa	RSt	[RSt]	(fa)
fi	Rβ	[Rβ 6]	−
G	R$\varkappa$	G [R$\varkappa$ 5]	G
Ga	RC	[RC 19]	−
Ge	R$\varkappa$	L [R$\varkappa$ 3]	−
g	Rber	(g) [RBern 5]	g
gd	RSt	[RSt 6]	−
ge	R$\varkappa$	[R$\varkappa$ 6]	−
gr	R$\varkappa$	[R$\varkappa$ 8]	−
H	RSt	(H) [RSt 12]	H
Hn	Rβ	[Rβ 4]	−
Ht	Rβ	[Rβ 9]	−
Hu	RC	[RC 14]	−
h	RSt	(h) [RSt]	h
I	RC	[RC 10]	−
K	RSt	(K) [RSt 9]	K
Ka	RE	[RE 6]	−
Kb	RC	[RC 13]	−

Schmeling	Redactio	Kortekaas	Klebs
Ko	Rα	[Rα 11]	—
Kr	+	×	—
Ku	RC	[RC 18]	—
L	RSt	**(L)** [RSt 3]	**L**
Lc	+	×	—
Le	Rα	[Rα 15]	—
Ls	RT	[RT 10]	—
M	RB	**M** [RB 4]	—
Mc	+	×	—
Mh	+	×	—
Mi	Rβ	[Rβ 2]	—
Mn	RSt	**(M)** [RSt 15]	**M**
Mu	+	—	—
m	RE	**(m)** [RE 8]	**m**
N	RSt	**(N)** [RSt 10]	**N**
O	RSt	**(O)** [RSt 8]	**O**
O1	Rβ	**(O1)** [Rβ 3]	**O1**
O2	Rβ	**(O2)** [Rβ 8]	**O2**
Ol	+	×	—
P	RA	**P** [RA 3]	**P**
Pa	RC	**(Pa)** [RC 11]	**Pa**
Pf	Rα	[Rα 14]	—
Pg	Rβ	[Rβ 7]	—
Ph	RB	[RB 5]	—
Pi	RSt	[RSt 14]	—
Pj	RSt	[RSt 7]	—
Po	RSt	[RSt 16]	—
Ps	RT	[RT 9]	—
p	Rβ	**(p)** [Rβ 1]	**p**
q	RE	**q** [RE 2]	**q**
q1	RE	[RE 3]	×
r	RE	**r** [RE 4]	**r**
S	RSt	**S** [RSt 1]	**S**
T	RT	**T** [RT 1]	**T**
Ti	+	×	—
Tr	RC	[RC 9]	—
t	RT	[RT 3]	**t** ⎫
t1	RT	[RT 5]	**t** ⎭ permixti
ta	RT	[RT 6]	×
V	RC/RT	**(V)** [RC 1/RT 11]	**V**
V2	RC/RT	**(V2)** [RC 2/RT 12]	×
Va	RC	**Va** [RC 7]	**Va**
Va^c	RA	**Va^c** [RA 2]	×
Vb	RC	**(Vb)** [RC 8]	**Vb**
Vd	RC	**(Vd)** [RC 17]	**Vd**
Ve	RC	**(Ve)** [RC 21]	**Ve**
Vf	RSt	[RSt 5]	—
Vg	+	—	—
Vh	RSt	[RSt 2]	—
Vj	RSt	[RSt]	**(Vj)**
Vl	Rβ	[Rβ 5]	—
Vp	RB	[RB 8]	—

Schmeling	Redactio	Kortekaas	Klebs
v	Rא	(v) [Rא 13]	v
Wf	Rא	[Rא 4]	–
Wl	Rα	(Wl) [Rא]	Wl
Wl1	Rα	[Rא 10]	–
w	Rא	(w) [Rא 12]	w
wr	RC	[RC 22]	–
Y	+	×	×
Z	RT	[RT 4]	–
β	RB	β [RB 2]	β
β1	RB	β^II [RB 3]	×
Γ	Rא	Atr(Γ) [Rא 9]	Γ
Γa	RSt	[RSt 13]	–
γ	RC	γ [RC 12]	γ
δ	RC	(δ) [RC 5]	δ
ε	RC	(ε) [RC 3]	ε
ζ	RC	(ζ) [RC 15]	ζ
η	RC	(η) [RC 4]	η
Θ	RT	(μ) [RT 8]	Θ
Θp	RT	[RT 13]	×
ϑ	RT	(ϑ) [RT 7]	ϑ
κ	RC	(κ) [RC 16]	κ
Λ	RSt	(Λ) [RSt 11]	Λ
λ	RSt	(λ) [RSt 4]	λ
μ	RE	(μ) [RE 7]	μ
ξ	RC	(ξ) [RC 6]	ξ
π	RB	π [RB 6]	π
ϱ	RE	ϱ [RE 1]	ϱ
τ	RT	(τ) [RT 2]	τ
φ	Rא	φ [Rא 1]	φ

INDEX CODICVM SECVNDVM REDACTIONES

RA   Redactio A

A   Laurentianus plut. LXVI 40 [Biblioteca Medicea Laurenziana, Firenze], s. IX, ff. 62^r–70^v

P   Parisinus lat. 4955 [Bibliothèque Nationale], s. XIV, ff. 9^r–15^r

Va^c Vaticanus lat. 1984 emendatus, s. XII, ff. 167^r–184^r; vide Va in RC

Rα   Redactio ex RA orta
Forma longa

F   Lipsiensis 431 [Karl-Marx-Universität], s. XII, ff. 93^r–117^r

φ   Pestinensis lat. 4 [Országos Széchényi Könyvtár, Budapest], s. X–XI, 3½ folia

Forma brevis

G   Gottingensis philol. 173 [Universitätsbibliothek], s. XV, ff. 1^r–14^r

Ge   Gandensis 92 [Universiteitsbibliotheek], s. XII, ff. 263^v–269^v et 258^v–259^r

XIII

Γ   Atrebatensis 163 (Quicherat 184) [Bibliothèque Municipale], s. XIII, ff. 109^r – 121^r

ge   Genuensis 113 (olim A IX 9; B IX 9) [Palazzo Durazzo Pallavicini], s. XV, ff. 176^v – 184^r

Ch   Chantilly 724 (olim 1596) [Musée Condé], s. XV, ff. 175^v – 183^v

gr   Hagensis Comitum 72 A 23 (olim Y 392) [Koninklijke Bibliotheek], s. XV, ff. 204^v – 213^r

Wf   Washingtonensis 1106 [Folger Shakespeare Library], s. XV, ff. 1^r – 16^v

Forma mixta

Wl   codex usurpatus in editione Velseri 1595, iam perditus

Wl1   Augustanus Vindelicorum II 1, 2° fol. 190 [Universitätsbibiliothek, olim in Harburg über Donauwörth, Fürstlich Oettingen-Wallerstein'-sche Bibliothek], s. XV, ff. 50^v – 69^v (apographon ex Wl)

Le   Lipsiensis 919 [Karl-Marx-Universität], s. XV, ff. 192^v – 206^v (adfinis illius codicis Wl)

w   Vratislaviensis IV F 33 [Biblioteka Uniwersytecka], s. XIV, ff. 142^r – 154^r

v   Vindobonensis 3332 [Österreichische Nationalbibliothek], s. XV, ff. 282^r – 286^r

Ko   Kórnik 801 [Biblioteka Kórnicka], s. XV, ff. 343^r – 353^v et 326^v – 330^v

Pf   Pragensis 2125 (XII B 20) [Universitní Knihovna], s. XIV – XV, ff. 95^r – 103^r

RB   Redactio B

b   Vossianus lat. F 113 [Universiteitsbibliotheek, Lugdunum Batavorum], s. IX, ff. 30^v – 38^v

β   Oxoniensis collegii Magdalenae 50 [Bodleian Library], s. XII, ff. 88^r – 108^r

β1   Londiniensis Sloane 2233 [British Library], s. XVII, ff. 2^r – 39^r (apographon ex β?)

M   Matritensis 9783 (olim E e 103) [Biblioteca Nacional], s. XIII, ff. 67^v – 79^v

π   Parisinus lat. 6487 [Bibliothèque Nationale], s. XIII, ff. 24^r – 40^v

Ph   Pragensis A 43 [Metropolitní Kapitoly Knihovna], s. XV, ff. 205^r – 217^r

Ca   Cantabrigiensis collegii Sidney Sussex 60 (Δ 315), s. XIII – XIV, ff. 23^r – 37^v

Vp   Vaticanus E 36 [Archivio di S. Pietro], s. XIV – XV, ff. 65^r – 65^v

RC   Redactio C (Redactio ex RA et RB pariter orta)

ε   Cantabrigiensis collegii Corporis Christi 318, s. XII, ff. 477 – 509

η   Cantabrigiensis collegii Corporis Christi 451, s. XII – XIII, ff. 88^r – 105^v

δ   Oxoniensis Laud. misc. 247 (olim Laud. H 39) [Bodleian Library], s. XII, ff. 203^v – 223^r

ξ   Oxoniensis Rawl. D. 893 [Bodleian Library], ff. 105^r – 106^v et Rawl. C. 510, ff. 31^v – 41^v, s. XII

Va   Vaticanus lat. 1984, s. XII, ff. 167^r – 184^r; vide Va^c in RA

Vb   Vaticanus Reginensis lat. 718, s. XII, ff. 206^r – 222^r

Tr	Augustanus Treverorum 547/1542 [Stadtbibliothek], s. XV, ff. 84ʳ – 92ʳ
I	Oenipontanus 60 [Universitätsbibliothek], s. XV, ff. 211ʳ – 227ʳ
Pa	Parisinus lat. 8503 [Bibliothèque Nationale], s. XIV, ff. 1ʳ – 7ᵛ
V	Vindobonensis 226 [Österreichische Nationalbibliothek], s. XII, ff. 107ʳ – 126ᵛ; vide V in RT
V2	Tridentinus 3129 (olim Vindobonensis 3129) [Biblioteca Comunale], s. XV, ff. 41ʳ – 60ᵛ; vide V2 in RT (apographon ex V)
γ	Londiniensis Sloane 1619 [British Library], s. XIII, ff. 18ʳ – 29ʳ
Kb	Hafniensis Thott 1063, 4° [Kongelike Bibliotek], s. XIV, ff. 1ʳ – 20ʳ
Hu	San Marino HM 30319 (olim Phillipps MS 8517) [Huntington Library, California], s. XV, ff. Aʳ – Lʳ
ζ	Londiniensis Cotton Vesp. A. XIII [British Library], s. XV, ff. 132ʳ – 147ʳ
ϰ	Vaticanus lat. 7666, s. XV, ff. 246ʳ – 267ᵛ
Vd	Vindobonensis 510 [Österreichische Nationalbibliothek], s. XIII, ff. 1ʳ – 30ᵛ
Ku	Cusanus 16 [St. Nikolaus-Hospital, Bernkastel-Kues], s. XV, ff. 97ʳ – 123ᵛ
Ga	Graeciensis 350 [Universitätsbibliothek], s. XII, ff. 103ʳ – 118ᵛ
Bw	Windsheim 9 Stahleder (51 Schirmer) [Ratsbibliothek], s. XIV, ff. 150ʳ – 156ʳ
Ve	Vindobonensis 362 [Österreichische Nationalbibliothek], s. XIV, ff. 3ʳ – 7ʳ
wr	Vratislaviensis I F 108 [Biblioteka Uniwersytecka], s. XV, ff. 269ʳ – 276ᵛ

RT Redactio Tegernseeensis (Redactio ex RB plerumque orta)

T	Monacensis Clm 19148 [Bayerische Staatsbibliothek], s. IX, ff. 1 – 4, 5 – 6 (fragmenta), 7 – 10
	(capita 1 – 25 in V et V2 ad RC, 26 – 51 modo ad RC, modo ad RT pertinentia)
	V Vindobonensis 226 [Österreichische Nationalbibliothek], s. XII, ff. 107ʳ – 126ᵛ; vide V in RC
	V2 Tridentinus 3129 (olim Vindobonensis 3129) [Biblioteca Comunale], s. XV, ff. 41ʳ – 60ᵛ; vide V2 in RC (apographon ex V)
τ	Oxoniensis Rawl. B. 149 [Bodleian Library], s. XIV, ff. 65 – 90
t	Basileensis E III 3 (olim D V 15) [Universitätsbibliothek], s. XIV, ff. 28ʳ – 41ᵛ
t1	Basileensis E III 17 [Universitätsbibliothek], s. XV, ff. 22ʳ – 26ᵛ (apographon ex t?)
ta	Basileensis A IX 4 [Universitätsbibliothek], s. XV, ff. 195 – 300
Z	Tigurinus C 35 [Zentralbibliothek], s. XV, ff. 256ʳ – 269ʳ
ϑ	Londiniensis Arundel 292 [British Library], s. XIII, ff. 40ʳ – 60ʳ
Θ	Parisinus lat. 17569 [Bibliothèque Nationale], s. XIII, ff. 1ʳ – 12ᵛ
Ps	Parisinus lat. 3764 [Bibliothèque Nationale], s. XIII, ff. 43ʳ – 67ᵛ
Ls	Londiniensis Stowe 56 [British Library], s. XII, ff. 75ʳ – 87ᵛ
Θp	Parisinus lat. 17568 [Bibliothèque Nationale], s. XIII, f. 95ʳ

RSt Redactio Stuttgartensis (Redactio ex RB plerumque orta)

S	Stuttgartensis Hist. Fol. 411 [Württembergische Landesbibliothek], s. XII, ff. 239ʳ – 247ᵛ
Vh	Vaticanus Reginensis lat. 1401, s. XII – XIII, ff. 113ʳ – 114ᵛ

L	Parisinus lat. 7531 [Bibliothèque Nationale], s. XIV, ff. 284^r–288^r
λ	Parisinus lat. 8502 [Bibliothèque Nationale], s. XIV, ff. 1^r–27^r
Vf	Vaticanus lat. 1961, s. XIV, ff. 373^v–385^v
gd	Dantiscanus 1944 [Biblioteka Gdańska], s. XV, ff. 229^r–252^v
Pj	Pragensis H 14 [Metropolitní Kapitoly Knihovna], s. XV, ff. 1^r–22^r
O	Vaticanus Urbinas lat. 456, s. XIV, ff. 38^v–46^v
K	Oxoniensis Bodl. 834 [Bodleian Library], s. XV, ff. 1^r–23^r
N	Venetus Marc. lat. X, 182 (olim 3848) [Biblioteca Nazionale di S. Marco], s. XV, ff. 2^r–34^r
Λ	Vindobonensis 480 [Österreichische Nationalbibliothek], s. XIII, ff. 59^r–66^v
H	Lipsiensis Haenel. 3518 [Karl-Marx-Universität], s. XIV, ff. 60^r–69^v
h	codex usurpatus in editione principe 1474 Traiecti ad Rhenum
Γa	Atrebatensis 736 (olim 687) [Bibliothèque Municipale], s. XV, ff. 1^r–26^v
Pi	Pragensis G 29 [Metropolitní Kapitoly Knihovna], s. XV, ff. 290^r–300^r
Mn	Monacensis Clm 215 [Bayerische Staatsbibliothek], s. XV, ff. 194^r–205^r
Po	Pommersfelden 233 (2855) [Schloßbibliothek], s. XV, ff. 147^v–160^r
fa	Laurentianus plut. LXV 35 [Biblioteca Medicea Laurenziana, Firenze], s. XI, ff. 130^r–131^v
Vj	Vindobonensis 3126 [Österreichische Nationalbibliothek], s. XV, ff. 50^r–52^v
B	Barcinonensis 588 [Biblioteca Universitaria], s. XIII–XIV, ff. 1^r–6^r

RE		**Redactio Erfurtensis (Redactio ex RB plerumque orta)**
	ϱ	Erfurtensis Amplon. Oct. 92 [Wissenschaftliche Bibliothek der Stadt Erfurt], s. XIII, ff. 1^r–18^v
	q	Parisinus nouv. acq. lat. 1423 [Bibliothèque Nationale], s. XIII, ff. 156^r–166^r
	q1	Carlopolitanus 275 [Bibliothèque Municipale], s. XIII–XIV, ff. 158^v–167^v
	r	Vaticanus lat. 1869, s. XII, ff. 199^v–208^r
	C	Cameracensis 802 [Bibliothèque Municipale], s. XII, ff. 65^v–76^v
	Ka	Cassellanus 4° ms. theol. 27 [Murhardsche Bibliothek der Stadt Kassel und Landesbibliothek], s. XII, ff. 96^r–112^r
	μ	Vaticanus Reginensis lat. 634, s. XII, 1^r–14^r
	m	Berolinensis theol. lat. fol. 194 [Deutsche Staatsbibliothek Preußischer Kulturbesitz], s. XV, ff. 92^r–98^v

Rber		**Redactio Bernensis (Redactio ex RB plerumque orta)**
	c	Oxoniensis collegii Corporis Christi 82 [Bodleian Library], s. XII, ff. 329–345
	d	Bernensis 208 [Burgerbibliothek], s. XIII, ff. 49^r–58^v
	e	Vaticanus Reginensis lat. 905, s. XII, ff. 13^v–30^v
	f	Romanus Casanatensis 463 (olim A. I. 21), s. XIII, ff. 8^r–18^r
	g	Vaticanus Ottob. lat. 1855, s. XIII, ff. 1^r–16^v

Rβ		**Redactio Rβ (Redactio ex RB plerumque orta)**
	p	Londiniensis Arundel 123 [British Library], s. XIV, ff. 33^r–42^v
	Mi	Ambrosianus C 72 Inf. [Biblioteca Ambrosiana, Milano], s. XI–XII, ff. 169^r–173^v

01	Vaticanus Ottob. lat. 1387, s. XIII, 59^r−67^v
Hn	San Marino HM 1034 [Huntington Library, California], s. XIV, ff. 145^r−152^v
V	Vaticanus lat. 6966, s. XVI, ff. 177^r−202^r
fi	Florentinus Conv. Soppr. J. 5. 8 [Biblioteca Nazionale Centrale], s. XV, ff. 233^r−244^v
Pg	Pragensis 2637 (XIV. G. 45) [Universitní Knihovna], s. XV, ff. 6^r−22^r
02	Vratislaviensis IV Q 84 [Biblioteka Uniwersytecka], s. XV, ff. 1^r−15^r
Ht	San Marino HM 140 [Huntington Library, California], s. XV, ff. 139^v−152^v

Codices redactioni non attributi

As	Aschaffenburgensis 33 [Hofbibliothek], s. XV, ff. 110^r−123^v
Au	Augustanus 2° Cod. 126 [Staats- und Stadtbibliothek, Augsburg], s. XV, ff. 112^v−132^r
Fa	Fermo 26 (4 CA I/26) [Biblioteca Comunale], s. XIV−XV, ff. 33^r−50^r
Kr	Cremifanensis 92 [Stiftsbibliothek], s. XV, ff. 295^r−331^r
Le	Londiniensis 1 [College of Arms], s. XIV, ff. 207^r−214^r
Mc	Monacensis Clm 17129 [Bayerische Staatsbibliothek], s. XIV, ff. 220^r−228^v
Mh	Monacensis Clm 18060 [Bayerische Staatsbibliothek], s. XV, ff. sine numeris
Mu	Monacensis 8° Cod. ms. 154 (Cim. 80^b) [Universitätsbibliothek], s. XV, ff. 80^r−122^v
Ol	Olomucensis 300 [Státní Archiv], s. XV, ff. 267^v−282^v
Ti	Augustanus Treverorum 79 [Priesterseminar], s. XV, ff. 97^r−109^r
Vg	Vaticanus lat. 2947, s. XIV, ff. 46^r−48^v
Y	Oxoniensis Bodl. 287 [Bodleian Library], s. XIV, f. 306^v

CODICES PRIMARII IN RA

A   Codex Laurentianus plut. LXVI 40, membr., alt. mm 242, lat. mm 168, ff. 70, col. 1, versuum 27, s. IX in Monte Cassino exaratus. tit. *INCIPIT HISTORIA APOLLONII REGIS TYRIE*; finis deest. continet **A** solum partes tres (1) *INCIPIT . . . murmurat* (c. 11); (2) *dantes singulos* (c. 35) . . . *sunt dominum* (c. 39); (3) *non sum compta comis* (c. 43) . . . *igni est traditus* (c. 46). codex optimus in RA.

P   Codex Parisinus lat. 4955, membr., ff. 117 ex s. X usque ad XIV; ff. 9−16 alt. mm 257, lat. mm 186, col. 1, versuum 48, s. XIV in Italia exscriptus. tit. *APOLLONIUS; Explicit liber Appollonii.* codicem hunc 1888 in lucem Ring protulit.

Va^c   Codex Vaticanus lat. 1984 correctus ducenties manu Itala aequali. vide **Va** in RC.

CODICES SECVNDARII IN RA (Ra)

F   Codex Lipsiensis 431, membr., ff. 177 ex s. XI usque ad XIII; ff. 93^r−117^r alt. mm 273, lat. mm 185, col. 1, versuum 25, s. XII in Germania exaratus. tit. . . . *pavimen-* (c. 2) deest; *Explicit.* **F** et φ ostendunt lacunam communem in c. 34−35, et praecipuam communem lectionem c. 42 *unco* **F**φ: *uno* **PVa^{c}GGeΓ**. hic codex mihi magis quam aliis editoribus placet.

G   Codex Gottingensis philol. 173, membr., alt. mm 245, lat. mm 165, ff. 16, col. 1, versuum 29, s. XV in Gallia exscriptus. tit. deest; *currite famuli* (c. 45 RB) ... *explicit* deest.

φ   Codex Pestinensis lat. 4, membr., ff. $3\frac{1}{2}$ (f. 1 alt. mm 380, lat. mm 160; f. 2 380 × 285; f. 3 382 × 288; f. 4 375 × 300), coll. 2, versuum variorum, s. X − XI in Germania (Werden/Ruhr) exaratus. continet solum *tolle tarsiam de medio* (c. 17) ... *libertatem et praemium* (c. 50); lacunae quoque in c. 32 − 34 et 34 − 35. graphides multae in textu illustrantes argumentum.

In RA lectiones omnes e primariis codicibus **A** **P** **Va**ᶜ afferuntur. frequenter affero et lectiones e secundariis codibus **F** **G** **φ** (**R**α); cum **A** deest, lectionibus e **R**α constanter fido. quamquam **A** optimus codex in RA est, fragmenta eius tantum exstant et verba formis non ʻclassicisʼ saepe ostendunt: c. 4 *maternam carnem vescor* (*materna carne veschor* **P**), c. 7 *fugire* ... *effugire* (*fugere* ... *effugere* **P**), c. 9 *paupera* (*pauper* **P**), c. 38 *pelagum* (*pellagus* **P**). formae meliores in **P**. **Va**ᶜ modo **A** modo **P** sequitur.

CODICES IN RB

b   Codex Vossianus lat. F 113, membr., pars prima (ff. 70) alt. mm 271, lat. mm 229, col. 1, versuum 38, s. IX Caesaroduni exarata. tit. *INCIPIT HISTORIA APOLLONII REGIS TYRI; quod cum fecisset* (c. 36) ... *explicit* deest. codex optimus in RB.

β   Codex Oxoniensis collegii Magdalenae 50, membr., alt. mm 223, lat. mm 150, ff. 110, col. 1, versuum 33 − 34, s. XII in Anglia exscriptus. tit. *Incipit perpulcra et mirabilis historia appolonij tirie uxoris et filie; Explicit.*

M   Codex Matritensis 9783, membr., pars prima (ff. 140) alt. mm 228, lat. mm 162, coll. 2, versuum 32, s. XIII fortasse in Gallia australi exarata. tit. *Incipit Hystoria Appollonij Tirii; Explicit historia Apollonii Tyrii.*

π   Codex Parisinus lat. 6487, membr., pars quarta (ff. 24ʳ − 40ᵛ) alt. mm 280, lat. mm 200, coll. 2, versuum 29 − 31, s. XIII fortasse in Gallia exscripta. tit. in manu rec. *Narratio eorum quae contigerunt Apollonio Tyrio*; explicit *Gesta Tyrii Appollonii finiunt.*

In RB lectiones omnes e primariis codicibus **b** **β** afferuntur. saepe lectiones e secundariis codicibus **M** **π** addo; saepissime, **b** desinente. **M** **π** conantur lectiones in RB decorare et corrigere, e. g. c. 10 *scripserunt* **b** **β**: *supscripserunt* **M** **π**; c. 12 *genito* **M** **π**: *genitum* **b** **β**; **M** formae ʻclassicaeʼ causa lectiones in RB excolere amplius temptat, e. g. c. 12 *cuius* **M**: *cui* **β** **π**: *quia* **b**; c. 12 **M** brevitatis ʻclassicaeʼ causa *sum* omittit in inciso *ego sum Tyrius Apollonius.* **b** desinente difficultates in textu componendo oriuntur, e. g. c. 49 *me a patre accepisti* **β**: *a patre me accepisti* **M**: *me accepisti a patre* **π**. in poemate in c. 41 et in aenigmatibus **π** multas lectiones aptas ostendit.

PRIMARII CODICES IN RC

ε   Codex Cantabrigiensis collegii Corporis Christi 318, membr., ff. 477 − 509 alt. mm 235, lat. mm 165, coll. 2, versuum 36, s. XII in Anglia exaratus. tit. deest; *Explicit.* codex optimus eorum qui ad RC pertinent.

Va Codex Vaticanus lat. 1984, membr., alt. mm 323, lat. mm 200, ff. 202, coll. 2, versuum 37, s. XII in Italia (Farfa? Kortekaas 57) exscriptus. tit. *Incipit historia Tyrii Apolloniy; explicit* deest.

V Codex Vindobonensis 226, membr., ff. 107^r – 126^v alt. mm 235, lat. mm 165, col. 1, versuum 29, s. XII exaratus. tit. *Historia Apollonii Tyri; explicit* deest. capita 1 – 25 ad RC, 26 – 51 modo ad RC, modo ad RT pertinentia.

In RC lectiones omnes e primariis codicibus εVaV afferuntur. addo nonnumquam lectiones e secundariis codicibus $\eta\,\delta\,\xi$, γ. optimus codex eorum qui in RC et in circulo Anglico numerantur, quae pars optime depicta in RC traditur, ε est. post c. 40 ε in RB paululum se convertit et cum V incipit saepius consentire. post c. 47 Va ad RA (praecipue in c. 49 – 50) ita se convertit, ut scriba, cui manuscriptum e RA iam est, illiciatur Va (Va^c) adnotare. Cl sub RC (vide Stemma) in partes tres divisa est ε ($\eta\,\delta\,\xi$), Va, V. Va autem propinquus ξ est, et saepe hi congruunt: c. 32 *restitutus est* Vaξ, *oblivione* Vaξ, *monumentum* om. Vaξ, c. 34 *amplius* om. Vaξ, c. 35 *duobus* Vaξ, c. 39 *habere eam* Vaξ. in V capita 1 – 25 ad RC, 26 – 51 modo ad RC, modo ad RT pertinent. RC quamquam pariter RA et RB sequitur, V manuscripta inventa in RB anteposuisse videtur. V mihi magis quam aliis placet, quod lectiones e RA in V saepe inveniuntur, e. g. c. 15 *sit aut unde* V RA, c. 24 *letare et gaude* V RA, c. 27 *statim* om. V RA, c. 29 *lycoridem* om. V RA, c. 28 *neque barbam neque capillos tonsurum* εVa: *barbam capillos et ungues non dempturum* V: *nec barbam nec capillos nec ungues dempturum* RA, c. 29 *et cum . . . remeavit* om. V RA, c. 31 *adhaeret* V RA, *in furorem conversa est* V RA, c. 39 *est pelagi fides per diversa discrimina maris* V RA, c. 40 *leoninum* om. V RA, c. 46 *pristina* om. V RA, c. 48 *famulam tuam* om. V RA. confer et inter V et η adfinitatem: c. 48 *sociatus* εVa: *sauciatus* V η; *exsolvi* V η: *solvebam* ε: *absolvi* Va.

DE APPARATV

Apparatum plenum (c. 1 *matrimonio* **b** β**M**: *matrimonium* π) praetuli et quem dicunt negativum (*matrimonio*] *matrimonium* π) evitavi. lectio e textu iterata est in apparatu cum lectionibus reiectis. lectionem falsam π indicat, nihilominus hic lectio falsa usui est et permittit ut lector RA et RB conferat. c. 5 lectionem *iratu* **b**, non *irato* β**M**π: *iratu* **b** affero, quia lectio (*iratu*) et falsa et nullius momenti est sed exstat in uno (**b**) ex primis codicibus (**b** β) in RB. cum lectio una sola in apparatu datur, reiecta est. hoc modo etiam lectiones manifesto falsas ex codicibus primis afferimus, (1) ut lectiones omnes e codicibus primis proponamus, aut (2) ut lectiones dignas memoratu ex codicibus secundis afferamus, aut (3) ut iis, qui posthac alias Historiae redactiones edant, indicium suppeditemus.

Saepe in RC intra lectionem uncis arcuatis ( ) utor ut lectiones similes coniungam indicemque et ut chartis parcam, e. g. c. 26 *puella teporis* (om. **Va**) *nebula tacta* ε**Va**: *puellae temperata* **V**. *teporis* om. **Va**, continet ε; ea quae uncis arcuatis inclusa sunt solum ad singulas voces quae ante uncos arcuatos sunt pertinent.

Inter textum et apparatum usitatum interdum apparatus alter interponitur, qui testimonia aut consimilia e litteris aut historia praebet. sed ea consimilia, quae ad textum constituendum usui sunt, in apparatu usitato laudantur. ad apparatum RC qui iam grandior sit alter non accedit.

DE ORTHOGRAPHIA

Orthographiam ad antiquam normam revocavi, Ring Riese Tsitsikli secutus. nam quisquilias medii aevi non curo; omitto igitur *habe* pro *ave, nubilia* pro *nobilia, lictore* pro *litore, cepit* et *caepit* pro *coepit, spera* pro *sphaera, michi, nichil, hostendis, rescripxerat.* neque neglegentias scribendi memoro, quales sunt *acepta, oficiose, comunem, innimica, Neptunne.* quod ad nomina propria attinet, multum discrepant codices. pro *Hellenicus* habent *Hellicanus* vel *Hellanicus* vel *Ellanicus* vel *Elanicus,* pro *Mytilene Mutilena* vel *Militena* vel *Mitilena* vel *Militana* vel *Mealenta* vel *Mutylena,* pro *Dionysias Diunisia* vel *Diunigia.* haec et similia praetereo. nam praestat, ut mihi videtur, constantia. quis enim legere vult *non Appolonium, set Apollinem* (c. 16), ubi plane est adnominatio, et quater alibi eadem in pagina *Apollon-*? quis nunc *Tyrius* nunc *Tirius,* nunc *Stranguillius* nunc *Stranguillio* (nom.), nunc *nomine Theophilum* nunc *nomine Theofilum*? leget talia, velit nolit, in editione Kortekaas.

Apollonii uxor stat sine nomine. in **P** invenimus *VItertia* pro *sestertia.*

OBITER DICTA

Forsitan lector ad insolentiam lectionum aliquarum et ad inconstantiam praepositionum et temporum verborum et ad alias res insolitas animum intendere velit.

Praepositio *in* cum accusativo (*in matrimonium* cum *petere, dare, accipere*) in RA usitata est. in RB praepositio *in* cum ablativo (*in matrimonio* cum *postulare, dare, accipere, petere, tradere*) saepe sed non semper scribitur, e.g. c. 1 *in matrimonio daret* b β**M**: *in matrimonium daret* π, c. 4 *in matrimonio* b**M**: *in matrimonium* β π Riese, c. 9 *in matrimonio* b β**M**: *in matrimonium* π, c. 19 *in matrimonio* b**M**: *in matrimonium* β π.

Verbum *respicere* sine *ad* apparet quindeciens in RA, semel (c. 14 *respexit ad regem* **P**) cum *ad*; in RB sine *ad* ter et vicies, cum *ad* bis (c. 8 *respiciens ad* b β**M** π; c. 12 *respiciens* b: *respiciens ad* β**M** π).

Tempora verborum saepe sunt permixta: praesentia et perfecta permixta, RA c. 1 *vigilans irrumpit . . . iussit,* sed forsitan pro *vigilans et irrumpens . . . iussit* aut *vigilans, irrupto cubiculo* . . . *iussit*, i. e. verbum praesens pro participio praesenti aut verbum praesens pro participio perfecti passivi; RA c. 4 *navigans attingit* . . . *ingressusque* . . . *salutavit*; RA c. 7 *quaeritur* . . . *inventus est*; RA c. 19 *signavit datque*, fortasse pro *signavit dansque*, RB *signavit et dat* $\mathbf{b}\,\boldsymbol{\beta}\,\boldsymbol{\pi}$: *signavit et dedit* M; RA c. 25 *scidit* . . . *discerp⟨s⟩it* (correxi) . . . *iactavit* (correxi quia RA defert verbum praesens inter duo perfecta), RB *scindit* $\boldsymbol{\beta}$: *scidit* $\mathbf{M}\,\boldsymbol{\pi}$: *ascendit* $\mathbf{b}$ . . . *discerpit* $\mathbf{b}\,\boldsymbol{\beta}$M: *discerpsit* $\boldsymbol{\pi}$ . . . *iactavit*; RA c. 31 *tulit pugionem* . . . *celat*, fortasse pro *pugione lato*; RA c. 51 *vidit* . . . *susceptus fuerat* . . . *dedit* . . . *iubet* . . . *ut* . . . *comprehenderent* (pro *comprehendant*). praesens et imperfecta (RA c. 7 *ducebantur* . . . *properabant* . . . *quaeritur* . . . *inveniebatur*). praesens pro futuro (RA c. 33 *volvero* . . . *sum*). et plusquamperfectum pro perfecto aut imperfecto (RA c. 22 *quaerit* . . . *putaverat*). caveat lector! ordo temporum verborum non semper observatur.

Di pagani cum deo Christianorum permixti sunt. nam in principio fabula solum a paganis frequentabatur, postea a Christianis contaminata est. igitur Apollo, Diana, Lucina, Manes, Neptunus, Priapus, Tartarus stant una cum deo vivo (RB c. 45). qui autem deus vivus? ceterum Quintus Aurelius Symmachus, praefectus urbi 384 – 385, discrimina inter deos et deum non magni facit: „Symmachus' use of religious expressions . . . pays little or no attention to such boundaries . . . he could . . . invoke the 'gods' in letters to demonstrably Christian correspondents — 'dii modo optata fortunent', 'deos precor, ut tua secunda proficiant' . . . while on the other hand referring to 'divina miseratio', or 'dei venia', when writing to a friend usually taken to have been a pagan" (J. F. Matthews, The Letters of Symmachus, in Latin Literature of the Fourth Century, Londini 1974, 88). item incisa e litteris sacris excepta depositaque in Historia a Thielmann collecta sunt.

Poetae ingenio Historiae scriptor minime praeditus est; quod tamen non est indicium Historiam serius aut prius scriptam esse. nam epigramma Alliae Potestatis (cf. A. Gordon, Illustrated Introduction to Latin Epigraphy, Berkeley 1983, 145 – 148), inscriptio uxori mortuae dilectae dedicata, saeculo I, II, III, IV ascribitur — in quo omnes docti isdem versibus utuntur ut epigramma saeculis diversis tribuant. ceterum Symphosius (c. 42 – 43) satis doctus poeta fuit. qui tamen in Glorie Symphosii editione (Turnholti 1968) omnino indoctus videtur; quare editionem Bailey praefero.

Antiochus rex in sententia prima inducitur, cuius narratur stuprum cum filia factum. estne ille Antiochus I (324 – 262), persona historica, filius Seleuci I, qui Stratonicae uxoris Seleuci I amore captus eam in matrimonium duxit? utut est res, splendidum initium fabulae est. auctor Historiae dat fabulae locum et tempus historicum, longinquum situm, quo lectores res miras fieri sciunt. ceterum argumentum incestus invenitur in alia fabula, Cypriaca scripta a Xenophonte Cypri (Cinyra pater, Myrrha filia); in fabulis etiam Graecis Thyestes et Pelopia se inceste miscent; in litteris sacris (Genes. 19, 31 – 38) filiae duae cum Lot miscentur.

Dos (c. 1, 19, 21) in Historia adhibetur sensu doni aut pretii, quod a marito nuptae detur. sed more Romanorum dos a nupta marito datur. Homerus tamen de pretio nuptae scribit (W. K. Lacey, Journal of Hellenic Studies 86, 1966, 55 – 68), sed pretium nuptae fieri videtur dos vera. at Tacitus in Germania 18 dicit: *dotem non uxor marito, sed uxori maritus offert*. saeculo igitur primo Tacito duo dotis genera nota fuerunt, alterum Romanum, alterum Germanicum (D. Hughes, Journal of Family History 3, 1978, 262 – 296). saeculo denique V nationes Germanicae eam orbis Romani partem, quae ad occidentem spectat, obruunt et morem pretii nuptae secum afferunt. tamen ex eo quod in Historia *dos* idem significat quod 'pretium nuptae' cave concludas Historiam s. V scriptam esse. nam iam Manilius dotem similem pretii nuptae describit (5, 615 – 616): *solvitque haerentem vinclis de rupe puellam / desponsam pugna, nupturam dote mariti.*

c. 12 piscator tribunarium in duas partes scindit datque alteram Apollonio nudo.

item sanctus Martinus Caesarodunensis (qui a. 397 obiit) mendico nudo dimidium paenulae dat. utra fabula prior? an orta est ex Homeri Od. lib. VI ubi Nausicaa (regis filia ut filia Archistratis est regis filia) Ulixi nudo subvenit?

Omnibus gratias ago qui me multis modis adiuverunt: Prof. J. M. IIunt; Lucilla Marino, American Academy in Rome; Prof. Chauncey Finch (†); Prof. Julian Plante, Hill Monastic Manuscript Library; Prof. Georg Luck; Prof. Werner Krenkel; H. Le Goff, Institut de Recherche et d'Histoire des Textes; Dr. Eva Irblich, Prof. O. Mazal, Dr. Magda Strebl, Österreichische Nationalbibliothek; British Library; University Library, Cambridge; Bodleian Library; Bibliothèque Nationale; Biblioteca Apostolica Vaticana; Library of St. Louis University; Corpus Christi College, Cambridge; Corpus Christi College, Oxford; Biblioteca Medicea-Laurenziana; Biblioteca Ambrosiana; Bibliotheek der Rijksuniversiteit te Leiden; R. Jäger, Karl-Marx-Universitätsbibliothek, Leipzig; Dr. S. von der Gönna, Hofbibliothek, Aschaffenburg; G. Deidert, Universitätsbibliothek, München; H. Finkl, Staats- und Stadtbibliothek, Augsburg; Biblioteka Kórnicka; The Huntington Library; Folger Shakespeare Library; Universitní Knihovna, Praha; Metropolitní Kapitoly Knihovna, Prague; Biblioteca Comunale, Trento; Bibliothèque Municipale, Arras; G. Buhbe, Herzog-August-Bibliothek, Wolfenbüttel; Biblioteca Casanatense, Roma; Universitätsbibliothek, Innsbruck; Bibliothek des Fürsten Oettingen-Wallerstein, Harburg; Dr. A. Schönherr, Zentralbibliothek, Zürich; Universitätsbibliothek, Basel; Burgerbibliothek, Bern; Biblioteca Nacional, Madrid; Bayerische Staatsbibliothek, München; Württembergische Landesbibliothek, Stuttgart; Universitätsbibliothek, Göttingen; Staatsbibliothek Preußischer Kulturbesitz, Berlin (West); St. Nikolaus-Hospital-Bibliothek, Bernkastel-Kues; Wissenschaftliche Allgemeinbibliothek, Erfurt; Universiteitsbibliotheek, Gent; Prof. M. Santoro, Biblioteca Comunale, Fermo; Stadtbibliothek, Trier; Priesterseminar, Trier; Jan Ożóg, Biblioteka Uniwersytecka, Wrocław; Dr. V. Windisch, Országos Széchényi Könyvtár, Budapest; Prof. A. Pezzali, Biblioteca Nazionale Marciana; College of Arms, London; Bibliothèque Municipale, Cambrai; Bibliothèque Municipale, Charleville; Biblioteca Nazionale Centrale, Firenze; Palazzo Durazzo Pallavicini, Genova; Koninklijke Biblioteek, 's-Gravenhage; Universitätsbibliothek, Graz; Stiftsbibliothek, Kremsmünster; Kongelige Bibliotek, København; Schloßbibliothek, Pommersfelden; Prof. J. P. Sullivan; Prof. Michael von Albrecht. liberale subsidium hortamentumque praebuerunt American Philosophical Society, American Academy in Rome, National Endowment for the Humanities, American Council of Learned Societies.

In Universitate Floridae a. MCMLXXXVI   G. S.

CONSPECTVS EDITIONVM

Editio princeps. sine urbe (Traiecti ad Rhenum) sine anno (1474?)

M. Velserus, Narratio eorum quae contigerunt Apollonio Tyrio. ex membranis vetustis. Augustae Vindelicorum ad insigne pinus. Anno M.D.XCV. (C. Arnold, Marci Velseri Opera Historica et Philologica, Norimbergae 1682, 681 – 704, iterum impressa)

A. Lapaume, Erotica de Apollonio Tyrio fabula, in G. Hirschig, Erotici Scriptores, Lutetiae Parisiorum 1856, 599 – 628

A. Riese, Historia Apollonii regis Tyri, Lipsiae 1871

M. Ring, Historia Apollonii regis Tyri, Posonii et Lipsiae 1888

A. Riese, Historia Apollonii regis Tyri (editio secunda), Lipsiae 1893 (iterum impressa 1973)

E. García de Diego, El libro de Apolonio según un códice latino de la Biblioteca Nacional de Madrid, Totana (Hispaniae) 1934: I Estudio, II Texto

R. Oroz, Historia de Apolonio de Tiro, la novela favorita de la edad media, Santiago de Chile 1954

J. Raith, Historia Apollonii regis Tyri, Text der englischen Handschriftengruppe, Monaci 1956

[P. Goolden, The Old English Apollonius of Tyre, Oxoniae 1958]

F. Waiblinger, Historia Apollonii regis Tyri, Monaci 1978

D. Tsitsikli, Historia Apollonii regis Tyri, Königstein/Ts. 1981

G. Kortekaas, Historia Apollonii regis Tyri, Groningae 1984

D. Konstan et M. Roberts, Historia Apollonii regis Tyri, Bryn Mawr, Pennsylvania 1985

CONSPECTVS INTERPRETATIONVM

J. d'Avenel, Apollonius de Tyr, Lutetiae Parisiorum 1857

R. Peters, Die Geschichte des Königs Apollonius von Tyrus. Der Lieblingsroman des Mittelalters, Berolini et Lipsiae 1904 (editio secunda)

R. Oroz, Historia de Apolonio de Tiro, la novela favorita de la edad media, Santiago de Chile 1954

P. Turner, Apollonius of Tyre. Historia Apollonii Regis Tyri, Londini 1956

G. Balboni, Storia di Apollonio re di Tiro, in Q. Cataudella, Il romanzo classico, Romae 1958

F. Waiblinger, Historia Apollonii regis Tyri, Monaci 1978

Z. Pavlovskis, The Story of Apollonius, King of Tyre, Lawrence, Kansas 1978

G. Kortekaas, De wonderbaarlijke Geschiedenis van Apollonius, Koning van Tyrus, Hagae Comitum 1982

B. Kytzler, Die Geschichte von Apollonius dem König von Tyros, in Im Reiche des Eros. Sämtliche Liebes- und Abenteuerromane der Antike I, Monaci 1983, 164 – 223

I. und J. Schneider, Die Geschichte des Königs Apollonius von Tyrus, Berolini 1986

CONSPECTVS LIBRORVM

Adams, J., The Text and Language of a Vulgar Latin Chronicle (Anonymus Valesianus II), Londini 1976

Amundsen, D., Romanticizing the Ancient Medical Profession: The Characterization of the Physician in the Graeco-Roman Novel, Bulletin of the History of Medicine 48, 1974, 320 – 337

Arnold, C., vide editiones (1682)

d'Avenel, J., vide interpretationes (1857)

Badian, E., Apollonius at Tarsus, Studia in honorem Iiro Kajanto (Arctos, Acta Philologica Fennica, Supplementum II), Helsingfors 1985, 15 – 21

Baehrens, E., censura Riese[1], Neue Jahrbücher für Philologie und Pädagogik 103, 1871, 854 – 858

Bailey, D. R. Shackleton, Anthologia Latina, I: Carmina in codicibus scripta, Fasc. 1: Libri Salmasiani aliorumque carmina, Stutgardiae 1982 [Symphosii scholastici Aenigmata 202 – 234]

Balboni, G., vide interpretationes (1958)

Beck, J., Quaeritur an recensio christiana Historiae Apollonii regis Tyri in Gallia orta esse possit, in Album gratulatorium in honorem Henrici van Herwerden, Traiecti ad Rhenum 1902, 1 – 6

Bolte, J., Die Sage von der erweckten Scheintoten, Zeitschrift des Vereins für Volkskunde 20, 1910, 353 – 381

Bonnet, M., citatus ex editione Riese; vide editiones

Brakman, C., Ad historiam Apollonii regis Tyri, Mnemosyne 49, 1921, 110 – 112

Braun, M., History and Romance in Graeco-Oriental Literature, Oxoniae 1938

Bürger, K., Studien zur Geschichte des griechischen Romans, II, Die literaturgeschichtliche Stellung des Antonius Diogenes und der Historia Apollonii, Blankenburg am Harz 1903

Callu, J.-P., Les prix dans deux romans mineurs d'époque impériale, in Les Dévaluations à Rome: Époque Républicaine et Impériale 2 (Collection de l'Ecole Française de Rome 37), Romae 1980, 187 – 212

Chiarini, G., Esogamia e incesto nella Historia Apollonii Regis Tyri, Materiali e Discussioni per l'Analisi dei Testi Classici 10 – 11, 1983, 267 – 292

Conca, F., Frammento di romanzo, in Papiri della Università degli Studi di Milano, Vol. 6, ed. C. Gallazzi, Mediolani 1977, 3 – 6

Delbouille, M., La version de l'Historia Apollonii regis Tyri conservée dans le Liber Floridus du Chanoine Lambert, Revue Belge de Philologie et d'Histoire 8, 1929, 1195 – 1199

–, Apollonius de Tyr et les débuts du roman français, in Melanges offerts à R. Lejeune, II, Gemblaci 1969, 1171 – 1204

Diaz, E., Zu Historia Apollonii regis Tyri, iterum recensuit A. Riese, Berliner philologische Wochenschrift 21, 1901, 763 – 765

–, Zu spätlateinischen Schriftstellern: Zur Historia Apollonii regis Tyri, ibidem 33, 1913, 798 – 799

Duncan-Jones, R., The Use of Prices in the Latin Novel, in The Economy of the Roman Empire: Quantitative Studies, Cantabrigiae [2]1982, 251 – 256

Enk, P., The Romance of Apollonius of Tyre, Mnemosyne 1, 1948, 222 – 237

García de Diego, E., vide editiones (1934)

Garin, F., De Historia Apollonii Tyrii, Mnemosyne 42, 1914, 198 – 212

Georges, K., Miscellen, Jahrbücher für classische Philologie 123, 1881, 807 – 808

Gildersleeve, B., Latin Grammar, Londini [3]1895

Gillmeister, H., The Origin of European Ball Games, Stadion 7, 1981, 19 – 51

Goepp, P., The Narrative Material of Apollonius of Tyre, English Literary History 5, 1938, 150–172

Goolden, P., vide editiones (1958)

Hägg, T., The Novel in Antiquity, Oxoniae 1983

Hagen, H., Der Roman vom König Apollonius von Tyrus in seinen verschiedenen Bearbeitungen, Berolini 1878

Haight, E., More Essays on Greek Romances, Eboraci Novi 1945

Hartel, W., Ein antiker Roman, Österreichische Wochenschrift für Kunst und Wissenschaft 1872, 161–172

Haupt, M., Über die Erzählung von Apollonius von Tyrus, in Opuscula III, Lipsiae 1876, 4–29

Helm, R., Der antike Roman, Gottingae 1956

Heiserman, A., The Novel before the Novel, Chicago 1977

Henrichs, A., Die Phoinikika des Lollianos. Fragmente eines neuen griechischen Romans, Bonnae 1972

Hepding, H., Die Arbeiten zu Pergamon, Mitteilungen des deutschen archäologischen Instituts in Athen 35, 1910, 488–489

Herder, H., Die Soziologie der antiken Prostitution, Jahrbuch für Antike und Christentum 3, 1960, 81 [70–111]

Huet, G., Un miracle de Marie-Madeleine et le roman d'Apollonius de Tyr, Revue de l'Histoire des Religions 74, 1916, 249–255

Hunt, J., sententiae per epistulas

Hunt[1], Apollonius Resartus: A Study in Conjectural Criticism, Classical Philology 75, 1980, 23–37

Hunt[2], Ei and the Editors of the Apollonius of Tyre, Harvard Studies in Classical Philology 85, 1981, 217–219

Hunt[3], censura interpretationis a Pavlovskis curatae (vide interpretationes), Classical Philology 76, 1981, 341–344

Hunt[4], A Crux in Apollonius of Tyre, Mnemosyne 35, 1982, 348–349

Hunt[5], On Editing Apollonius of Tyre, Classical Philology 78, 1983, 331–343

Hunt[6], More on the Text of Apollonius of Tyre, Rheinisches Museum 127, 1984, 351–361

Hunt[7], Apollonius Citharoedus, Harvard Studies in Classical Philology 91, 1987, 283–287

Kerényi, K., Die griechisch-orientalische Romanliteratur in religionsgeschichtlicher Beleuchtung, Tübingen 1927 [denuo impr. 1962 et 1973]

Klebs[1], E., Das valesische Bruchstück zur Geschichte Constantins, Philologus 47, 1889, 78–80

–, Die Erzählung von Apollonius aus Tyrus. Eine geschichtliche Untersuchung über ihre lateinische Urform und ihre späteren Bearbeitungen, Berolini 1899

Konstan, D., et Roberts, M., vide editiones (1985)

Kortekaas, G., vide editiones (1984)

–, vide interpretationes (1982)

Krappe, A., Euripides' Alcmaeon and the Apollonius Romance, Classical Quarterly 18, 1924, 57–58

Kroll, W., Blattfüllsel, Glotta 7, 1916, 80

Kytzler, B., vide interpretationes (1983)

Lagorio, V., The Text of the Historia Apollonii Regis Tyri in Codex Vat. Lat. 2947, Classical Bulletin 54, 1977, 26–27

Lana, I., Studi su il Romanzo di Apollonio, Augustae Taurinorum 1975

–, Il posto della cultura nella Storia di Apollonio re di Tiro, Atti della Accademia delle scienze di Torino, classe di scienze morali, storiche e filologiche 109, 1975, 393–415 [= 75–103 supra]

Landgraf, G., censura Riese[1], Neue philologische Rundschau 1888, 118—122
—, censura Klebs, Literarisches Centralblatt 51, 1900, 204—205
Lanza, C., Apollonius de Tyr, Le Muséon 4, 1885, 64—72; 199—202
Lapaume, J., vide editiones (1856)
Lavagnini, B., Studi sul romanzo greco, Messanae 1950
Löfstedt[1], E., Beiträge zur Kenntnis der späteren Latinität, Upsaliae et Holmiae 1907
Löfstedt[2], Spätlateinische Studien, Upsalae et Lipsiae 1908
Löfstedt[3], Philologischer Kommentar zur Peregrinatio Aetheriae, Upsaliae et Lipsiae 1911 [iterum impr. 1936]
Löfstedt[4], Sprachliche und epigraphische Miscellen, Glotta 4, 1913, 253—261
Löfstedt[5], Syntactica. Studien und Beiträge zur historischen Syntax des Lateins, II, Londini Gothorum 1933
Löfstedt[6], Vermischte Studien zur lateinischen Sprachkunde und Syntax, Londini Gothorum 1936
Löfstedt[7], Coniectanea. Untersuchungen auf dem Gebiet der antiken und mittelalterlichen Latinität, I, Upsalae 1950 [iterum impr. 1968]
Löfstedt[8], Late Latin, Oslo 1959
McCulloch, F., French Printed Versions of the Tale of Apollonius of Tyre, in Medieval Studies in Honor of Urban Tigner Holmes, Jr., Chapel Hill, North Carolina 1965, 111—128
Manitius, M., Geschichte der lateinischen Literatur des Mittelalters, I—III, Monaci 1911—1931 [iterum impr. 1964—1965]
Mazza, M., Les aventures du roman dans l'occident latin [contio habita in colloquio, Les transformations de la culture antique dans l'antiquité tardive, Université de Catane, Italie, du 27 septembre au 2 octobre 1982], Revue des Études Augustiniennes 27, 1981, 396
Merkelbach, R., citatus ex editione Tsitsikli; vide editiones (1981)
Merkelbach[1], Roman und Mysterium in der Antike. Eine Untersuchung zur antiken Religion, Monaci et Berolini 1962
Meyer, W., Über den lateinischen Text der Geschichte des Apollonius von Tyrus, Sitzungsberichte der bayerischen Akademie der Wissenschaften, Philologisch-historische Klasse 2, 1872, 3—28
Morelli, C., Apuleiana, Studi Italiani di Filologia Classica 20, 1913, 183—184 [145—188]
Niedermann, M., Die Baseler Handschriften der Historia Apollonii regis Tyri, Wochenschrift für klassische Philologie 19, 1902, 613—616
—, Eine Madrider Handschrift der Historia Apollonii regis Tyri, ibidem 20, 1903, 931—934
Nocera Lo Giudice, M. R., Per la datazione dell'Historia Apollonii Regis Tyri, Atti della Accademia Peloritana dei Pericolanti, Classe di Lettere, Filosofia e Belle Arti 55, 1979, 273—284
Oroz, R., vide editiones (1954)
Pavlovskis, Z., vide interpretationes (1978)
Perry, B., The Ancient Romances. A Literary-Historical Account of their Origins, Berkeley 1967, 294—324
Peters, R., vide interpretationes (1904)
Pickford, T., Apollonius of Tyre as Greek Myth and Christian Mystery, Neophilologus 59, 1975, 599—609
Raith, J., vide editiones (1956)
Renehan, R., sententiae per epistulas
Renehan[1], Apollonius Tyrius 46 and the Editors, Classical Philology 82, 1987, 345—346

Riemann, O., Note sur deux manuscrits de l'Historia Apollonii regis Tyri, Revue de Philologie 7, 1883, 97 – 101

Riese, A., vide editiones (1893)

Riese[1], vide editiones (1871)

Riese[2], vide editiones (1893). Riese[2] tantum usurpo ut Riese[1] et Riese[2] distinguam

Riese[3], Zur Historia Apollonii, Rheinisches Museum 26, 1871, 638 – 639

Riese[4], Zur Historia Apollonii regis Tyri, ibidem 27, 1872, 624 – 633

Ring, M., vide editiones (1888)

Rohde, E., Der griechische Roman und seine Vorläufer, ed. W. Schmidt, Lipsiae [3]1914 [impr. saepe; editio prima 1876]

Rossbach[1], O., Schediasma criticum, Rheinisches Museum 46, 1891, 316 – 317

Rossbach[2], censura Riese[2], Berliner philologische Wochenschrift 13, 1893, 1231 – 1236

Ruiz-Montero, C., La estructura de la Historia Apollonii Regis Tyri, Cuadernos de Filologia Clásica 18, 1983 – 1984, 291 – 334

Schissel von Fleschenberg, O., Das weibliche Schönheitsideal nach seiner Darstellung im griechischen Romane, Zeitschrift für Aesthetik und allgemeine Kunstwissenschaft 2, 1907, 381 – 405

Schreiber, E., Zum Texte der Historia Apollonii regis Tyri, Korneuburg 1900

Singer, S., Apollonius von Tyrus. Untersuchungen über das Fortleben des antiken Romans in spätern Zeiten, Hallae 1895 [iterum impr. 1974]

Souter, A., A Glossary of Later Latin to 600 A. D., Oxoniae 1949

Spengel, A., Zur Historia Apollonii, Philologus 31, 1872, 562 – 563

Svoboda, K., Über die Geschichte des Apollonius von Tyrus, in Charisteria F. Novotný octogenario oblata, ed. F. Stiebitz, Pragae 1962, 213 – 214

Teuffel, W., Die Historia Apollonii regis Tyri, Rheinisches Museum 27, 1872, 103 – 113

–, Studien und Charakteristiken zur griechischen und römischen Literaturgeschichte, Lipsiae [2]1889, 585 – 588

Thielmann, P., Über Sprache und Kritik des lateinischen Apolloniusromans, Spirae Nemetum 1881

Thomas, P., Ad Historiam Apollonii regis Tyri, Mnemosyne 50, 1922, 84

Tomlin, R., Fairy Gold: Monetary History in the Augustan History, in Imperial Revenue, Expenditure and Monetary Policy in the Fourth Century A. D., ed. C. King (BAR International Series 76), Oxoniae 1980, 255 – 269

Tondo, L., Sul senso del vocabolo pecunia in età imperiale, Studi Classici e Orientali 26, 1977, 283 – 285

Trenkner, S., The Greek Novella in the Classical Period, Cantabrigiae 1958

Tsitsikli, D., vide editiones (1981)

Turner, P., vide interpretationes (1956)

Velserus, M., vide editiones (1595)

Vidmanová, A., Zur alttschechischen Erzählung über Apollonius von Tyros (résumé), Listy Filologické 107, 1984, 232 – 239

Waiblinger, F., vide editiones (1978)

–, vide interpretationes (1978)

Weyman[1], C., Studien zu Apuleius und seinen Nachahmern, Sitzungsberichte der bayerischen Akademie der Wissenschaften, Philosophisch-historische Klasse, 1893, II, 380 – 382

Weyman[2], Kritisch-sprachliche Analekten, Zeitschrift für die österreichischen Gymnasien 45, 1894, 1075 – 1078

Weyman[3], Nodus virginitatis, Rheinisches Museum 64, 1909, 156 – 157

Wilamowitz-Moellendorff, U. von, Die Kultur der Gegenwart, I 8, Berolini et Lipsiae 1905, 182

Wilcken, U., Eine neue Roman-Handschrift, Archiv für Papyrusforschung 1, 1900, 252; 258–261

Winterfeld, P. von, Observationes criticae, Philologus 58, 1899, 301

Wrtàtko, Über zwei böhmische Manuscripte des antiken Romans Apollonius Tyrius, Sitzungsberichte der königlichen böhmischen Gesellschaft der Wissenschaften in Prag, 1863, 115–117

Ziegler[1], R., Münzen Kilikiens als Zeugnis kaiserlicher Getreidespenden, Jahrbuch für Numismatik und Geldgeschichte 27, 1977, 29–67

Ziegler[2], Die Historia Apollonii Regis Tyri und der Kaiserkult in Tarsos, Chiron 14, 1984, 219–234

Ziehen L., citatus ex editione Riese; vide editiones (1893)

CONSPECTVS SIGLORVM ET NOTARVM IN RA

RA

A	Laurentianus plut. LXVI 40, s. IX
P	Parisinus lat. 4955, s. XIV
Va^c	Vaticanus lat. 1984, s. XII, correctus

Rα

F	Lipsiensis 431, s. XII
φ	Pestinensis lat. 4, s. X – XI
G	Gottingensis philol. 173, s. XV
Ge	Gandensis 92, s. XII
Γ	Atrebatensis 163, s. XIII
Wl	codex in editione Velseri 1595 usurpatus, iam perditus

RB

b	Vossianus lat. F 113, s. IX
β	Oxoniensis collegii Magdalenae 50, s. XII
M	Matritensis 9783, s. XIII
π	Parisinus lat. 6487, s. XIII

RC

Va	Vaticanus lat. 1984, s. XII
γ	Londiniensis Sloane 1619, s. XIII
δ	Oxoniensis Laud. misc. 247, s. XII

RSt

S	Stuttgartensis Hist. Fol. 411, s. XII
L	Parisinus lat. 7531, s. XIV

Sym.	Symphosius (Bailey)

{ }	delenda
⟨ ⟩	addenda
⟨***⟩	lacuna quam esse suspicamur
[***]	lacuna e rasura aut e damno in pagina facta
[...] aut [-3-]	numerus litterarum quas deperditas esse suspicamur
:	(colon) dividit lectiones, e. g. inter haec εVa: interea V
;	(semicolon) dividit singula quae ad eandem lectionem pertinent, e. g. inter haec εVa; cf. RA: interea V; cf. RB
^c	e. g. Va^c = corrector manuscripti
„... "	oratio recta
'...'	unius oratio, in somnis, intra orationem rectam, in titulis

c.	caput
cf.	confer
cp.	compara
con.	coniecit, coniectura
e ditto.	e dittographia
e per.	e perseveratione
ex exp.	ex expectatione
ex homo.	ex homoeoteleuto
ex hap.	ex haplographia
s.	saeculum, saeculo

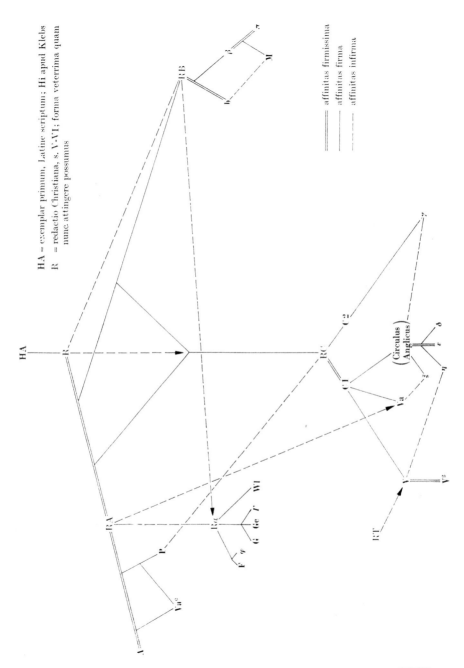

HA = exemplar primum, Latine scriptum; Hi apud Klebs
R = redactio Christiana, s. V–VI; forma veterrima quam
nunc attingere possumus

affinitas firmissima
affinitas firma
affinitas infirma

HA

RB

R

RC

RA

(Circulus Anglicus)

XXXI

HISTORIA APOLLONII REGIS TYRI (RA)

In civitate Antiochia rex fuit quidam nomine Antiochus, a quo ipsa 1
civitas nomen accepit Antiochia. hic habuit unam filiam, virginem speciosissimam, in qua nihil rerum natura exerraverat, nisi quod mortale⟨m⟩
statuerat. quae dum ad nubilem pervenisset aetatem et species et for-
5 monsitas cresceret, multi eam in matrimonium petebant et cum magna
dotis pollicitatione currebant. et cum pater deliberaret, cui potissimum
filiam suam in matrimonium daret, cogente iniqua cupiditate {flamma
concupiscentiae} incidit in amorem filiae suae et coepit eam aliter diligere
quam patrem oportebat. qui cum luctatur cum furore, pugnat cum
10 dolore, vincitur amore; excidit illi pietas, oblitus est se esse patrem et
induit coniugem. sed cum sui pectoris vulnus ferre non posset, quadam
die prima luce vigilans irrumpit cubiculum filiae suae, famulos longe
excedere iussit, quasi cum filia secretum colloquium habiturus, et
stimulante furore libidinis diu repugnanti filiae suae nodum virginitatis
15 eripuit, perfectoque scelere evasit cubiculum. puella vero stans dum
miratur scelesti patris impietatem, fluentem sanguinem coepit celare:
sed guttae sanguinis in pavimento ceciderunt.

Subito nutrix eius introivit cubiculum. ut vidit puellam flebili vultu, 2
asperso pavimento sanguine, roseo rubore perfusam, ait: „quid sibi vult

APVaᶜ

1—4 cf. Apul. Met. 4, 28, Petr. Satyr. 111, Xenophon Ephesius 1, 1 ‖ **3—4** cf.
Chariton 1, 1, 2 ‖ **5—6** cf. Apul. Met. 4, 28, Chariton 1, 1, 2 ‖ **6** dotis] sensu doni
aut pretii e marito pro nupta; cf. Manil. 5, 616 ‖ **11** vulnus] cf. Verg. Aen. 4, 2,
RA 12, 27 ‖ **14** nodum virginitatis] cf. Apul. Met. 4, 28; cf. eventum contrarium
Apul. Met. 10, 3

2 hic correxi: his A: is P ‖ **3—4** nisi quod mortale statuerat AVaᶜ: om. P ‖ **3** mor-
tale⟨m⟩ Riese ‖ **4** nubilem P: ubilem A ‖ aetatem A: aetate P ‖ formonsitas A; sic
Apul. Met. 4, 28: formositas PVaᶜ ‖ **5** cum A: om. P ‖ **6** potissimum P: potentis-
simo A Lana 31 ‖ **7** daret A: om. P ‖ **7.8** flamma concupiscentiae delevi ut inter-
polata ‖ **8** incidit in amorem] cf. Apul. Met. 5, 23 | suae A: om. P ‖ **9** patrem A:
pater P | cum luctatur A: conluctatur P | pugnat Riese: pugna AP ‖ **10** dolore;
cf. Löfstedt⁶ 116 ‖ **11** posset A: possit P ‖ **12** inrumpit AP: inrupit Vaᶜ ‖ **13** exce-
dere A: exercere P | qua[.]si A | et A: et etiam P ‖ **14** repugnanti Riese: repu-
gnante AP | nodum A: florem P ‖ **15** cubiculum A: om. P ‖ **15.16** dum miratur A:
om. P ‖ **16** scelesti P: scelestis A | fluentem sanguinem A; cf. Klebs 22: om. P ‖
19 rubore P; cf. Apul. Met. 2, 8 et Ovid. Am. 3, 3, 5: ribore A | perfusam Riese:
perfusa AP | sibi A: ubi P: tibi F

iste turbatus animus?" puella ait: „cara nutrix, modo hoc in cubiculo duo nobilia perierunt nomina." nutrix ignorans ait: „domina, quare hoc dicis?" puella ait: „ante legitimam mearum nuptiarum diem saevo scelere violatam vides." nutrix ut haec audivit atque vidit, exhorruit atque ait: „quis tanta fretus audacia virginis reginae maculavit torum?" 5 puella ait: „impietas fecit scelus." nutrix ait: „cur ergo non indicas patri?" puella ait: „et ubi est pater? {et ait} cara nutrix, si intellegis quod factum est: periit in me nomen patris. itaque ne hoc scelus genitoris mei patefaciam, mortis remedium mihi placet. horreo ne haec macula gentibus innotescat." nutrix ut vidit puellam mortis remedium quaerere, 10 vix eam blando sermonis colloquio revocat, ut a propositae mortis immanitate excederet, et invitam patris sui voluntati satisfacere cohortatur.

3 Qui cum simulata mente ostendebat se civibus suis pium genitorem, intra domesticos vero parietes maritum se filiae gloriabatur. et ut semper 15 impio toro frueretur, ad expellendos nuptiarum petitores quaestiones proponebat dicens: 'quicumque vestrum quaestionis meae propositae solutionem invenerit, accipiet filiam meam in matrimonium; qui autem non invenerit, decollabitur.' et si quis forte prudentia litterarum quaestionis solutionem invenisset, quasi nihil dixisset, decollabatur et caput 20 eius super portae fastigium suspendebatur. atqui plurimi undique reges, undique patriae principes propter incredibilem puellae speciem contempta morte properabant.

4 Et cum has crudelitates rex Antiochus exerceret, quidam adulescens locuples valde, genere Tyrius, nomine Apollonius, navigans attingit 25

APVa^c

1—2 *responsum filiae aenigma est* ‖ 6—8 *duo responsa filiae aenigmata sunt* ‖ 21 *cf. Chariton 1, 1, 2*

1 hoc in A : in hoc P ‖ 2 nobilia P : nubilia A *ex 1, 4* | hoc A : haec P ‖ 4 atque vidit *Riese* : atque vidisset A P : *del. Klebs 133* ‖ 6 ergo A : haec P ‖ 7 et ait *delevi* | si intellegis A P : sic intelleges *putat Riese* ‖ 8 periit P : perit A ¦ scelus A : *om.* P ‖ 9 mihi A : *om.* P | horreo ne *Riese* : horreat A P *Ring* ‖ 10 puellam mortis remedium A : mortis remedium puellam P ‖ 11 sermonis F G : sermone A : syrmone P | a proposite P : ad praepositae A ‖ 12 excederet *Riese* : excedere A : ~~desistat~~ excedere P | invitam *Riese* : invita A P | satisfacere A P : satisfaceret Va^c | cohortatur A : cohortaretur P ‖ 14 se civibus suis A : filie sue P ‖ 15 parietes A : intra parietes P : parientes Va^c | maritum P : maritu A ‖ 16 frueretur F : ferveretur A P | ad expellendos A : et ad expellendum P ‖ 17 questionis P : questiones A ‖ 17. 18 propositae solutionem A : propositum solutionis P ‖ 19 *post* decollabitur *Tsitsikli transp. errans* {et} quia ... properabant *ex 21—23* | prudentia P F : prudentiae A | questionis F : questioni A P ‖ 21 atqui *Riese* : et quia A P ‖ 24 crudelitates P : crudelitate A

Antiochiam, ingressusque ad regem ita eum salutavit: „ave, domine
rex Antioche! et quod pater pius es, ad vota tua festinus perveni. regio
genere ortus peto filiam tuam in matrimonium." rex ut audivit quod
audire nolebat, irato vultu respiciens iuvenem sic ait ad eum: „iuvenis,
5 nosti nuptiarum condicionem?" at ille ait: „novi et ad portae fastigium
vidi." ⟨rex ait⟩: „audi ergo quaestionem: scelere vehor, materna carne
vescor, quaero fratrem meum, meae matris virum, uxoris meae filium
⟨et⟩ non invenio." iuvenis accepta quaestione paululum discessit a rege;
quam cum sapienter scrutaretur, favente deo invenit quaestionis solu-
10 tionem ingressusque ad regem sic ait: „domine rex, proposuisti mihi
quaestionem; audi ergo solutionem. quod dixisti: 'scelere vehor', non
es mentitus; te respice. et quod dixisti: 'materna carne vescor', nec et
hoc mentitus es; filiam tuam intuere."

Rex ut vidit iuvenem quaestionis solutionem invenisse, sic ait ad 5
15 eum: „erras, iuvenis, nihil verum dicis. decollari quidem mereberis, sed
habes triginta dierum spatium: recogita tecum. et dum reversus fueris
et quaestionis meae propositae solutionem inveneris, accipies filiam
meam in matrimonium." iuvenis conturbatum habebat animum, para-
tamque habens navem tendit ad patriam suam Tyrum.

20 Et post discessum adulescentis vocat ad se Antiochus rex dispensato- 6
rem suum fidelissimum nomine Thaliarchum et dicit ei: „Thaliarche,
secretorum meorum fidelissime minister, scias quia Tyrius Apollonius
invenit quaestionis meae solutionem. ascende ergo navem confestim ad
persequendum iuvenem, et dum veneris Tyrum in patriam eius, inquires

A P Va^c

6−8 cf. Hepding 489; Kortekaas 112−113, 243−245; Apul. Met. 10, 3 ‖
12−13 Antiochi quaestio coniunctio duorum saltem videtur aenigmatum, parti quorum Apollonius non respondet

1 ingressusque A : ingressus P | ave P : häbe A ‖ 2 et ⟨ait⟩ Riese edd. |
quod A : si P | es P : om. A | tua festinus A; (tua Va) festinus Va^c : festinus
tua P | perveni P : veni gener A; gener interpolatum aut ex exp. ‖ 3 ortus P :
hortus A | quod A : quem P ‖ 5 condicionem A : condictionem P | at P : ad A ‖
6 ⟨rex ait⟩ Riese | materna carne P : maternam carnem A ‖ 7 fratrem AP :
fratre Va | meae filiae virum, uxoris meae filium posse putat Tsitsikli ‖ 8 et
addidi; con. Riese | discessit a rege A : a rege discessit P ‖ 9 quam A : q' (qui
aut quam) P ‖ 10 proposuisti P : proposisti A ‖ 12 es P : est A | materna car-
ne P : maternam carnem A ‖ 14 invenisse P : invenisset A ‖ 15 quidem A :
om. P ‖ 18 conturbatum P : conturbatus A ‖ 19 tendit scripsi (habens navem
tendit = navem ascendens petiit; cf. 4, 3) : ascendit AP : ascendit ... Riese | A
post Tyrum illa infra quae P posuit 4, 5 post introivit domum ... 4, 10 ante om
exiens ‖ 20 et A : om. P | aduliscentis vocat ad se anthiocus rex A : autem
adolescentis rex anthiocus vocat ad se P ‖ 21 fidelissimum AVa^c : om. P | taliar-
chum P : taliarchu A ‖ 22 quia A : quod P ‖ 24 tyrum A : om. P | inquires A :
inquiras P

inimicum eius, qui eum aut ferro aut veneno interimat. postquam reversus fueris, libertatem accipies." Thaliarchus vero hoc audito adsumens
pecuniam simulque venenum, navem ascendens petiit patriam ⟨inno-
centis⟩. pervenit {innocens} tamen Apollonius prior ad patriam suam et
introivit domum et aperto scrinio codicum suorum inquisivit omnes 5
quaestiones auctorum omniumque paene philosophorum disputationes
omniumque etiam Chaldaeorum. et dum aliud non invenisset nisi quod
cogitaverat, ad semet ipsum locutus est dicens: 'quid agis, Apolloni?
quaestionem regis solvisti, filiam eius non accepisti, ideo dilatus es, ut
neceris.' et exiens foras onerari praecepit naves frumento. ipse quoque 10
Apollonius cum paucis comitantibus fidelissimis servis navem occulte
ascendit, deferens secum multum pondus auri atque argenti sed et
vestem copiosissimam, et hora noctis silentissima tertia tradidit se alto
pelago.

7   Alia vero die in civitate sua quaeritur a civibus suis ad salutandum et 15
non inventus est. fit tremor; sonat planctus ingens per totam civitatem.
tantus namque amor civium suorum erga eum erat, ut per multa tempora tonsores privarentur a publico, spectacula tollerentur, balneae
clauderentur. et {ut} cum haec Tyro aguntur, supervenit ille Thaliarchus,
qui a rege Antiocho fuerat missus ad necandum iuvenem. qui ut vidit 20
omnia clausa, ait cuidam puero: ,,indica mihi, si valeas: quae est haec
causa, quod civitas ista in luctu moratur?" cui puer ait: ,,o hominem
improbum! scit et interrogat! quis est enim qui nesciat ideo hanc civita-

---

APVa^c

1 veneno **P** : venenum **A** ‖ 1−2 postquam ... accipies **P**; *quae cum libertas
Thaliarchi postea non attingatur, verba haec interpolata? aut sententia posterior
delapsa? cf. 23, 13 et 24, 11* : *om.* **A**; *del. Klebs 24* ‖ 3 ascendens petiit patriam **P** :
invectus est **A** | ⟨innocentis⟩ *Tsitsikli ex RB* : ⟨Apollonii⟩ *Ring* ‖ 4 {innocens}
Hunt⁵ 336 | tamen *Riese* : tandem **AP** | prior **A** : priore *aut* primo **P** ‖ 5−10 do-
mum et aperto ... neceris **P** : *om. hoc loco* **A**; *similia, quae huc transponenda,
verba* **A** *habet 3, 19* ‖ 5 domum **P** : *om.* **A** | scrinio *Riese* : scrineo **P** : scrinium **A** |
inquisivit **P** : inquirit **A** ‖ 5−7 omnes questiones ... chaldeorum **A** : questiones
omnium philosophorum omniumque chaldeorum **P** ‖ 6 auctorum **F** : actorum **A** ‖
7 et dum aliud [...] non **A** : cumque nihil aliud **P** ‖ 8 ad semet ipsum locutus
est dicens **A** : ait ad semet ipsum **P** ‖ 9 accepisti **A** : recepisti **P** | ideo **A** : se-
cundo **P** : sed ideo *Riese* | dilatus **P** : dilatatus **A** ‖ 10 neceris **A** : nocearis **P** |
et exiens foras **P** *Riese xix* : atque ita **A** *Riese* | onerari *Riese* : honerari **P** : ho-
nerati **A** ‖ 11−12 servis navem occulte ascendit **A** : *om.* **P** ‖ 13 silentissima **A** :
om. **P** | tradidit **A** : navem ascendens tradidit **P** (navem ascendens interpolata;
cf. supra) ‖ 16 inventus **P** : inventum **A** | tremor **P**: tremor ingens **A** ‖ 17 suo-
rum **P**: suarum **A** ‖ 18 balneae *Riese²* : valneae **A** : valvea **P** : balnea *Riese¹ Ring
Tsitsikli* ‖ 19 {ut} *Riese*: ut **AP**; *Löfstedt¹ 33 et ⁶ 59* | tyro **AP** : Tyri *Riese* |
aguntur **A** : gererentur **P** | ille **APVa^c** : *om. Riese* ‖ 22 quod **A** : quid **P**

tem in luctu esse, quia princeps huius patriae nomine Apollonius reversus ab Antiochia subito nusquam comparuit?" tunc Thaliarchus dispensator regis hoc audito gaudio plenus rediit ad navem et certa navigationis die attigit Antiochiam ingressusque ad regem ait: „domine rex, laetare et
5 gaude, quia iuvenis ille Tyrius Apollonius timens regni tui vires subito nusquam comparuit." rex ait: „fugere quidem potest, sed effugere non potest." continuo huiusmodi edictum proposuit: 'quicumque mihi Tyrium Apollonium, contemptorem regni mei, vivum exhibuerit, accipiet auri talenta centum; qui vero caput eius attulerit, accipiet ducenta.'
10 hoc edicto proposito non tantum eius inimici sed etiam amici cupiditate ducebantur et ad indagandum properabant. quaeritur Apollonius per terras per montes per silvas per universas indagines, et non inveniebatur.

Tunc iussit rex classes navium praeparari ad persequendum iuvenem. 8 sed moras facientibus his qui classes navium praeparabant, devenit
15 Apollonius civitatem Tarsiam. et deambulans iuxta litus visus est a quodam Hellenico cive suo, qui supervenerat ipsa hora. et accedens ad eum Hellenicus ait: „ave, rex Apolloni!" at ille salutatus fecit quod potentes facere consueverunt: sprevit hominem plebeium. tunc senex indignatus iterato salutavit eum {Hellenicus} et ait: „ave, inquam,
20 Apolloni, resaluta et noli despicere paupertatem nostram honestis moribus decoratam. si enim scis, cavendum tibi est; si autem nescis, admonendus es. audi, forsitan quod nescis, quia proscriptus es." cui Apollonius ait: „et quis patriae meae principem potuit proscribere?" Hellenicus ait: „rex Antiochus." ait Apollonius: „qua ex causa?"
25 Hellenicus ait: „quia quod pater est tu esse voluisti." Apollonius ait:

APVa^c

25 responsum Hellenici aenigma est

1 luctu *Riese* : luctum AP ‖ **2** subito **A**: *om*. P ‖ **3** plenus **A** : *om*. P | certa AP *Klebs 28* : tertia *RB Riese Tsitsikli* ‖ **4** attigit **A** : adtingit P ‖ **5** regni **A** : reǵ P ‖ **6** nusquam conparuit **A** : numquam conperuit P | fugere P : fugire **A** | effugere non *Riese* : effugire non **A**: non effugere P ‖ **10** amici P: et amici **A** : amici eius *Riese* ‖ **11** ad **A** : *om*. P | appolonius P : apollonium **A** ‖ **15** civitatem tharsiam et **A** : ad civitatem tharsum qui P ‖ **18** consuerunt P : consuerunt **A** ‖ **19** {Hellenicus} *Rossbach 316* | inquam **A** : inquit P ‖ **20** despicere AP : dispicere **Va^c** ‖ **21** decoratam P : decorata **A** ‖ **21—22** decoratam. audi, forsitan quod nescis, quia proscriptus es. si enim scis, cavendum tibi est, si autem nescis, admonendus es *putat Riese* ‖ **22** quia **A** : *om*. P ‖ **23—24** et quis … ait apollonius P: *ex homo. om.* **A** ‖ **23** quis F̲G̲ : post P ‖ **24** ex **A** : de P ‖ **25** hellenicus ait A Va^c : *om*. P | quia quod pater es tu esse voluisti {hellavicus ait quia filiam eius in matrimonium petivisti} *scripsi responsum primum* (= *aenigma*) *ex* P : quia filiam eius in matrimonium petisti **A** (*cf. 6, 19—20*)

5

„et quantum me proscripsit?" Hellenicus respondit: „ut quicumque te vivum exhibuerit, centum auri talenta accipiat; qui vero caput tuum absciderit, accipiet ducenta. ideoque moneo te: fugae praesidium manda." haec cum dixisset Hellenicus, discessit. tunc iussit Apollonius revocari ad se senem et ait ad eum: „rem fecisti optimam, ut me in- 5 strueres." {pro qua re puta te mihi caput a cervicibus amputasse et gaudium regi pertulisse.} et iussit ei proferri ducenta talenta auri et ait: „accipe, ⟨gratissimi⟩ exempli pauperrime, quia mereris, et puta te {sicut paulo ante dixi} caput a cervicibus amputasse et gaudium regi pertulisse. et ecce habes ducenta talenta auri et puras manus a sanguine 10 innocentis." cui Hellenicus ait: „absit, domine, ut huius rei causa praemium accipiam. apud bonos enim homines amicitia praemio non comparatur." et vale dicens discessit.

9 Post haec Apollonius dum deambularet in eodem loco supra litus, occurrit ei alius homo nomine Stranguillio. cui ait Apollonius: „ave, mi 15 carissime Stranguillio." et ille dixit: „ave, domine Apolloni. quid itaque in his locis turbata mente versaris?" Apollonius ait: „proscriptum vides." Stranguillio ait: „et quis te proscripsit?" Apollonius ait: „rex Antiochus." Stranguillio ait: „qua ex causa?" Apollonius ait: „quia filiam eius in matrimonium petivi. sed si fieri potest, in civitate vestra 20 volo latere." Stranguillio ait: „domine Apolloni, civitas nostra pauper est et nobilitatem tuam ferre non potest; praeterea duram famem saevamque sterilitatem patimur annonae, nec est ulla spes salutis civibus nostris, sed crudelissima mors potius ante oculos nostros versatur." Apollonius autem ad Stranguillionem ait: „age ergo deo gratias, quod me 25 profugum finibus vestris applicuit. dabo itaque civitati vestrae centum milia frumenti modiorum, si fugam meam celaveritis." Stranguillio ut audivit, prostravit se pedibus Apollonii et dixit: „domine rex Apolloni,

A PVa^c

1 quantum AP; *Löfstedt*[6] *170–171*: quanti *Riese* ‖ 2 centum auri talenta A: auri talenta C P | accipiat A: recipiat P ‖ 3 praesidium A; *cf. Apul. Met. 1, 15*: presidio P ‖ 6 puta *correxi e ditto.*: reputa AP ‖ 6–7 {pro qua re ... pertulisse} *Ring* | et gaudium regi pertulisse A: *om.* P ‖ 7 ducenta *correxi*: centum A: C P ‖ 8 ⟨gratissimi⟩ *Riese ex RB* | quia mereris A: quia mareris *aut* qui amareris P ‖ 8–10 {et puta te ... pertulisse} *Klebs 32* ‖ 9 {sicut paulo ante dixi} *Riese* | ⟨mihi⟩ caput *Riese* ‖ 10 ducenta *correxi*: centum AP ‖ 11 ait A: *om.* P | absit P: absi A | causa A: a causa P ‖ 12 amicitia P: amicitiam A ‖ 13 conparatur P: comparantur A ‖ 14 litus P: litore A ‖ 15 occurrit P: occurri A | ait A: *om.* P ‖ 16 karissime A: *om.* P ‖ 19 qua ex *Riese*: quae ex A: quae est P ‖ 20 eius {sed ut verius dicam coniugem} in *interpolata* P | petivi A: petii P ‖ 21 pauper P: paupera A ‖ 22 preterea A: praeteream A ‖ 23 sterilitem P: sterilitatem A ‖ 23–24 spes civibus nostris P: spe civibus nostris salutem A ‖ 24 crudelissima A: crudelissiam P ‖ 25 quod A: quia P ‖ 26 finibus P: in finibus P ‖ 28 et dixit *scripsi*: et dicens A: dicens P

si civitati esurienti subveneris, non solum fugam tuam celabunt, sed etiam, si necesse fuerit, pro salute tua dimicabunt."

Cumque haec dixisset, perrexerunt in civitatem, et ascendens Apollo- **10** nius tribunal in foro cunctis civibus et maioribus eiusdem civitatis 5 dixit: „cives Tarsis, quos annonae penuria turbat et opprimit, ego Tyrius Apollonius relevabo. credo enim vos huius beneficii memores fugam meam celaturos. scitote enim me legibus Antiochi regis esse fugatum; sed vestra Felicitate faciente hucusque ad vos sum delatus. dabo itaque vobis centum milia modiorum frumenti eo pretio, quo sum in patria 10 mea mercatus, id est octo aereis singulos modios." cives vero Tarsis, qui singulos modios singulos aureos mercabantur, exhilarati facti acclamationibus gratias agebant certatim accipientes frumentum. Apollonius autem, ne deposita regia dignitate mercatoris videretur adsumere nomen magis quam donatoris, pretium quod acceperat utilitati eiusdem civitatis 15 redonavit. cives vero his tantis beneficiis cumulati optant ⟨ei⟩ statuam statuere ex aere et eam collocaverunt in biga in foro stantem, in dextra manu fruges tenentem, sinistro pede modium calcantem et in base haec scripserunt: TARSIA CIVITAS APOLLONIO TYRIO DONVM DEDIT EO QVOD STERILITATEM SVAM ET FAMEM SEDAVIT.

20 Et interpositis mensibus {sive diebus} paucis hortante Stranguillione **11** et Dionysiade coniuge eius et premente fortuna ad Pentapolitanas Cyrenaeorum terras adfirmabatur navigare, ut ibi latere posset. deducitur itaque Apollonius cum ingenti honore ad mare et vale dicens hominibus ascendit ratem. qui dum navigaret, intra duas horas diei mutata est 25 pelagi fides.

APVa^c

3 perrexerunt **A** : perexerunt **P** : perrexit **Va^c** ‖ 4 cunctis **A** : civitatis **P** ‖ 5 tharsis (= Ταρσεῖς) **AP** | tyrius **A** : primus **P** ‖ 7 celaturos **A** : celaturi **P** | me legibus anthioci regis esse fugatum **A** : legibus anthioci regis me esse fugā (= fugam *aut* fugatum) **P** ‖ 8 felicitate **P** (Felicitate faciente = *deo volente*) : felicitas **A** | delatus *Riese* : dilatus **A** (*cf. 4, 9* dilatus **P** : dilatatus **A**): celatus (*per. ex 7* celaturos) **P** ‖ 9 modiorum frumenti **P**: frumenti modiorum **A** ‖ 9 − 10 in patria mea (eos *add. Riese*) mercatus *Hunt* : in patriam meam eo mercatus **A** : in mea mercatus provincia **P** ‖ 13 ne **A** : *om.* **P** | regia **A** : regni **P** | mercatoris **P** : mercaturi **A** ‖ 14 magis quam donatoris pretium **A** : magnum precium **P** | acceperat **P** : acciperat **A** | utilitati eiusdem civitatis **A** : civibus **P** ‖ 15 optant **P** : optan(?) **A** | ⟨ei⟩ *Riese ex RB* ‖ 16 ex aere **A** : *om.* **P** | eam **P** : eas **A** | in biga in foro stantem *Ring* : in vica in foro stante **A** : in foro stantem **P** ‖ 17 tenentem **P** : tenentes **A** | base *Riese* : vasae **AP** ‖ 18 tyrio **F** : tyro **AP** ‖ 19 sedavit **P**: sedhabere **A** : sedaverit **G** ‖ 20 sive diebus *delevi post Klebs 267* : mensibus sive del. Thielmann 55 ‖ 21 coniuge eius **P** : *om.* **A** ‖ 22 Cyrenaeorum *Riese* : virineorum **A** : *om.* **P** | adfirmabatur **A** : affirmabat **P** | posset **A** : possit **P** ‖ 23 mare (*aut* litus) *con. Hunt ex RB, comparans RA 18, 4* : navem **AP** ‖ 25 pelagi fides] *cf. Verg. Aen. 3, 69*

certa⟨que⟩ non certis cecidere ∪|−∪∪|−−
concita tempestas rutilans illuminat orbem.
Aeolus imbrifero ⟨flatu⟩ turbata procellis
corripit arva. Notus picea caligine tectus
scindit⟨que⟩ omne latus pelagi ∪∪|−∪∪|−−   5
−∪∪|−∪∪|− revolumine murmurat Auster.
volvitur hinc Boreas, nec iam mare sufficit Euro,
et freta disturbata † sibi involvit harena.
−∪∪|− et cum revocato a cardine ponto
omnia miscentur. pulsat mare sidera caeli.   10
in sese glomeratur hiems; pariterque morantur
nubila, grando, nives, zephyri, freta, fulgura, nimbi.
flamma volat vento, mugit mare conturbatum.
ereptaque die remus non invenit undas.
hinc Notus, hinc Boreas, hinc Africus horridus instat.   15
ipse tridente suo Neptunus spargit harenas.
Triton terribili cornu cantabat in undis.

A (− 6) PVa^c

1−17 cf. *Verg. Aen. 1, 81−141* ‖ **12** cf. *Isid. Orig. 1, 36, 13; Frag. Poet. Rom.*
(*Baehrens 1886*) *358, 13; Kortekaas 98. 232* ‖ **16** spargit harenas] cf. *Verg. Aen.
9, 629, Ovid. Trist. 4, 9, 29* ‖ **17** cantabat in undis] cf. *Ovid. Fast. 6, 408*

1 certa⟨que⟩ *Tsitsikli*: certa **APVa^c** ‖ **2** concita *Riese*: concitatur **APVa^c** |
orbem **P** : urbem **AVa^c** ‖ **3** Aeolus *Riese* : eulus **AP** : eurus **Va^c** | inbrifero **A** :
imbris eoo **P** : imbris ero **Va^c** | ⟨flatu⟩ *Riese* | turbata procellis] cf. *Verg. Georg.
3, 259* ‖ **4** arva **P**; cf. *Verg. Aen. 8, 695*: arma **AVa^c** | Notus] cf. *Ovid. Met. 1,
264−265* | picea *Riese*: clīpeo **A**: clipeo **P**: cl.ppeo **Va^c** | tectus *Riese* : ratis
APVa^c ‖ **5** scindit⟨que⟩ *Ring* : scindit **APVa^c** ¦ omne **F** *Riese* : omnes **APVa^c** ‖
5−6 pelagi revolumine murmurat **AVa^c** (*hic desinit* A) · pr̓agi revolumine murmur
erat **P**; cf. *Verg. Georg. 4, 261*: pelagi⟨que⟩ volumina versat *Riese*; cf. *Aen. 5, 408* ‖
8 sibi **PVa^c** : Libys *con. Riese* : Libyssa *con. Tsitsikli* | involvit **PVa^c** : invol-
vunt **F** | harena **P** : arena **Va^c** : harenas **F** ‖ **9** cum **P** : dum **Va^c**: totum **F** | re-
vocato *Ring*: revocata **PVa^c**: revocant **F** | ponto *Ring*: pontum **PVa^c**F ‖ **10** pul-
sat] cf. *Verg. Aen. 3, 619* | celi **SL**; cf. *Hunt³ 342*: celum **P** *Riese* ‖ **11** glomera-
tur **F** : glomaratur **Va^c** : glomerantur **P** | hiems **P**: hyemps **Va^c** | morantur **FG** :
moratur **PVa^c** ‖ **12** nives **P** : nues **Va^c** | zepheri **F** : papheri **P** : paferi **Va^c** | ful-
gora **Va^c** : fulgida **P** ‖ **13** flamma volat **Va^c** : hinc borreas hinc affricus orridus
flamma volat **P** | mare **P**: mareque **F** | conturbatum *Ring* : conturbat **PVa^c** ‖
14 (*hunc versum supplet* **Va^c**; cf. *Klebs 25*) die **G** : diem **Va^c** | remus **FG** : reme-
diis **Va^c** | undas **FG** : unda **Va^c** : undas / ⟨nauta ...⟩ *Tsitsikli* ‖ **15** hinc Notus
... Africus] cf. *Sil. Pun. 12, 617* | africos orridos **Va^c** : auster orridus **P** | instat
stat **Va^c** : instat star (*aut* stat) **P** ‖ **16** ipse tridente suo] cf. *Ovid. Met. 1, 283* |
tridente **F** : tridentes **PVa^c** | spargit **Va^c**F : spergit **P** | harenas **PF** : arenas **Va^c** ‖
17 triton **FG** : trinō **P** : triñ **Va^c** | terribili *Riese; cf. Ovid. Met. 12, 103* : terribilis
PVa^cF**G**

Tunc unusquisque sibi rapuit tabulas, morsque nuntiatur. in illa vero **12**
caligine tempestatis omnes perierunt. Apollonius vero solus tabulae
beneficio in Pentapolitarum est litore pulsus. {iterum} stans Apollonius
in litore nudus, intuens tranquillum mare ait: 'o Neptune, rector pelagi,
5 hominum deceptor innocentium, propter hoc me reservasti egenum et
pauperem, quo facilius rex crudelissimus Antiochus persequeretur! quo
itaque ibo? quam partem petam? vel quis ignoto vitae dabit auxilium?'
et cum sibimet ipsi increparet, subito anima⟨d⟩vertens vidit quendam
grandaevum sago sordido circumdatum. et prosternens se illius ad pedes
10 effusis lacrimis ait: „miserere mei, quicumque es, succurre naufrago et
egeno, non humilibus natalibus orto! et ut scias cuius miserearis, ego
sum Tyrius Apollonius, patriae meae princeps. audi nunc tragoediam
calamitatis meae, qui modo genibus tuis provolutus deprecor vitae
auxilium. praesta mihi ut vivam.“ itaque piscator ut vidit primam
15 speciem iuvenis, misericordia motus erigit eum et tenens manum eius
duxit eum intra tecta parietum domus suae, et posuit epulas quas potuit.
et ut plenius misericordiae suae satisfaceret, exuens se tribunarium
suum scindit {eum} in duas partes aequaliter et dedit unam iuveni
dicens: „tolle hoc quod habeo et vade in civitatem: forsitan invenies, qui
20 tui misereatur. et si non inveneris, huc revertere et mecum laborabis et
piscaberis; paupertas quaecumque est sufficiet nobis. illud tamen admoneo te, ut si quando deo favente redditus fueris natalibus tuis, et tu
respicias tribulationem paupertatis meae.“ cui Apollonius ait: „nisi
meminero tui, iterum naufragium patiar nec tui similem inveniam!“
25 Et haec dicens per demonstratam sibi viam iter carpens ingreditur **13**
portam civitatis. et dum secum cogitaret, unde auxilium vitae peteret,
vidit puerum per plateam currentem oleo {capite} unctum, sabano
praecinctum, ferentem iuvenilem lusum ad gymnasium pertinentem,
maxima voce clamantem et dicentem: „audite cives, audite peregrini,

PVac

21 paupertas ... sufficiet] *cf. Vulg. Tob. 5, 25* ‖ 23 tribulationem paupertatis]
cf. Vulg. Apoc. 2, 9

1 morsque nuntiatur **P**; *cf. Hunt*[1] *26 – 28* : morsque minatur *con. Tsitsikli ex
RB* ‖ 2 solus *scripsi* : unius **P** ‖ 3 {iterum} *Klebs 162* : interim *Ring* ‖ 4 rector
pelagi] *cf. Ovid. Met. 1, 331 et 4, 798* ‖ 5 reservasti *Riese* : reversasti **P** ‖ 6 quo[1]
Ring : quod **P** | persequeretur *scripsi*: persequebatur **P** ‖ 7 ignoto **F** : ignote **P** ‖
8 animavertens **P** ‖ 9 sago **G** : sacco **P** ‖ 11 orto **FG** : cognito **P** : genito *Riese* |
cuius *scripsi* : cui[. .] **F** : cui **P** ‖ 12 tragoediam *Ring* : dracoediam **P** ‖ 13 deprecor
FG : *om.* **P** ‖ 18 eum *delevi* : id *possit* ‖ 20 tui *scripsi post* **F** : tibi **P** ‖ 21 pisca-
beris *Ring* : piscabis **P** | quecumque est **F** : quicumque es **P** (*e per. l. 10*) ‖ 22 favente
scripsi; cf. 3, 9; 10, 5 : volente *possit*; *cf. 14, 31* : adveniente **P** ‖ 25 demonstratam **P** ‖ 27 {capite} *Riese* : capite **P** : a capite **Va**c ‖ 28 gignasium **P** ‖ 29 cives
audite **F**; *Hunt*[5] *336 citans RB et RB 77, 12* : *om.* **P**

ingenui et servi: gymnasium patet." hoc audito Apollonius exuens se
tribunarium ingreditur lavacrum, utitur liquore Palladio, et dum singulos exercentes videret, quaerit sibi parem nec invenit. tunc rex Archistrates eiusdem civitatis subito cum magna turba famulorum ingressus est
gymnasium. qui dum cum suis ad ludum luderet, deo favente approxi- 5
mavit se Apollonius in regis turba et ludente rege sustulit pilam et
subtili velocitate remisit remissamque rursum ⟨velocius repercussit⟩
nec cadere passus est. tunc rex Archistrates cum sibi notasset iuvenis
velocitatem et, quis esset, nesciret et ad pilae lusum nullum haberet
parem, intuens famulos suos ait: „recedite famuli; hic enim iuvenis, ut 10
suspicor, mihi comparandus est." et cum recessissent famuli, Apollonius
subtili velocitate manu docta remisit pilam ut et regi et omnibus, vel
pueris qui aderant, miraculum magnum videretur. videns autem se
Apollonius a civibus laudari, constanter appropinquavit ad regem, deinde
docta manu ceromate fricuit regem tanta lenitate, ut de sene iuvenem 15
redderet. iterato in solio gratissime fovit, exeunti officiose manum dedit,
post haec discessit.

14   Rex autem, ut vidit iuvenem discessisse, conversus ad amicos suos
ait: „iuro vobis, amici, per communem salutem {meam} me melius numquam lavisse nisi hodie, beneficio unius adolescentis, quem nescio." et 20
intuens unum de famulis suis ait: „iuvenis ille qui mihi servitium gratissime fecit, vide quis sit." famulus vero secutus est iuvenem et, ut vidit
eum sordido tribunario coopertum, reversus ad regem ait: „domine rex
optime, iuvenis naufragus est." rex ait: „et tu unde scis?" famulus
respondit: „quia illo tacente habitus indicat." rex ait: „vade celerius et 25
dic illi: 'rogat te rex, ut ad cenam venias'." et cum dixisset ei, acquievit
Apollonius et eum ad domum regis secutus est. famulus prior ingressus
dicit regi: „adest naufragus, sed abiecto habitu introire confunditur".
statim rex iussit eum dignis vestibus indui et ad cenam ingredi. et
ingresso Apollonio triclinium ait ad eum famulus: „discumbe, iuvenis, 30

PVa^c

1 *Auctor de dubiis nominibus, Grammatici Lat. ed. Keil (1868) 5, 579* in Apollonio 'gymnasium patet'; *Riese³ 638—639*

1 gygnasium **P** ‖ 2 liquore palladio *γ δ*; *cf. Ovid. Met. 8, 275* : licore pilido **P** ‖
3 videret *Ring* : videre **P** ‖ 5 gignasium **P** : gimnasium **Va^c** | cum **G** : *om.* **P** | ad
ludum luderet] *cf.* Th*LL VII 2, 1778, 35—42* ‖ 7 ⟨velocius repercussit⟩ *Waiblinger ex RB* ‖ 9 haberet *Ring* : habere **P** ‖ 12 pelam **Va^c** ‖ 13 se **Va^c** : *om.* **P** ‖
14 civibus **P** : cunctis **Va^c** ‖ 15 ceromate *Ring* : cerconi et **P** | fricuit *scripsi* : fri-
cavit **P** | lenitate *Ziehen* : levitate **P** ‖ 16 fovit *Ring* : fuit **P** ‖ 19 {meam} *Riese* ‖
23 domine *scripsi; con. Riese* : bone **P**; *Löfstedt⁴ 260* ‖ 26 dixisset ei *distinxit Hunt²
218—219* : ei acquievit *Klebs 237* | acquievit *Ring* : aquievit **P** ‖ 30 ingresso
Ring : ingressus **P** | famulus *scripsi* : rex **P**

et epulare. dabit enim tibi dominus ⟨omne⟩ per quod damna naufragii
obliviscaris!" statimque assignato illi loco Apollonius contra regem
discubuit. adfertur gustatio, deinde cena regalis. omnibus autem epulantibus ipse solus non epulabatur, sed respiciens aurum, argentum, mensam
5 et ministeria, flens cum dolore omnia intuetur. sed quidam de senioribus
iuxta regem discumbens ut vidit iuvenem singula quaeque curiose con-
spicere, respexit {ad} regem et ait: ,,bone rex, vide, ecce, cui tu benignitatem animi tui ostendis, bonis tuis invidet et fortunae!" cui ait rex: ,,ami-
ce, suspicaris male; nam iuvenis iste non bonis meis aut fortunae meae
10 invidet, sed, ut arbitror, plura se perdidisse testatur." et hilari vultu
respiciens iuvenem ait: ,,iuvenis, epulare nobiscum; laetare et gaude et
meliora de deo spera!"

Et dum hortaretur iuvenem, subito introivit filia regis speciosa micans 15
atque auro fulgens, iam adulta virgo; dedit obsequium patri, post haec
15 discumbentibus omnibus amicis. quae dum obsequeretur, pervenit ad
naufragum. retrorsum rediit ad patrem et ait: ,,bone rex et pater optime,
quis est {nescio} hic iuvenis, qui contra te in honorato loco discumbit et
nescio quid flebili vultu dolet?" cui rex ait: ,,hic iuvenis naufragus est et
in gymnasio mihi servitium gratissime fecit; propter quod ad cenam
20 illum invitavi. quis autem sit aut unde, nescio. sed si vis, interroga illum;
decet enim te, filia sapientissima, omnia nosse. et forsitan dum cognoveris, misereberis illius." hortante igitur patre verecundissimo sermone
interrogatur a puella Apollonius et accedens ad eum ait: ,,licet taciturnitas tua sit tristior, generositas autem tuam nobilitatem ostendit. sed si
25 tibi molestum non est, indica mihi nomen et casus tuos." Apollonius ait:
,,si nomen quaeris, Apollonius sum vocatus; si de thesauro quaeris, in
mari perdidi." puella ait: ,,apertius indica mihi, ut intellegam."

Apollonius vero universos casus suos exposuit et finito sermone lacri- 16
mas effundere coepit. quem ut vidit rex flentem, respiciens filiam suam
30 ait: ,,nata dulcis, peccasti, quae dum plenius nomen et casus adulescentis
agnosceres, veteres ei renovasti dolores. ergo, dulcis et sapiens filia, ex
quo agnovisti veritatem, iustum est, ut ei liberalitatem tuam quasi

---

P Va^c

1 omne *addidi* | quod **G**; *Klebs 20. 218* : quid **P** : quidquid *male legit Riese* ‖
3 omnibus autem **G** : *om.* **P** ‖ **7** ad *delevi* | vide *Riese* : vides **P** *Kortekaas* ‖ **13** or-
taretur **P** | micans **Va^c** : *om.* **P** ‖ **14** obsequium *scripsi; cf. Enk 232* : obsculum **P** :
osculum *Riese* ‖ **15** obsequeretur *scripsi* : obscularetur **P** ‖ **17** {nescio} *Hunt¹ 32* ‖
19 gignasio **P** ‖ **22** illius *scripsi post* **M** : illi **PF** ‖ **24** autem **P** : tamen *con. Riese* |
nobilitatem **P** : nobilitatis **Va^c** ‖ **25** nomen et **G** : omnes **P** ‖ **26** thesauro *Ring* :
tharo **P** (= *contractio* thesauro *et* tharso; *cf. RB*) ‖ **27** mari *Riese* : mare **P** ‖
30 quae **P** : quod *Riese* | plenius *scripsi post Hunt¹ 24—26* : eius **P** : vis **F** ‖
31 agnosceres **P** : cognoscere **F** | renovasti dolores] *cf. 33, 13 et Verg. Aen. 2, 3* ‖
32 iustum **P** : et iustum **Va^c** | ei **P** : et **Va^c**

regina ostendas." puella vero respiciens Apollonium ait: „iam noster es, iuvenis, depone maerorem; et quia permittit indulgentia patris mei, locupletabo te." Apollonius vero cum gemitu egit gratias. rex vero videns tantam bonitatem filiae suae valde gavisus est et ait ad eam: „nata dulcis, {me} salvum habeas. iube tibi afferre lyram et aufer iuveni lacri- 5 mas et exhilara {ad} convivium." puella vero iussit sibi afferri lyram. at ubi accepit, cum nimia dulcedine vocis chordarum sonos {melos cum voce} miscebat. omnes convivae coeperunt mirari dicentes: „non potest {esse} melius, non potest dulcius plus isto, quod audivimus!" inter quos solus tacebat Apollonius. ad quem rex ait: „Apolloni, foedam rem facis. 10 omnes filiam meam in arte musica laudant, quare tu solus tacendo vituperas?" Apollonius ait: „domine rex, si permittis, dicam quod sentio: filia enim tua in artem musicam incidit, sed non didicit. denique iube mihi dari lyram, et statim scias quod ante nesciebas." rex Archistra-tes dixit: „Apolloni, ut intellego, in omnibus es locuples." et ⟨***⟩ 15 induit statum ⟨lyricum⟩, et corona caput coronavit, et accipiens lyram introivit triclinium, et ita stetit, ut discumbentes non Apollonium sed Apollinem existimarent. atque ita facto silentio 'arripuit plectrum animumque accommodat arti.' miscetur vox cantu modulata chordis. discumbentes una cum rege in laude clamare coeperunt et dicere: „non 20 potest melius, non potest dulcius!" post haec deponens lyram ingreditur in comico habitu et mirabili manu et saltu {et} inauditas actiones ex-pressit, post haec induit tragicum: et nihilominus admirabiliter compla-cuit ita, ut omnes amici regis et hoc se numquam audisse testarentur nec vidisse. 25

17   Inter haec filia regis ut vidit iuvenem omnium artium studiorumque esse cumulatum, vulneris saevo ca⟨r⟩pitur igne: incidit in amorem {infinitum}. et finito convivio sic ait puella ad patrem suum:„permiseras mihi paulo ante, ut si quid voluissem de tuo tamen Apollonio darem, rex

PVa^c

1 ostendas **Va^c** : hostendas **P** ‖ 5 {me} *Tsitsikli ex RB; cf.* sic m& salvum ha-beas **F** ‖ 6 ad *delevi post* **F** ‖ 7 accepit **G Γ** : accedens cepit **P** ‖ 7—8 {melos cum voce} *Ring* ‖ 9 esse *delevi post* **F** | potest **F** *RB* : est **P** : esse *Riese* | {plus isto quod audivimus} *Merkelbach* ‖ 12 quod *Riese ex RB* : quid **P** ‖ 13 artem musicam *Riese ex RB* : arte musica **P** | set non didicit **G Γ** : *om.* **P** ‖ 14 scias **P** : scies *Riese ex RB* | quod *RB* : quid **P** ‖ 15 *lac. ind. Renehan; cp. RB* ‖ 16 induit **F** : movit **P** | statum *Riese ex RB* : statim **PF** | ⟨lyricum⟩ *Rossbach*[1] *317; cf. Rohde 437 et Klebs 129, sed Hunt*[7] *287* | caput *Riese ex RB* : cum capite **P** ‖ 17 stetit **FG** *Hunt*[7] *283* : fecit **P** ‖ 19 animumque **F** : avimumque **P** | accommodat *Riese* : accomodans **P** ‖ 19 miscetur . . . 21 dulcius *repetita verba ex l. 7—9* cum nimia . . . dulcius ‖ 22 {et} *Ring* | actiones *Ring* : actones **P** ‖ 23 admirabiliter *Ring* : admirabitur **P** ‖ 24 testarentur *Riese* : testentur *Ring* : testantur **P** ‖ 27 vulneris *Ring* : vulnere **P**; *cf. Verg. Aen. 4, 1—2* | ca⟨r⟩pitur *addidi ex Verg. Aen. 4, 2; cf. Lana 81* | igne *Ring* : ignem **P** | incidit] *cf. 1, 8* ‖ 28 {infinitum} *Riese*

et pater optime!" cui dixit: „et permisi et permitto et opto." permisso
sibi a patre, quod ipsa ultro praestare volebat, intuens Apollonium ait:
„Apolloni magister, accipe indulgentia patris mei ducenta talenta auri,
argenti pondera quadraginta, servos viginti et vestem copiosissimam."
5 et intuens famulos, quos donaverat, dixit: „afferte quaequae promisi, et
praesentibus omnibus exponite in triclinio!" laudant omnes liberalitatem
puellae. peractoque convivio levaverunt se universi; vale dicentes regi
et reginae discesserunt. ipse quoque Apollonius ait: „bone rex, miserorum
misericors, et tu, regina amatrix studiorum, valete." et haec dicens
10 respiciens famulos, quos illi puella donaverat, ait: „tollite, famuli, haec
quae mihi regina donavit, aurum, argentum et vestem, et eamus hospitalia quaerentes." puella vero timens ne amatum non videns torqueretur,
respexit patrem suum et ait: „bone rex, pater optime, placet tibi ut
hodie Apollonius a nobis locupletatus abscedat, et quod illi dedisti a malis
15 hominibus ei rapiatur?" cui rex ait: „bene dicis, domina; iube ergo ei dari
unam zaetam, ubi digne quiescat." accepta igitur mansione Apollonius
bene acceptus requievit, agens deo gratias, qui ei non denegavit regem
consolatorem.

Sed 'regina gravi iamdudum saucia cura' Apollonii figit in 'pectore 18
20 vultus verba⟨que⟩', cantusque memor credit 'genus esse deorum'. nec
somnum oculis nec 'membris dat cura quietem'. vigilans primo mane
irrumpit cubiculum patris. pater videns filiam ait: „filia dulcis, quid est
quod tam mane praeter consuetudinem vigilasti?" puella ait: „hesterna
studia me exercitaverunt. peto itaque, pater, ut me tradas hospiti nostro
25 {Apollonio} studiorum percipiendorum gratia." rex vero gaudio plenus
iussit ad se iuvenem vocari. cui sic ait: „Apolloni, studiorum tuorum
felicitatem filia mea a te discere concupivit. peto itaque et iuro tibi per
regni mei vires ut, ⟨si⟩ desiderio natae meae parueris, quidquid tibi
iratum abstulit mare ego in terris restituam." Apollonius hoc audito

PVa^c

1 permisso **Va^c** : premisso **P** ‖ 2 intuens puella **Va^c** ‖ 5 ⊼ famulos **P** | quaequae
promisi *Ring* : queque promissi **P** ‖ 6 exponite **F** : exponit **P** ‖ 10.11 hec que **G**; *cf.
Hunt^6 354* : hoc quod *Ring* : hos quos **P** ‖ 12 ne *Ring* : ut **P** ‖ 16 zaetam (= *diae-
tam*) *Riese ex RB* : cetam **P** ‖ 18 consolatōem **P** : consolationem **F** ‖ 19 regina . . .
cura] *Verg. Aen. 4, 1* | gravi *scripsi* : sui **P** | apollonii **G** : apolonio **P** | figit in
pectore **P** : habet in pectore **F** ‖ 19—20 pectore vultus verbaque] *Aen. 4, 4—5* ‖
20 vultus *Riese* : vulnus **P** | verba⟨que⟩ *Riese ex Aen. 4, 5* | genus esse deorum]
Aen. 4, 12 ‖ 21 somnum **P** : sompnium **Va^c** | membris dat cura quietem] *Aen. 4, 5* |
dat cura **FG** : datura **PVa^c** ‖ 21—22 vigilans . . . patris] *cp. 1, 12* ‖ 23 hesterna
Ring : externa **P** ‖ 24 exercitaverunt **P** : excitaverunt **FG** ‖ 25 Apollonio *delevi;
con. Tsitsikli* ‖ 27—28 peto itaque . . . mee parueris (*Ring* : paraveris **P**) **P** : peto
itaque ut desiderio natae meae parueris, et iuro tibi per regni mei vires *Riese* ‖
28 ⟨si⟩ *Hunt^1* 29; *cf. 16, 9—10 et RB 65, 22—23* | parueris *Ring* : paraveris **P** |
quidquid *Ring* : quicquid **P**

docet puellam, sicuti et ipse didicerat. interposito brevi temporis spatio cum non posset puella ulla ratione vulnus amoris tolerare, in multa infirmitate membra prostravit fluxa et coepit iacere imbecillis in toro. rex ut vidit filiam suam subitaneam valitudinem incurrisse, sollicitus adhibet medicos. qui venientes {medici} temptant venas, tangunt 5 singulas corporis partes nec omnino inveniunt aegritudinis causas.

19 Rex autem post paucos dies tenens Apollonium manu forum petit et cum eo deambulavit. iuvenes scholastici tres nobilissimi, qui per longum tempus filiam eius petebant in matrimonium, pariter omnes una voce salutaverunt eum. quos videns rex subridens ait illis: ,,quid est hoc 10 quod una voce me pariter salutastis?'' unus ex ipsis ait: ,,petentibus nobis filiam tuam in matrimonium tu saepius nos differendo fatigas. propter quod hodie una simul venimus. elige ex nobis, quem vis habere generum.'' rex ait: ,,non apto tempore me interpellastis. filia enim mea studiis vacat et prae amore studiorum imbecillis iacet. sed ne videar vos diutius 15 differre, scribite in codicillos nomina vestra et dotis quantitatem; et dirigo ipsos codicillos filiae meae, et illa sibi eligat quem voluerit habere maritum.'' illi tres itaque iuvenes scripserunt nomina sua et dotis quantitatem. rex accepit codicillos anuloque suo signavit datque Apollonio dicens: ,,tolle, magister, praeter tui contumeliam hos codicillos et 20 perfer discipulae tuae: hic enim locus te desiderat.''

20 Apollonius acceptis codicillis pergit domum regiam et introivit cubiculum tradiditque codicillos. puella patris agnovit signaculum. quae ⟨respiciens a⟩mores suos sic ait: ,,quid est, magister, quod sic singularis cubiculum introisti?'' cui Apollonius respondit: ,,domina, es nondum 25 mulier et male habes! sed potius accipe codicillos patris tui et lege trium nomina petitorum.'' puella vero reserato codicillo legit, perlectoque nomen ibidem non legit, quem volebat et amabat. et respiciens Apollonium ait: ,,magister Apolloni, ita tibi non dolet quod ego nubam?'' Apollonius dixit: ,,immo gratulor, quod abundantia horum studiorum 30 docta et a me patefacta deo volente et cui animus tuus desiderat nubes.'' cui puella ait: ,,magister, si amares, utique doleres tuam doctrinam.'' et

---

PVaᶜ

5—6 aegritudo puellae et medicorum inscitia; cf. Apul. Met. 10, 2

1 didicerat **FG** : dedicarat **P** | temporis **FG** : tempore **P** ‖ 3 fluxa et *Riese* : fluxie **P** ‖ 4 valituinem **P** ‖ 5 {medici} *Hunt⁶ 354—356; om.* **F** : {venientes medici} *Riese* | temptant **F** : temptantes **P** ‖ 7 rex rex **P** ‖ 8 per **FG** : post **P** ‖ 12 tuam **FG** : vestram **P** ‖ 16 dotis] *cf. 1, 6* ‖ 17 diriigo **P** ‖ 21 perfer **F** : prefer **P** ‖ 23 signaculum. quae **F** : signaculumque **P** ‖ 24 ⟨respiciens a⟩mores *Hunt* : ⟨ad a⟩mores *Riese* : mores **P** ‖ 25 es **G** : et **P** ‖ 26 male habes **P**; *cf. Kortekaas 218* : male me habes *Ziehen* ‖ 27 reserato **P** : resignato *mavult Riese* ‖ 28 quem **P** : quod **F** ‖ 31 patefacta *Ring* : patefactam **P** | nubes *scripsi* : nubas **P**

scripsit codicillos et signatos anulo suo iuveni tradidit. pertulit Apollonius
in forum tradiditque regi. accepto codicillo rex resignavit et aperuit
illum. in quibus rescripserat filia sua: 'bone rex et pater optime, quoniam
clementiae tuae indulgentia permittis mihi, dicam: illum volo coniugem,
5 naufragio patrimonio deceptum. et si miraris, pater, quod {tam} pudica
virgo tam impudenter scripserim: per certam litteram mandavi, quae
pudorem non habet.'

Et perlectis codicillis rex ignorans, quem naufragum diceret, respiciens **21**
illos tres iuvenes, qui nomina sua scripserant, {vel qui dotem in illis
10 codicillis designaverant} ait illis: „quis vestrum naufragium fecit?"
unus vero ex his Ardalion nomine dixit: „ego." alius ait: „tace, morbus
te consumat nec salvus sis! cum scio te coaetaneum meum et mecum
litteris eruditum, et portam civitatis numquam existi. ubi ergo naufragium fecisti?" et cum rex non inveniret, quis eorum naufragium fecisset,
15 respiciens Apollonium ait: „tolle, magister Apolloni, hos codicillos et
lege. potest enim fieri ut, quod ego non inveni, tu intellegas, quia praesens
fuisti." Apollonius accepto codicillo legit et, ut sensit se a regina amari,
erubuit. et rex tenens ei manum paululum secessit ab eis iuvenibus et
ait: „quid est, magister Apolloni, invenisti naufragum?" Apollonius ait:
20 „bone rex, si permittis, inveni." et his dictis videns rex faciem eius roseo
colore perfusam intellexit dictum et ait gaudens: „quod filia mea cupit
hoc est et meum votum." {nihil enim in huiusmodi negotio sine deo agi
potest}. et respiciens illos tres iuvenes ait: „certe dixi vobis, quia non
apto tempore interpellastis. ite, et dum tempus fuerit, mittam ad vos."
25 et dimisit eos a se.

Et tenens manum iam genero non hospiti ingreditur domum regiam. **22**
ipso autem Apollonio relicto rex solus intrat ad filiam suam dicens:
„dulcis nata, quem tibi elegisti coniugem?" puella vero prostravit se ad
pedes patris sui et ait: „pater carissime, quia cupis audire natae tuae
30 desiderium: illum volo coniugem et amo, patrimonio deceptum et nau-

PVaᶜ

4–5 *rescriptum puellae aenigma est*

1 signatos anulo suo **F** : signato sui anulo **P** ‖ 5 naufragio patrimonio deceptum]
cf. l. 30 | {tam} *Riese; ex. exp. Hunt*¹ *32; om.* **F** ‖ 6 inpudenter **F** : impruden-
ter **P** | certam licteram **P** : ceram **F** *Riese ex RB* ‖ 8 perlectis codicellis *Riese ex
RB* : perlectos codicillos **P** | diceret **FG** : disceret **P** ‖ 9–10 vel qui . . . designa-
verant *delevi* ‖ **9, 10** illis codicellis *Ring* : illos codicillos **P**; *cf. l. 8* ‖ 11 ex his *scripsi;
cf. 1, 2*: ex eis **FG** : ex iis *Ring* : exiens **P** | Ardalion *Riese ex RB* : sardalion **P** ‖
12 consumat **FG** : consumit **P** | sis **FG** : es **P** | scio *Ring* : sciam **F** : socio **P** ‖
14 fecisset *Riese* : faceret **P** ‖ 16 ut **F** : et **P** ‖ 19 naufragum **FG** : naufragium **P** ‖
20–21 roseo colore perfusam] *cf. Vulg. Esth. 15, 8* ‖ 22–23 nihil enim . . . agi potest *delevi; con. Klebs 35; cf. Kortekaas 63 et 320* ‖ 23 illos tres **F**; *cf. 14, 18; 15, 9* :
illustres **P** ‖ 30 patrimonio . . . naufragum] *cf. l. 5*

fragum, magistrum meum Apollonium; cui si non me tradideris, a praesenti perdes filiam!" et cum rex filiae non posset ferre lacrimas, erexit eam et alloquitur dicens: „nata dulcis, noli de aliqua re cogitare, quia talem concupisti, {ad} quem ego, ex quo eum vidi, tibi coniungi optavi. sed ego tibi vere consentio, quia et ego amando factus sum 5 pater." et exiens foras respiciens Apollonium ait: „magister Apolloni, quia scrutavi filiam meam quid ei in animo resideret nuptiarum causa, lacrimis fusis multa inter alia mihi narravit dicens, et adiurans me ait: 'iuraveras magistro meo Apollonio, ut si desideriis meis {vel doctrinis} paruisset, dares illi quidquid iratum abstulit mare. modo vero quia 10 paruit tuis praeceptis et {obsequiis ab ipso tibi factis et meae voluntati in doctrinis} aurum argentum vestes mancipia aut possessiones non quaerit, nisi solum regnum {quod putaverat perdidisse}, tuo sacramento per meam iussionem me ei tradas!' unde, magister Apolloni, peto ne nuptias filiae meae fastidio habeas!" Apollonius ait: {quod a deo est, sit, 15 et} „si tua est voluntas, impleatur."

23 Rex ait: „diem nuptiarum sine mora statuam." postera vero die vocantur amici, invitantur vicinarum urbium potestates, viri magni atque nobiles, quibus convocatis in unum pariter rex ait: „amici, scitis quare vos in unum congregaverim?" qui respondentes dixerunt: „nesci- 20 mus." rex ait: „scitote filiam meam velle nubere Tyrio Apollonio. peto ut omnibus sit laetitia, quia filia mea sapientissima sociatur viro pruden- tissimo." inter haec diem nuptiarum sine mora indicit, et quando in unum se coniungerent praecepit. quid multa? dies supervenit nuptiarum, omnes laeti atque alacres in unum conveniunt. gaudet rex cum filia, 25 gaudet et Tyrius Apollonius, qui talem meruit habere coniugem. cele- brantur nuptiae regio more decora dignitate. gaudet universa civitas; exultant cives, peregrini et hospites; fit magnum gaudium in citharis, lyris et canticis et organis modulatis cum vocibus. peracta laetitia ingens amor fit inter coniuges, mirus affectus, incomparabilis dilectio, inaudita 30 laetitia, quae perpetua caritate complectitur.

PVaᶜ

2—16 et cum rex ... impleatur *interpolata Klebs 36* ‖ 4 {ad} *Ring* | coniungi *scripsi*: coniungere P ‖ 5 optavi G; *cf. Klebs 36*: adoptavi P ‖ 6 foras F *Riese*: foris P ‖ 7 animo *Ring*: animum P | causa *Riese*: causam P ‖ 9 apollonio fide Vaᶜ | vel doctrinis *delevi* ‖ 10 quidquid *Riese*: quicquid P ‖ 11 {et¹} *Ring Korte- kaas* ‖ 11—12 obsequiis ab ... in doctrinis *delevi* ‖ 12 mancipia FG: mancipias P ‖ 13 quod putaverat perdidisse *delevi; cf. 11, 4—10* | (sacramento *genus dotis? dona ex 13, 3—4 interpretata a virgine quasi dos?*) ‖ 14 iussionem[.]re P | peto FG: puto P ‖ 15 sit P: fit *rogat Riese* ‖ 15—16 quod a deo est sit et *delevi* ‖ 17 postera] *cf. Kortekaas* ‖ 18 invitantur FG: invocantur (*e per.*) P ‖ 23 {sine mora} *con. Hunt* ‖ 24—26 quid multa ... habere coniugem *interpolata Klebs 37* ‖ 25 laeti at- que alacres] *cf. Apul. Met. 1, 17* ‖ 27—29 gaudet universa ... cum vocibus *inter- polata Klebs 37*

Interpositis autem diebus atque mensibus, cum haberet puella mense **24**
iam sexto eunte ventriculum deformatum, {est advenit eius sponsus
rex} Apollonius cum spatiatur in litore, iuncta sibi puellula, vidit navem
speciosissimam, et dum utrique eam laudarent pariter, recognovit eam
5 Apollonius de sua esse patria; conversus ait ad gubernatorem: ,,dic mihi,
si valeas, unde venisti?" gubernator ait: ,,de Tyro." Apollonius ait:
,,patriam meam nominasti." ad quem gubernator ait: ,,ergo tu Tyrius
es?" Apollonius ait: ,,ut dicis, sic sum." gubernator ait: ,,vere mihi
dignare dicere: noveras aliquem patriae illius principem Apollonium
10 nomine?" Apollonius ait: ,,ut me ipsum, sic illum novi." gubernator non
intellexit dictum et ait: ,,sic ego rogo ut ubicumque eum videris: dic
illi 'laetare et gaude', quia rex saevissimus Antiochus cum filia sua
concumbens dei fulmine percussus est; opes autem et regnum eius servantur regi Apollonio." Apollonius autem ut audivit, gaudio plenus
15 conversus dixit ad coniugem: ,,domina, quod aliquando mihi naufrago
credideras, modo comprobavi. peto itaque, coniunx carissima, ut me
permittas proficisci ad regnum devotum percipiendum." coniunx vero
eius ut audivit eum velle proficisci, profusis lacrimis ait: ,,care coniunx,
si alicubi in longinquo esses itinere constitutus, certe ad partum meum
20 festinare debueras; nunc vero cum sis praesens, disponis me derelinquere? pariter navigemus; ubicumque fueris, seu in terris seu in mari,
vita vel mors ambos nos capiat." et haec dicens puella venit ad patrem
suum, cui sic ait: ,,care genitor, laetare et gaude, quia saevissimus rex
Antiochus cum filia sua concumbens a deo percussus est, opes autem
25 eius cum diademate coniugi meo servatae sunt. propter quod rogo te,
satis animo libenti permittas mihi navigare cum viro meo; et ut libentius
mihi permittas: unam dimittis, en duas recipies."

PVa^c

10 *iterum aenigma* ‖ **18—22** care ... capiat] cf. Ovid. Met. 11, 439—443

1 diebus (*sine aliquot*)] cf. Löfstedt⁶ 75—76; cf. RB ‖ **1—3** interpositis autem ...
rex Apollonius *interpolata Klebs 37* ‖ **2** eunte *Ring* : {eius} *Riese* : eius **P** | {est}
Ring ‖ **2—3** est advenit eius sponsus rex *delevi*; *con. Klebs 37 et 61* : aest⟨ivo tem-
pore⟩ ... cogitat *Tsitsikli ex RB* | advenit eius ... sibi puellula **P**; cf. RB ‖ **3** cum
PF : dum **G** RB ‖ **6** tyro **FG** : tyrio **P** ‖ **7** tirius **G** : tirus **P** ‖ **11** sic ego rogo **P** : si
ubi vid **Va**^c | ego **P** : ergo *rogat Riese* ‖ **12** gaude **G** *Ring* : gaudere (*e per.*) **P** ‖
13 concumbens **F** : concubens **P** ‖ **14** gaudio plenus **FG** : gaudio **P** ‖ **16** comprobavi
scripsi; rogat Riese : comprobasti (*e per.*) **P** | peto itaque **FG** RB: om. **P** | caris-
sima *Ring* : karissimam **P** ‖ **17** proficisci **FG** : proficere **P** | ad **P** : et *Ring* | perci-
piendum *Hunt RB RC* : percipere **P** ‖ **18** proficisci **FG** : proficere **P** | profusis **FG** :
cf. Ovid. Met. 11, 418 : perfusis **P** ‖ **24** concumbens **FG** : concubens **P** ‖ **25** cum
diademate *Ring* : in dyademate **P** ‖ **26** libenti **F**; cf. Klebs 20 et Hunt³ 343 :
luenti **P** | libentius *Riese ex RB* : liventius **P** ‖ **27** dimittis *scripsi post Hunt³ 343*
et RB : remictis **P** | en **P** : et *putat Riese*

25 Rex vero, ut audivit omnia, gaudens atque exhilaratus est et continuo
iubet naves adduci in litore et omnibus bonis impleri; praeterea nutricem
eius nomine Lycoridem et obstetricem peritissimam propter partum eius
simul navigare iussit. et data profectoria deduxit eos ad litus, osculatur
filiam et generum et ventum eis optat prosperum. reversus est rex ad 5
palatium. Apollonius vero ascendit naves cum multa familia multoque
apparatu atque copia, et flante vento certum iter navigant. qui dum per
aliquantos dies totidemque noctes variis ventorum flatibus impio pelago
detinerentur, nono mense cogente Lucina, enixa ⟨est⟩ puella⟨m⟩. sed
secundis rursum redeuntibus coagulato sanguine conclusoque spiritu 10
subito defuncta est. {non fuit mortua, sed quasi mortua} quod cum
videret familia ⟨cum⟩ clamore et ululatu magno, cucurrit Apollonius et
videns coniugem suam iacentem exanimem scidit a pectore vestes unguibus et primas suae adulescentiae discerp⟨s⟩it barbulas et lacrimis
profusis iactavit se super corpusculum et coepit amarissime flere atque 15
dicere: ,,cara coniunx et unica regis filia, quid fuit de te? quid respondebo
pro te patri tuo aut quid de te proloquar, qui me naufragum suscepit
pauperem et egenum?" et cum haec et his similia defleret atque ploraret
fortiter, introivit gubernius, qui sic ait: ,,domine, tu quidem pie facis,
sed navis mortuum sufferre non potest. iube ergo corpus in pelagus mitti, 20
ut possimus undarum fluctus evadere." Apollonius vero dictum aegre
ferens ait ad eum: ,,quid narras, pessime hominum? placet tibi ut eius
corpus in pelagus mittam, quae me naufragum suscepit et egenum?"
erant ex servis eius fabri, quibus convocatis secari et compaginari tabulas, rimas et foramina picari praecepit, et facere loculum amplissimum 25
et charta plumbea obturari iubet {et} inter iun⟨c⟩turas tabularum. quo

PVaᶜ

1 gaudens P : gavisus *rogat Riese* | exilaratus P ‖ 2 naves P : navem *rogat Tsit-
sikli* ‖ 3 obstectricem P ‖ 4 profectoria *Riese* : profectoriis F : perfectoria P ‖
5 filiam FG : filium P ‖ 8 variis *Renehan in Hunt¹ 33 ex RB* : austris P; *cf.* austris
ventorum flantibus F : austri *Riese* | {ventorum} *Riese* | impio G : pie P; *del. Hunt¹*
33 : diu *Riese* ‖ 9 nono P; *sed cf. Klebs 37* : decimo Vaᶜ | Lucina, enixa ⟨est⟩ puel-
la⟨m⟩ *scripsi* : enixa lucina puella P : enixa est lucina puellam G ‖ 11 {non fuit . . .
quasi mortua} *Ring* ‖ 12 videret FG : viderent P | ⟨cum⟩ *Riese* : subito omnes
exclamaverunt F : *om.* P ‖ 12.13 et videns *scripsi* : et ⟨ut⟩ vidit *Hunt⁶ 356* : et
vidit P ‖ 14 adulescentule P | discerp⟨s⟩it : *addidi post* π ‖ 15 profusis FG : per-
fusis P | corpusculum P; *cf. Klebs 274 et Hunt⁶ 356−357* : corpus eius *Riese Tsit-
sikli* ‖ 16 kara coniuncx kara P ‖ 18 similia F; *Riese ex RB* : silla P ‖ 19 gubernius
Riese : guvernius P; *cf. Aul. Gell. Noct. Att. 16,7, 10 gubernium pro gubernatore* :
gubernio F : gubernator G | qui *Ring* : cui P ‖ 21 fluctus P : fluctibus Vaᶜ | vero
Riese : verum P ‖ 23 quae *Hunt¹ 29* : qui P; *Löfstedt² 42* ‖ 25 rimas G : rumas P |
picari FG : piscari P | facere P; *Hunt citat 23,4 et 41,26 (Gildersleeve 532 n. 2)*;
cf. fieri *RB* ‖ 26 charta plumbea ⟨circumduci foramina et⟩ obturari *con. Tsitsikli* |
{et} *Hunt¹ 34; om.* F : eum *Riese* | iun⟨c⟩turas *scripsi*

perfecto {loculum} regalibus ornamentis ornat puellam, in loculo composuit et viginti sestertia auri ad caput eius posuit ⟨et codicillos scrip-
tos⟩. dedit postremum osculum funeri, effudit super eam lacrimas et
iussit infantem tolli et diligenter nutriri ut haberet in malis suis aliquod
5 solatium et pro filia sua neptem regi ostenderet. iussit loculum mitti in
mare cum amarissimo fletu.

Tertia die eiciunt undae loculum, et devenit ad litus Ephesiorum non **26**
longe a praedio cuiusdam medici, qui in illa die cum discipulis suis
deambulans iuxta litus vidit loculum effusis fluctibus iacentem et ait
10 famulis suis: ,,tollite hunc loculum cum omni diligentia et ad villam
afferte!" quod cum fecissent famuli, medicus leniter aperuit et vidit
puellam regalibus ornamentis ornatam speciosam valde {et in falsa
morte iacentem} et ait: ,,quantas putamus lacrimas hanc puellam suis
parentibus reliquisse!" et videns subito ad caput eius pecuniam positam
15 et subtus codicillos scriptos {et} ait: ,,perquiramus quod desiderat aut
mandat dolor." qui cum resignasset, invenit sic scriptum: 'quicumque
hunc loculum invenerit habentem in eo viginti sestertia auri, peto ut
decem sestertia habeat, decem vero funeri impendat. hoc enim corpus
multas dereliquit lacrimas et dolores amarissimos. quodsi aliud fecerit
20 quam dolor exposcit, ultimus suorum decidat nec sit qui corpus suum
sepulturae commendet.' perlectis codicillis ad famulos ait: ,,praestetur
corpori quod impetrat dolor! iuro itaque per spem vitae meae in hoc
funere amplius me erogaturum quam dolor exposcit." et haec dicens
iubet continuo instrui rogum. sed dum sollicite atque studiose rogus
25 aedificatur atque componitur, supervenit discipulus medici, aspectu
adulescens sed quanto ingenio senex. hic cum vidisset speciosum corpus
super rogum velle poni, intuens magistrum ait: ,,unde hoc novum
nescio quod funus?" magister ait: ,,bene venisti, haec enim hora te
expectat. tolle ampullam unguenti, et quod est supremum defunctae,
30 corpori puellae superfunde." at vero adulescens tulit ampullam unguenti
et ad lectum devenit puellae et detraxit a pectore vestes, unguentum
fudit et per omnes artus suspiciosa manu retractat sentitque a praecor-

PVa^c

1 {loculum} *Merkelbach; cf. Hunt^5 333; om.* **F** : loculo **G** *Kortekaas* ‖ 2 ⟨et codicillos scriptos⟩ *scripsi ex RC* ‖ 3 postremum **FG** : postremo **P** ‖ 5 ⟨et⟩ iussit *po-
stea* **P** ‖ 7 uñ **P** | et devenit **Va^c** : venit **P** ‖ 8 discipulis *Riese ex RB* : discilis **P** ‖
9 litus *Riese* : litum **P** ‖ 11 fecissent **FG** : fecisset **P** | leniter **Wl** : libenter **P** ‖
12 — 13 et in falsa morte iacentem *delevi post Landgraf 120* ‖ 14 videns **P** : vidit **FG** ‖
15 {et} *Ring; e per. Hunt^1 31* | quod *scripsi* : quid **PF** ‖ 16 qui **P** : quos *rogat
Riese* ‖ 20 suum *Ring* : tuum **P** *RB* ‖ 22 impetrat **P** : imperat **G** *Ring* | iuro **FG** :
iuravi **P** ‖ 26 set *Riese* : et **PF** | quanto *scripsi* : quantum **P** ‖ 27 ⟨puellae⟩ super
rogum {velle} *Riese; sed cf. Löfstedt^3 209* velle + *infinitivum = futurum* ‖ 29 de-
functe **G** : desunt te **P** ‖ 31 vestes *in mar. scriptum* **P** ‖ 32 {per} *Riese*

diis {pectoris} torporis quietem; obstupuit iuvenis {quia cognovit
puellam in falsa morte iacere}. palpat venarum indicia, rimatur auras
narium, labia labiis probat, sentit gracile spirantis vitam prope luctare
cum morte adultera et ait: ,,supponite faculas per quattuor partes
⟨lentas⟩." quod cum fecisse⟨n⟩t, {lentas} lente suppositas retrahere 5
⟨iubet⟩ manus et sanguis ille, qui par unctioni coagulatus fuerat, liquefactus est.

27 Quod ut vidit iuvenis, ad magistrum suum cucurrit et ait: ,,magister,
puella, quam credis esse defunctam, vivit. et ut facilius mihi credas,
spiritum praeclusum patefaciam." adhibitis secum viribus tulit puellam 10
in cubiculo suo et posuit super lectulum, velum divisit, calefecit oleum,
madefecit lanam et effudit super pectus puellae. sanguis vero ille, qui
intus a perfrictione coagulatus fuerat, accepto tepore liquefactus est
coepitque spiritus praeclusus per medullas descendere. venis itaque
patefactis aperuit puella oculos et recipiens spiritum, quem iam perdi- 15
derat, levi et balbutienti sermone ait: {deprecor itaque, medice,} ,,ne
me contingas aliter quam oportet contingere, uxor enim regis sum et
regis filia." iuvenis ut vidit {quod} in arte {viderat} quod magistrum
fallebat, gaudio plenus vadit ad magistrum suum et ait: ,,veni, magister,
et ⟨vide⟩ discipuli tui apodixin." magister introivit cubiculum et ut 20
vidit puellam iam vivam quam mortuam putabat, ait discipulo suo:
,,probo artem, peritiam laudo, miror diligentiam. sed audi, discipule:
nolo ⟨te⟩ artis beneficium perdidisse; accipe mercedem. haec enim puella
secum attulit pecuniam." et dedit ei decem sestertia auri et iussit puellam
salubribus cibis et fomentis recreari. post paucos dies, ut cognovit eam 25
regio genere esse ortam, adhibitis amicis in f⟨am⟩iliam suam sibi adoptavit. et rogante ⟨ea⟩ cum lacrimis, ne ab aliquo contingeretur, exaudivit

PVa[c]

4 *adultera mors et salus; cf. Plin. HN 7, 124; 26, 15*

1 pectoris *delevi ex Riese* | torporis **P** : corporis *con. Merkelbach* ‖ 1—2 quia co-
gnovit ... morte iacere *delevi* ‖ 2 auras *Ring* : aures **PF** ‖ 3 gracile *Ring* : graci-
lis **P** ‖ 5 lentas *transposui; cf. Propertium 4, 1, 100* | fecissent *scripsi; cf. Hunt*[6]
359 : fecisset **P** | lentas *delevi* : †lentas *Riese; sed cf. Hunt*[6] *359—360* | lente *scrip-
si* : lentoque **P** ‖ 6 iubet *addidi* : coepit *Ring* | qui par unctioni *scripsi* : qui a
perfrictione *Hunt*[6] *361, citans 12—13* : qui per unctionem **P** ‖ 6—7 qui coagulatus
fuerat, per unctionem liquefactus est *Ring* | liquefactũs **P** ‖ 11 in **G** : de **P** ‖
13 tepore **F** : tempore **P** ‖ 16 levi **P** : leni **F** *Riese* | deprecor itaque medice *delevi*
post Klebs 37 | ne **FG** : nec **P** ‖ 18 quod[1] *et* viderat *delevi; cf. RC* | magistrum
Riese : magistro **P** ‖ 20 et[1] **P** : en *Ring* | ⟨vide⟩ *scripsi post Hunt*[5] *336* | apodixin
Ring : apodixen **F** : apodixiem **P** ‖ 21 {iam} *Riese* ‖ 23 ⟨te⟩ *Riese* ‖ 26 familiam
scripsi : filiam **P** : *possit* in familiam suam filiam sibi ‖ 27 et **P** : et ⟨ut⟩ *Hunt*[1] *34* :
ut *Ring* | rogante ⟨ea⟩ *Hunt; cp. RB* : rogavit **P**

eam et inter sacerdotes Dianae feminas {se} fulsit et collocavit, ubi omnes virgines inviolabiliter servabant castitatem.

Inter haec Apollonius cum navigat ingenti luctu, gubernante deo **28** applicuit Tarso, descendit ratem et petivit domum Stranguillionis et 5 Dionysiadis. qui cum eos salutavisset, omnes casus suos eis dolenter exposuit et ait: „quantum in amissam coniugem flebam, tantum in servatam mihi filiam consolabor. itaque, sanctissimi hospites, quoniam ex amissa coniuge regnum, quod mihi servabatur, accipere nolo neque reverti ad socerum, cuius in mari perdidi filiam, sed potius ⟨facere⟩ 10 opera mercatus, commendo vobis filiam meam cum filia vestra nutriatur, et eam cum bono et simplici animo suscipiatis, atque patriae nomine eam cognominetis Tarsiam. praeterea et nutricem uxoris meae nomine Lycoridem vobis commendo pariter et volo, ut filiam meam nutriat atque custodiat.“ his dictis tradidit infantem, dedit aurum, argentum et 15 pecunias nec non et vestes pretiosissimas, et iuravit fortiter nec barbam nec capillos nec ungues dempturum, nisi prius filiam suam nuptui traderet. at illi stupentes quod tam graviter iurasset, cum magna fide se puellam educaturos promittunt. Apollonius vero commendata filia navem ascendit altumque pelagus petens ignotas et longinquas Aegypti 20 regiones devenit.

Itaque puella Tarsia facta quinquennis traditur studiis artium liberali- **29** bus, et filia eorum cum ea docebatur; et ingenio et in auditu et in sermone et in morum honestate docentur. cumque Tarsia ad quattuordecim annorum aetatem venisset, reversa de auditorio invenit nutricem suam 25 subitaneam valitudinem incurrisse, et sedens iuxta eam causas infirmitatis eius explorat. nutrix vero eius elevans se dixit ei: „audi {et} aniculae morientis verba suprema, domina Tarsia, audi et pectori tuo manda. interrogo namque te, quem tibi patrem aut matrem aut patriam esse existimas?“ puella ait: „patriam Tarsum, patrem Stranguillionem, 30 matrem Dionysiadem.“ nutrix vero eius ingemuit et ait: „audi, domina

---

PVaᶜ

1 {se} *Tsitsikli* : seclusit *Ziehen* (*cf. Statium Achill. 1, 359*) *Riese* | fulsit *scripsi* : fulcivit **P** | {et collocavit} *Ring* ‖ 4 tharso **F** *Ring; cf. Klebs 256* : tharsos **P** *Kortekaas* ‖ 5 qui *Ring* : quid **P** ‖ 8 accipere nolo neque **FG** *RB* : volo accipere set neque **P** ‖ 9 sed ⟨fungar⟩ *Riese Tsitsikli* | ⟨facere⟩ *Hunt* ‖ 10 opera mercatus **P** : ⟨dare⟩ operam mercaturis *optio secunda Hunt* : opera ⟨mea⟩ mercatus (*omnia nominativa*) *con. Renehan* : opera mercaturus *βM Kortekaas* ‖ 14.15 et pecunias **P** : pecunias **G** : *del. Riese; sed cf. Tondo 283* ‖ 19 altumque **FG** : adlitumque **P** ‖ 21 quinquennis *Riese ex RB; sed cf.* expleto quinquennio **F** : quinquienalis **P** ‖ 22 eorum **F** : earum **P** | †et² *Riese* ‖ 25 causas **F** : causam **G** : casus **P** *RB* ‖ 26 explorat *Ring* : implorat **P** (*cf.* exquirit *et* inquirit *RB*) | {et} *Ring; ex exp. Hunt¹* 32 | aniculae *Ring* : auricule **P** ‖ 29 existimas *Ring* : extimas **P** ‖ 30 audi **FG** : audis **P**

mea Tarsia, stemmatum originem tuorum {natalium}, ut scias quid post
mortem meam facere debeas. est tibi pater nomine Apollonius, mater
vero {Lucina} Archistratis regis filia, patria Tyrus. quam dum mater
tua enixa est, statim redeuntibus secundis praeclusoque spiritu ultimum
fati signavit diem. quam pater tuus facto loculo cum ornamentis regali- 5
bus et viginti sestertiis auri in mare misit, ut ubi fuisset delata, ipsa
testis sibi esset. naves quoque luctantibus ventis cum patre tuo lugente
et te in cunabulis posita pervenerunt ad hanc civitatem. his ergo hospitibus Stranguillioni et Dionysiadi te commendavit pariter cum vestimentis regalibus, et sic votum faciens neque capillos dempturum neque 10
ungues donec te nuptui traderet. nunc ergo post mortem meam si quando
tibi hospites tui, quos tu parentes appellas, forte aliquam iniuriam fece-
rint, ascende in forum, et invenies statuam patris tui Apollonii; apprehende statuam et proclama: 'ipsius sum filia, cuius est haec statua.'
cives vero memores beneficiorum patris tui Apollonii liberabunt te, 15
⟨si⟩ necesse est."

30   Cui Tarsia ait: ,,cara nutrix, testor deum, quod si fortasse aliqui casus
tibi evenissent antequam haec mihi referres, penitus ego nescissem stir-
pem nativitatis meae!" et cum haec adinvicem confabularentur, nutrix
in gremio puellae emisit spiritum. puella vero corpus nutricis suae 20
sepulturae mandavit, lugens eam anno. et deposito luctu induit priorem
dignitatem et petiit scholam suam et {ad} studia liberalia, et reversa de
schola non prius sumebat cibum nisi primo nutricis suae monumentum
intraret ferens ampullam vini et coronas. et ibi manes parentum suorum
invocabat.   25

31   Et dum haec aguntur, quodam die feriato Dionysias cum filia sua
nomine Philotimiade et Tarsia puella transibat per publicum. videntes

---

PVa^c

1 stemmatum originem *scripsi post Hunt*[6] *357 – 358; cf. 26, 30* : stenuata origine **P**
(stenuata ← stemmatū, origine ← originem) : stemmata originis *Ring* | natalium
delevi ut glossema de stemmatum *aut* originem ‖ **2** est **Va^cF** : et **P** | tibi ⟨patria
Tyrus⟩, pater *transp. Ring; sed cf. 21, 28* ‖ **3** {Lucina} *Ring, interpolatum ex 18, 9* |
filia patria tyros quam dum **P** : filiā patria tyro que cum **Va^c** | {quam} *Riese* |
4 est **Va^cF** : *om.* **P** ‖ **6** misit **F** *RB; Hunt*[5] *336, comparans 18, 20. 23; 19, 5* : permi-
sit **P** : demisit *Riese* | ut **FG** : et **P** | delata *Ring* : dilata **P** ‖ **7** testis sibi esset
Hunt[1] *29; cf. 41, 4* : sibi testis esset **FG** : testis sui esset *Ring* : testis fuisset **P** ‖
8 hospitibus **FG** : suis optimis **P** ‖ **9** una mecum te **F** | pariter **P** : pater tuus **F** ‖
11 ungues **FG** : ungulas **P** ‖ **13 – 14** apprehende ... proclama **F** : apprehendens ...
proclamans **P** ‖ **16** ⟨si⟩ necesse est *Hunt*[1] *28* : necesse est **P** : e necessitate *Waib-
linger* ‖ **18** tibi *Hunt*[1] *32* : mihi (*ex exp.*) **P** ‖ **22** ad *delevi; om.* **F** | et reversa **F** :
reversā **P** ‖ **22.23** de scola **F** : *om.* **P** ‖ **23** nutricis suae **F** : *om.* **P** ‖ **24** ferens ampullam vini et coronas *Hunt*[4] *348 – 349* : ferens ampullam vini et orans ingredie-
batur **F** : et (ut *correctum*) ferens ampullam vini inveniret coronas **P** | manes *Ring* :
mones **P** ‖ **27** transibat *Riese* : transiebat **P**

omnes cives speciem Tarsiae ornatam {omnibus civibus et honoratis miraculum apparebat, atque omnes} dicebant: „felix pater, cuius filia est Tarsia; illa vero quae adhaeret lateri eius multum turpis est atque dedecus.‟ Dionysias vero ut audivit laudare Tarsiam et suam vituperare
5 filiam in insaniae furorem conversa est, et sedens sola coepit cogitare taliter: 'pater eius Apollonius ex quo hinc profectus est, habet annos quattuordecim et numquam venit ad suam recipiendam filiam nec nobis misit litteras. puto quia mortuus est aut in pelago periit. nutrix vero eius decessit; neminem habeo aemulum. non potest fieri ⟨hoc, quod
10 excogitavi⟩, nisi ferro aut veneno tollam illam de medio {de hoc, quod excogitavi} et ornamentis eius filiam meam ornabo.' et dum haec secum cogitat, nuntiatur ei villicum venisse nomine Theophilum, quem ad se convocans ait: „si cupis habere libertatem cum praemio, tolle Tarsiam de medio.‟ villicus ait: „quid enim peccavit virgo innocens?‟ scelesta
15 mulier ait: „iam mihi non pares? tantum fac quod iubeo. sin alias, sentias esse contra te iratos dominum et dominam.‟ villicus ait: „et qualiter hoc potest fieri?‟ scelesta mulier ait: „consuetudo sibi est ut mox cum de schola venerit non prius cibum sumat antequam monumentum suae nutricis intraverit. oportet te ibi cum pugione abscondere, et eam ve-
20 nientem interfice et proice corpus eius in mare. et cum adveneris et de hoc facto nuntiaveris, cum praemio libertatem accipies.‟ villicus tulit pugionem et latere suo celat et intuens caelum ait: 'deus, ego non merui libertatem accipere, nisi per effusionem sanguinis virginis innocentis?' et haec dicens suspirans et flens ibat ad monumentum nutricis Tarsiae
25 et ibi latuit. puella autem rediens de schola solito more fudit ampullam vini et ingressa monumentum posuit coronas supra; et dum invocat manes parentum suorum, villicus impetum fecit et aversae puellae capillos apprehendit et iactavit in terram. et cum eam vellet percutere, ait ad eum puella: „Theophile, quid peccavi, ut manu tua innocens
30 virgo moriar?‟ cui villicus ait: „tu nihil peccasti, sed pater tuus peccavit Apollonius, qui te cum magna pecunia et vestimentis regalibus reliquit Stranguillioni et Dionysiadi.‟ quod puella audiens eum cum lacrimis deprecata est: ⟨„si iam nulla est⟩ vitae meae spes aut solacium, permitte

1—2 omnibus . . . omnes *delevi interpolata; om.* **F** ‖ **4** laudare . . . vituperare **P**; *cf. 18, 25* : laudari . . . vituperari **FG** ‖ **5** in **FG** : *om.* **P** ‖ **6** *cp. 6—11 et 24, 20—25* | hinc **FG** : huc **P** ‖ **7** recipiendam **FG** : recipiendum **P** ‖ **9—10** ⟨hoc quod excogitavi⟩ *transp. Tsitsikli* : *om.* **FG**; *del. Riese* ‖ **10** nisi] *cf. Löfstedt⁶ 35* ‖ **15** tantum fac *Ring* : fac tantum fac **P** ‖ **15.16** sentias esse *Ring* : sm̄as ēsse **P** ‖ **16** iratos dominum et dominam *Ring* : iratus dominus et domina **P** ‖ **19** veientem **P** ‖ **22** latere *Riese* : lateri **PF** ‖ **24** diceñs **P** ‖ **28** iactavit **P**; *Hunt comparans RB et RA 37, 14; Rossbach² 1233* : ⟨eam⟩ iactavit *edd.* : iactavit eam **F** ‖ **32** eum *Ring* : tum **P** ‖ **33** ⟨si iam nulla est⟩ *Hunt⁵ 337* : *ex β emendandum Riese*

23

me testari dominum!" cui villicus ait: „testare. et deus ipse scit ⟨quod
non est⟩ voluntas mea hoc scelus {non} facere."

32 Itaque puella cum dominum deprecatur, subito advenerunt piratae
et videntes hominem armata manu velle ⟨eam⟩ percutere exclamaverunt
dicentes: „parce, barbare, parce et noli occidere! haec enim nostra 5
praeda est et non tua victima!" sed ut audivit villicus vocem, eam dimit-
tit et fugit et coepit latere post monumentum {villicus}. piratae applicantes ad litus tulerunt virginem et collocantes ⟨in navi⟩ altum petierunt
pelagus. villicus post moram rediit et ut vidit puellam raptam a morte,
deo gratias egit quod non fecit scelus. et reversus ad dominam suam ait: 10
„quod praecepisti, factum est; comple quod mihi promiserās." scelesta
mulier ait: „homicidium fecisti, insuper et libertatem petis? revertere ad
villam et {insuper} opus tuum facito, ne iratos dominum et dominam
sentias!" villicus itaque, ut audivit, elevans ad caelum oculos dixit:
'tu scis, deus, quod non feci scelus. esto iudex inter nos.' et ad villam 15
suam rediit. tunc Dionysias apud semet ipsam consiliata pro scelere quod
excogitaverat, quomodo posset facinus illud celare, ingressa ad maritum
suum Stranguillionem sic ait: „care coniunx, salva coniugem, salva
filiam nostram. vituperia in grandem me furiam concitaverunt et insa-
niam subitoque apud me excogitavi dicens: 'ecce iam sunt anni plus 20
quattuordecim ex quo nobis suus pater commendavit Tarsiam, et
numquam salutatorias nobis misit litteras; forsitan aut afflictione luctus
est mortuus aut certe inter fluctus maris et procellas periit. nutrix vero
eius defuncta est; nullum habeo aemulum. tollam Tarsiam de medio et
eius ornamentis nostram ornabo filiam.' quod et factum esse scias. nunc 25
vero propter civium curiositatem ad praesens indue vestes lugubres
sicut ego facio, et falsis lacrimis dicamus eam subito dolore stomachi
fuisse defunctam. hic prope in suburbio faciamus rogu⟨m⟩ maximum,
ubi dicamus eam esse positam." Stranguillio ut audivit, tremor et stupor
in eum irruit, et ita respondit: „equidem da mihi vestes lugubres, ut 30
lugeam me, qui talem sum sortitus sceleratam coniugem. heu mihi! pro

PVa^c

1−2 ⟨quod non est⟩ *Hunt* ‖ **2** {non} *Hunt* ‖ **3** piratae **FG** : pirates **P** ‖ **4** ⟨eam⟩
Riese : *om.* **PF** ‖ **7** {villicus} *Riese* ‖ **8** collocantes ⟨in navi⟩ *Rossbach*² *1234* : col-
lātes **P** : colligantes *Bonnet* ‖ **9** rediit *Riese* : exiit *ex RB recte* (?) *mavult Hunt* :
petiit **P** ‖ **13** {insuper} *Ring e ditto.* ‖ **16** rediit *scripsi ex RB* : abiit *Ring* :
habiit **P** | tunc Dionysias ... *25,15* nefandum facinus *interpolata putant Klebs
33−35 et Bürger 24* | consiliata *Ring* : consilio **P** : consilio ⟨habito⟩ *Klebs 33* ‖
17 posset *Hunt, comparans 1,11 et 7,22; tacite Klebs 33* : possit **P** ‖ **20−25** ecce
iam sunt ... ornabo filiam] *cf. 23, 6−11 et Klebs 33−34* ‖ **22** salutatorias *Tsitsikli* :
salutarias **P** ‖ **22−23** {forsitan ... mortuus aut} *Riese; cf. 23, 8 et 28, 23* ‖ **23** procellas *Riese* : procella **P** ‖ **25−28** nunc vero ... defunctam] *cf. 29, 2−4* ‖ **28** ro-
gu⟨m⟩ *Ring*

24

dolor! {inquit} quid faciam, quid agam de patre eius, qui primo cum
⟨eum⟩ suscepissem, {cum} civitatem istam a morte et periculo famis
liberavit? meo suasu egressus est civitatem, propter hanc civitatem ⟨in⟩
naufragium incidit, mortem vidit, sua perdidit, exitium penuriae per-
5 pessus est; a deo vero in melius restitutus {est} malum pro malo quasi
impius non excogitavit neque ante oculos illud habuit, sed omnia oblivione ducens, insuper adhuc memor nostri in bono, fidem eligens, remu-
nerans nos et pios aestimans, filiam suam nutriendam tradidit, tantam
simplicitatem et amorem circa nos gerens, ut civitatis nostrae filiae suae
10 nomen imponeret. heu mihi, caecatus sum! lugeam me et innocentem
virginem, quia iunctus sum ad pessimam venenosamque serpentem et
iniquam coniugem." et in caelum levans oculos ait: 'deus, tu scis quia
purus sum a sanguine Tarsiae, et requiras et vindices illam in Dionysiade!'
et intuens uxorem suam ait: ,,quomodo, inimica dei, celare poteris hoc
15 nefandum facinus?" Dionysias vero induit se et filiam suam vestes lugubres, falsasque fundit lacrimas. et cives ad se convocans {quibus} ait:
,,carissimi cives, ideo vos clamavimus, quia spem luminum et labores et
exitus annorum nostrorum perdidimus: id est, Tarsia, quam bene nostis,
nobis cruciatus et fletus reliquit amarissimos; quam digne sepelire feci-
20 mus." tunc pergunt cives, ubi figuratum fuerat sepulcrum a Dionysiade,
et pro meritis ac beneficiis Apollonii patris Tarsiae fabricantes rogum ex
aere collato {et} inscripserunt taliter: DII MANES CIVES TARSI TARSIAE
VIRGINI BENEFICIIS TYRII APOLLONII EX AERE COLLATO FECERUNT.

Igitur, qui Tarsiam rapuerunt, advenerunt in civitatem Mytilenen. **33**
25 deponiturque inter cetera mancipia et venalis ⟨in⟩ foro proponitur.
audiens autem hoc leno, vir infaustissimus, nec virum nec mulierem
voluit emere nisi Tarsiam puellam et coepit contendere ut eam emeret.

PVa͞c

1 inquit *delevi* | qui *Ring; cf. Raith* : quem **P** ‖ 2 ⟨eum⟩ *Hunt; cf. Raith* |
{cum} *Hunt* ‖ 3 ⟨in⟩ *scripsi; cf.* incidit in amorem *1, 8; putat sic Riese* : om. **PF** ‖
4 exitium *Riese* : exitum **PFG** *Klebs 34* ‖ 5 {est} *Riese* | pro malo **FG**; *Klebs 34* :
pro bono **P** ‖ 6 impius *RC* : pius **P** | excogitavit *Riese* : cogitavit **F** : excogitans **P** |
oblivione **P** : oblivioni *Ring* ‖ 7 fidem nostram **FG**; *Klebs 34* ‖ 11 quia **Va͞c** :
qui **PF** ‖ 11–12 et iniquam coniugem *interpolata putat Riese*; om. **F** ‖ 14 ait **P** : et
ait **Va͞c** | poteris **P** : potes **Va͞c** ‖ 15 filiam suam **P** : suam filiam **Va͞c** | vestes lugu-
bres **P** : lugubres vestes **Va͞c** ‖ 16 fundit *Ring* : infund't **P** | lacrimas. et cives ad
se convocans {quibus} ait *Hunt*[1] *et Renehan 35−36* : lacrimas et cives ad se con-
vocans quibus ait **P** : lacrimas {et} cives ad se convocans, quibus ait *Ring* | †con-
vocans *Riese* ‖ 17 karissimi (k͞m͞i) **G** : kuum (← k͞m͞i) **P** ‖ 21 rogum **P** : monumen-
tum *mavult Tsitsikli ex RB* ‖ 22 inscripserunt *Ziehen* : et scripxerunt **P** | dii
manes **PVa͞cF** : D. M. *Riese* | dii manes ... fecerunt *interpolata Klebs 197 ex*
29, 23−25 | tharsi **PVa͞c** : tharsis **F**; *putat Riese* ‖ 23 ex aere collato fecerunt **F**;
cf. 29, 25 : om. **P** *ex hap.* ‖ 25 ⟨in⟩ *Ring* : om. **PVa͞c** ‖ 27 nisi tharsiam puellam **P** :
praeter puellam tharsia **Va͞c**

sed Athenagora {nomine} princeps eiusdem civitatis intellegens nobilem
et sapientem et pulcherrimam virginem ad venalia positam, obtulit
decem sestertia auri. sed leno viginti dare voluit. Athenagora obtulit
triginta, leno quadraginta, Athenagora quinquaginta, leno sexaginta,
Athenagora septuaginta, leno octoginta, Athenagora nonaginta, leno 5
in praesenti dat centum sestertia auri et dicit: ,,si quis amplius dederit,
decem dabo supra." Athenagora ait: 'ego si cum hoc lenone contendere
voluero, ut unam emam, plurium venditor sum. sed permittam eum
emere, et cum ille eam in prostibulo posuerit, intrabo prior ad eam et
eripiam nodum virginitatis eius vili pretio, et erit mihi ac si eam emerim.' 10
quid plura? addicitur virgo lenoni, a quo introducitur in salutatorium,
ubi habebat Priapum {in salutario} aureum, gemmis et auro reconditum,
et ait ad eam: ,,adora numen praesentissimum meum." puella ait:
,,numquid Lampsacenus es?" leno ait: ,,ignoras, misera, quia in domum
avari lenonis incurristi?" puella vero ut haec audivit, toto corpore con- 15
tremuit et prosternens se pedibus eius dixit: ,,miserere mei, domine,
succurre virginitati meae! et rogo te ne velis hoc corpusculum {tu} sub
tam turpi titulo prostituere!" cui leno ait: ,,alleva te, misera; tu autem
nescis quia apud lenonem et tortorem nec preces nec lacrimae valent." et
vocavit ad se villicum puellarum et ait ad eum: ,,cella ornetur diligenter, 20
in qua scribatur titulus: 'qui Tarsiam virginem violare voluerit, dimidiam
auri {partem vel} libram dabit. postea vero singulos aureos populo
patebit'." {postea vero} fecit villicus, quod iusserat ei dominus suus
leno.

34 Tertia die antecedente turba cum symphoniis ducitur ad lupanar. sed 25
Athenagora princeps affuit prior et velato capite ingreditur {ad} lupanar.
sed dum fuisset ingressus, sedit. et advenit Tarsia et procidit ad pedes
eius et ait: ,,miserere mei! per iuventutem tuam te deprecor ne velis me
violare sub tam turpi titulo. contine impudicam libidinem et audi casus
infelicitatis meae vel originem stemmatum considera." cui cum universos 30
casus suos exposuisset, princeps confusus est et pietate ductus vehemen-

---

PVa[c]

1 nomine *delevi e con. Hunt; om.* F *RB* ‖ 10 eripiam **FG**; *cf. 1, 15 et 28, 2* : arri-
piam **P** | emerim *Riese* : emerem **P** ‖ 11 salutatorium F *Ring RB cf. 24, 22* : salu-
tario **P** ‖ 12 prapum **P** | {in salutario} *Ring e ditto.* ‖ 13 numen **F** : nomen **P** ‖
14 lapsacenus **FG** : lamsanus **P** ‖ 17 {tu} *Riese* ‖ 18 titulo prostituere Va[c]**FG** : pro-
stibulo constituere **P** ‖ 22 {partem vel} *Riese; om.* **F** | aureos] *cf. Löfstedt[6] 171* ‖
23 patebit **FG** : patefit **P** | {postea vero} *Ring; Hunt[1] 31* ‖ 24 l(?)en°o **P** ‖ 25 sym-
phoniis **F** : ȳphoniacis **P** ‖ 26 {ad} *Ring (e per. 25)* ‖ 27 procidit **FG** : procedit **P** |
pedes *Ring* : pedē **P** ‖ 29 casus **P** : causas **F** ‖ 30 infelicitatis Wl*y Riese; cf. Hunt[1]*
29 : infirmitatis **PF**; *Klebs 112 interpolatum ex 21, 25, et textum Riese* infelicitatis
interpolatum ex interpolato | originem stemmatum *Ring* : origine stenuatum **P**;
cf. 22, 1

ter obstupuit et ait ad eam: ,,erige te. scimus fortunae casus: homines
sumus. habeo et ego filiam virginem, ex qua similem possum casum
metuere." haec dicens protulit quadraginta aureos et dedit in manu
virginis et dicit ei: ,,domina Tarsia, ecce habes amplius quam virginitas
5 tua expostulat. advenientibus age similiter, quousque liberaberis."
puella vero profusis lacrimis ait: ,,ago pietati tuae maximas gratias."
quo exeunte collega suus affuit et ait: ,,Athenagora, quomodo te cum
novicia?" Athenagora ait: ,,non potest melius; usque ad lacrimas!" et
haec dicens eum subsecutus est. quo introeunte insidiabatur exitum rerum
10 videre. ingresso itaque illo Athenagora foris stabat. solito ⟨more⟩ puella
claudit ostium. cui iuvenis ait: ,,si salva sis, indica mihi quantum dedit
ad te iuvenis qui ad te modo introivit?" puella ait: ,,quater denos mihi
aureos dedit." iuvenis ait: ,,malum illi sit! quid magnum illi fuisset,
homini tam diviti, si libram auri tibi daret integram? ut ergo scias me
15 esse meliorem, tolle libram auri integram." Athenagora vero de foris
stans dicebat: 'quantum plus dabis, plus plorabis!' puella autem prostravit se ad eius pedes {et ait} et similiter casus suos exposuit; confudit
hominem et avertit a libidine. et ait iuvenis ad eam: ,,alleva te, domina!
et nos homines sumus, casibus subiacentes." puella ait: ,,ago pietati
20 tuae maximas gratias."

Et exiens foris invenit Athenagoram ridentem et ait: ,,magnus homo **35**
es! non habuisti cui lacrimas tuas propinares!" et adiurantes se invicem
ne {ali}cui proderent, aliorum coeperunt expectare exitum. quid plura?
illis insidiantibus per occultum aspectum, omnes quicumque ⟨intro⟩ibant
25 dantes singulos aureos plorantes abscedebant. facta autem huius diei
fine obtulit puella pecuniam lenoni dicens: ,,ecce pretium virginitatis
meae." et ait ad eam leno: ,,quantum melius est hilarem te esse et non
lugentem! sic ergo age ut cotidie mihi latiores pecunias adferas." item
ait ad eum puella altera die: ,,ecce pretium virginitatis meae, quod
30 similiter precibus et lacrimis collegi et custodio virginitatem meam." hoc
audito iratus est leno eo, quod virginitatem suam servaret, et vocat ad se
villicum puellarum et ait ad eum: ,,sic te tam neglegentem esse video,

---

A (25—) **PVa**c

2 ego F : enim P ‖ 3 metuere F : intuere P ‖ 4 amplius Va^c : plus P ‖ 7—8 te cum
novicia *scripsi* : tecum novitia P : cum novitia Va^c ‖ 9 quo P : quoquo Va^c | exi-
tum Va^c : exitus P ‖ 10 solito ⟨more⟩ *Ring* : solita P ‖ 11 hostium P | si P : sic
Ring ‖ 17 {et ait} *Waiblinger; om.* G ‖ 19 subiacentes G : subicientes P ‖ 23 {ali}
cui *scripsi* ‖ 24 insidiantibus Va^c : expectantibus (*ex 23 supra*) P | ⟨intro⟩ibant G;
Hunt⁶ 351—352 : inibant *Ring* : ibant P ‖ 25 dantes] *denuo incipit* A | facta A :
acta P | diei *Baehrens 858* : rei A P ‖ 26 fine P : finem A ‖ 28 adferas A : exigas P |
item A Va^c : ite P ‖ 29 eum A Va^c : eam P | puella Va^c : *om.* A P ‖ 30 collegi P Va^c :
colligit A ‖ 31 eo A : *om.* P | servaret A : servasset P ‖ 32 tam neglegentem esse
video A P : esse video tam neglegentem Va^c

ut nescias Tarsiam virginem esse? si enim virgo tantum adfert, quantum
mulier? duc eam ad te et tu eripe nodum virginitatis eius!" statim eam
villicus duxit in suum cubiculum et ait ad eam: ,,verum mihi dic, Tarsia,
adhuc virgo es?" Tarsia puella ait: ,,quamdiu vult deus, virgo sum."
villicus ait: ,,unde ergo his duobus diebus tantam pecuniam abstulisti?" 5
puella dixit: ,,lacrimis meis exponens ad omnes universos casus meos et
illi dolentes miserentur virginitati⟨s⟩ meae." et prostravit se ad pedes
eius et ait: ,,miserere mei, domine, subveni captivae regis filiae!" cumque
ei universos casus suos exposuisset, motus misericordia ait ad eam:
,,nimis avarus est iste leno; nescio si tu possis virgo permanere." 10

36 Puella respondit: ,,habeo auxilium studiorum liberalium; perfecte
erudita sum; similiter et lyrae pulsu modulor in ludo. iube crastina die in
frequenti loco poni scamna; et facundia sermonis mei spectaculum
praebeo; deinde plectro modulabor et hac arte ampliabo pecunias cotidie." quod cum fecisset villicus, tanta populi acclamatio tantusque amor 15
civitatis circa eam excrebruit, ut et viri et feminae cotidie ei multa
conferrent. Athenagora autem princeps memoratam Tarsiam integrae
virginitatis et generositatis ita eam custodiebat ac si unicam suam filiam,
{ita} ut villico multa donaret et commendaret eam.

37 Et cum haec Mytilene aguntur, venit Apollonius post quattuordecim 20
annos ad civitatem Tarsiam ad domum Stranguillionis et Dionysiadis.
quem videns Stranguillio de longe perrexit cursu rapidissimo ad uxorem
suam dicens ei: ,,certe dixeras Apollonium perisse naufragio; et ecce
venit ad repetendam filiam suam. quid dicturi sumus patri de filia, cuius
nos fuimus parentes?" scelerata mulier hoc audito toto corpore contre- 25

APVa^c

1 adfert **P** : adferit **A** ‖ **3—4** verum . . . es **A** : om. **P** ‖ **5** duobus **A** : omnibus **P** |
abtulisti **P** : obtulisti **A** ‖ **6** dixit **AP** : ait **Va^c** | casus **PVa^c** : casos **A** ‖ **7** miseren-
tur **AVa^c** : miserti sunt **P** edd. | virginitatis scripsi ‖ **8** miserere **A** : misericor-
diae **P** ‖ **9** ei **A** : om. **P** | casus **P** : casos **A** | motus misericordia Riese : motus
misericordiam **A** : misericordia motus **P**; cf. 9, 15 ‖ **11** puella **A** : T(arsia) **P** | per-
fecte **Va^c** : perfectae **AP** ‖ **12** similiter . . . ludo om. **P** | lyrae . . . ludo scripsi post
RC : lyrae pulsum modulanter inlido **F** φ : repulsum modulanter inlidor **A** [die **P** :
om. **A** ‖ **13** scamna **FG** : scamnia **A** : scanna aut scamia **P** | mei **A** : om. **P** ‖
14 deinde plectro **A** : et ac deinde **P** | ampliabo **A** : ampliabor **P** | pecunias Riese
ex RB : pecunia **AP** ‖ **15** quod cum **AP** : quocumque **Va^c** ‖ **16** excrebruit scripsi
ex Souter, Glossary : excrebuit **AP** | et viri **A** : om. **P** ‖ **17** conferrent **AP** : confer-
rent pecuniam **Va^c** | integre **A** : ĩgñe (in genere) **P** ‖ **18** et generositatis **A** : om. **P** |
eam **AP**; cf. 41, 2 : iam Ring | custodiebat ac **P** : custodiebant hac **A** | suam
filiam **A** : filiam suam **PF** ‖ **19** ita delevi e ditto. ‖ **20** mutylena **A** : in mutilena **P** ‖
21 annos **A** : annum **P** | tharsiam **A** : tharsum **P** ‖ **22** cursu **P** : curso **A** ‖ **23** nau-
fragio Ring : naufragium **AP** ‖ **24** repetendam **A** : petendam **P** | suam **P** : om. **A** ‖
25 scelerata mulier **FG** : in scelera. mulier **AP** | hoc **A** : haec **P**

muit et ait: „miserere, {ut dixi} coniunx, tibi confiteor: dum nostram diligo, alienam perdidi filiam. nunc ergo ad praesens indue vestes lugubres, et fictas fundamus lacrimas et dicamus eam subito dolore stomachi interisse. qui cum nos tali habitu viderit, credet.“ et dum haec aguntur,
5 intrat Apollonius domum Stranguillionis, a fronte comam aperit, hispidam ab ore removit barbam. ut vidit eos lugubri veste, ait: „hospites fidelissimi, si tamen in vobis hoc nomen permanet, {ut} quid in adventu meo largas effunditis lacrimas? ne forte istae lacrimae non sint vestrae sed meae propriae?“ scelerata mulier ait cum lacrimis: „utinam quidem
10 istud nuntium alius ad aures tuas referret, et non ego aut coniunx meus! nam scito Tarsiam filiam tuam a nobis ⟨nutritam⟩ subitaneo dolore stomachi fuisse defunctam.“ Apollonius ut audivit, tremebundus toto corpore expalluit diuque maestus constitit. sed postquam recepit spiritum, intuens mulierem sic ait: „Tarsia filia mea ante paucos dies disces-
15 sit: numquid pecunia aut ornamenta aut vestes perierunt?“

Scelesta mulier haec eo dicente secundum pactum ferens atque reddens **38** omnia sic ait: „crede nobis, quia, si genesis permisisset, sicut haec omnia damus, ita et filiam tibi reddidissemus. et ut scias nos non mentiri, habemus huius rei testimonium civium, qui memores beneficiorum
20 tuorum ex aere collato filiae tuae monumentum fecerunt, quod potest tua pietas videre.“ Apollonius vero credens eam vere esse defunctam ait ad famulos suos: „tollite haec omnia et ferte ad navem; ego enim vado ad filiae meae monumentum.“ ad ubi pervenit, titulum legit: Dɪɪ Manes. cives Tarsi Tarsiae virgini Apollonii {regis} filiae ob
25 beneficivm eivs pietatis cavsa ex aere collato fecervnt. perlecto titulo stupenti mente constitit. et dum miratur se lacrimas non posse fundere, maledixit oculos suos dicens: ’o crudeles oculi, titulum natae

APVaᶜ

1 miserere A : misericordiae P | {ut dixi} *Klebs 33 et 35* : et dixit *Riese* ‖ **3** fictas FG : finctas A : funeras (functas *vidit Ring*) P ‖ **4** credet P : credit A ‖ **5** domum stranguillionis A : cum stranquilione P | fronte P : frontem A ‖ **6** ab ore removit barbam A : amovere et aborrere movit barbum P | lugubri P : in lucubre A | ait A : et ait P ‖ **7** hoc A : ho P | ut *delevi* ‖ **10** istud A : istum P | tuas Fφ : vestras A : *om.* P | referret P : referreres A ‖ **11** scito A : cito P | nutritam *addidi ex 21, 10 et 25, 8* ‖ **12** ut audivit tremebundus A; *citat Hunt*¹ *31 26,15 et 28, 25*: ut audivit tremebundus ut audivit P ‖ **13** expalluit πγ *Ring* : ac palluit P : hac palluit A | constitit A : consistit P | recepit P : recipit A ‖ **14** sic ait A : scias P | filia mea P : filiam meam A | discessit A; *cf. Weyman*² *1075— 1076* : d̄cessit (= decessit *aut* discessit) P ‖ **15** vestes P : veste A ‖ **16** atque P : adque A ‖ **17** genesis A : geneusis P ‖ **18** ita et A : itaque P ‖ **20** monumentum AP : monumentum ex ere colato Vaᶜ ‖ **22** tollite A : tollit P ‖ **23** ad ubi pervenit A; *cf. Löfstedt*³ *287* : at ubi venit P ‖ **23.24** dii manes AP : D. M. *Riese* ‖ **24** tharsi AP : tharsis (Ταρσεῖς) *scribendum Riese* | {regis} *Klebs 197* ‖ **25** eius pietatis causa *Riese* : pietatis eius causam AP

meae cernitis et lacrimas fundere non potestis! o me miserum! puto, filia
mea vivit.' et haec dicens rediit ad navem atque ita suos allocutus est
dicens: ,,proicite me in subsannio navis; cupio enim in undis efflare
spiritum, quem in terris non licuit lumen videre."

39 Proiciens se in subsannio navis sublatis ancoris altum pelagus petiit 5
iam ad Tyrum reversurus. qui dum prosperis ventis navigat, subito
mutata est pelagi fides, per diversa discrimina maris iactantur, omnibus
dominum rogantibus ad Mytilenen civitatem advenerunt. ibi Neptunalia
festa celebrabantur. quod cum cognovisset Apollonius, ingemuit et ait:
'ergo omnes diem festum celebrant praeter me! sed ne lugens et avarus 10
videar! sufficit enim servis meis poena quod me tam infelicem sortiti
sunt dominum.' et vocans dispensatorem suum ait ad eum: ,,dona decem
aureos pueris, et eant et emant quod volunt et celebrent diem. me autem
veto a quoquam vestrum appellari; quod si aliquis vestrum fecerit, crura
ei frangi iubeo." cum igitur inter omnes navis Apollonii esset ornatior et 15
magnum convivium melius ceteris celebrarent nautae Apollonii, contigit
⟨ut⟩ Athenagora princeps civitatis, qui Tarsiam filiam eius diligebat,
deambulans in litore consideraret celebritatem navium. qui dum singulas
notat naves, vidit hanc navem {e} ceteris navibus meliorem et ornatiorem
esse. accedens ad navem Apollonii coepit stare et mirari. nautae vero et 20
servi Apollonii salutaverunt eum dicentes: ,,invitamus te, si dignaris,
o princeps magnifice." at ille petitus cum quinque servis suis navem
ascendit. et cum videret eos unanimes discumbere, accubuit inter epulantes et donavit eis decem aureos et ponens eos supra mensam dixit: ,,ecce
ne me gratis invitaveritis." cui omnes dixerunt: ,,agimus nobilitati tuae 25
maximas gratias." Athenagora autem cum vidisset omnes tam licenter
discumbere nec inter eos maiorem esse ⟨qui⟩ praevideret, ait ad eos:

A (−12) PVa^c

1 potestis **P** : potetis **A** | me **A** : *om*. **P** ‖ **2** et haec **A** : haec et **P** ‖ **3** subsan-
n[. . .]io **A** : subsānavio **P** ‖ **4** spiritum **A** : spiritum meum **P** ‖ **5** subsannio na-
vis **A** : subsanatoē3 (subsanationem *aut* subsanatorem) eius **P** | ancoris altum pella-
gus **P** : hanchoris altum pelagum **A** ‖ **7−8** omnibus dominum rogantibus **A** : *om*. **P** ‖
8 dominum **A** : deum *Riese* | advenerunt **A** : devenerunt **P** | ibi **P** : ibique **A** ‖
11 sufficit **AP** : sufficiat *Riese ex RB* | poena **A** : *om*. **P** ‖ **12** dominum] *hic desi-
nit* **A** ‖ **15−16** cum igitur . . . nautae Apollonii *con. Klebs 112−113 ex Rα* : cum igitur inter (inter **Wl** : *om*. **PF**φ) omnes navis (omnes navis **Wl** : omnes naves **P** : cunctis navibus **F** φ) apollonii (**PWl**) esset ornatior (fuisset ornatior **F** : honoratior fo-
ret **Wl** : *om*. **P**) et magnum convivium (et magno convivium **F** : magno convivium φ :
et cum magno convivio **Wl** : e convivio **P**) melius ceteris celebrarent (celebrat **Wl**)
nautae apollonii (**FWl** : melius ceteris navibus celebrarent **P**) ‖ **16.17** contigit (**FG**)
⟨ut⟩ *Riese* : contingit **P** ‖ **18** qui *Riese*; *cf. 42,13 et Hunt⁶ 352* : quique **P** ‖ **19** {e}
Ring; om. **F**; *e per*. e convivio *16* ‖ **23** unanimes **FG** *Ring* : ut inanimes **P** ‖
24 X **P** : CC **Va^c** ‖ **26** licenter **F** : diligenter **P** ‖ **27** qui **δ** : *om*. **P** | {qui praevideret}
Ring

„quod omnes licenter discumbitis, navis huius dominus quis est?"
gubernator dixit: „navis huius dominus in luctu moratur et iacet intus
in subsannio navis in tenebris; flet uxorem et filiam." quo audito dolens
Athenagora dixit ad gubernium: „dabo tibi duos aureos; tantum descen-
5 de ad eum et dic illi: 'rogat te Athenagora princeps huius civitatis, ut
procedas ad eum de tenebris et ad lucem exeas'." iuvenis ait: „si possum
de duobus aureis quattuor habere crura. {et} tam utilem inter nos neminem elegisti nisi me? quaere alium qui eat, quia iussit quod, quicumque
eum appellaverit, crura ei frangantur." Athenagora ait: „hanc legem
10 vobis statuit, {nam} non mihi quem ignorat. ego autem ad eum descendo.
dicite mihi, quis vocatur." famuli dixerunt: „Apollonius."

Athenagora vero ait intra se audito nomine: 'et Tarsia Apollonium 40
nominat patrem.' et demonstrantibus pueris pervenit ad eum. quem cum
vidisset squalida barba, capite horrido et sordido in tenebris iacentem,
15 submissa voce salutavit eum: „ave, Apolloni." Apollonius vero putabat
se a quoquam de suis contemptum esse; turbido vultu respiciens, ut vidit
ignotum sibi hominem honestum et decoratum, texit furorem silentio.
cui Athenagora princeps civitatis ait: „scio enim te mirari sic quod
nomine ⟨te⟩ salutaverim. disce quod princeps huius civitatis sum." et
20 cum Athenagora nullum ab eo audisset sermonem, item ait ad eum:
„descendi de via in litore ad naviculas contuendas et inter omnes {naves}
vidi navem tuam decenter ornatam, amabili aspectu {eius}. et dum
incedo, invitatus sum a nautis tuis. ascendi et libenti animo discubui.
inquisivi dominum navis. qui dixerunt te in luctu esse gravi, quod et
25 video. sed pro desiderio, quo veni ad te, procede de tenebris ad lucem
et epulare nobiscum paulisper. spero autem de deo, quia dabit tibi post
hunc tam ingentem luctum ampliorem laetitiam." Apollonius autem
luctu fatigatus levavit caput suum et sic ait: „quicumque es, domine,
vade, discumbe et epulare cum meis ac si cum tuis. ego vero valde afflic-
30 tus sum meis calamitatibus, ut non solum epulari sed nec vivere deside-
rem." confusus Athenagora subiit de subsannio navis rursus ad lucem
et discumbens ait: „non potui domino vestro persuadere, ut ad lucem

PVa^c

1 licenter *Riese* : libenter **P** ‖ 4 gubernium *Tsitsikli; cf. 18, 19* : gubernum *Riese*
(*18, 19* gubernius *Riese*) : guvernum **P**; *cf. supra 2* : gubernatorem **FG** | tantum
scripsi post Hunt⁵ 340 – 341 citantem 33, 19 : et **PF** ‖ 7 et *delevi* | neminem *scripsi e*
con. Tsitsikli : munere **P** : muneri *Ring* ‖ 8 elegisti **F** : elegistis **P** ‖ 10 {nam} *Riese;*
om. **F** ‖ 13 nominat **FG** : nominabat *Riese* : *om.* **P** ‖ 16 de suis **F** *Ziehen* : de pueris
rogat Hunt⁵ 338 : de qūis **P** ‖ 17 furorem silentio **F** φ : furore silentium **P** ‖ 19 ⟨te⟩
Riese ex RB ‖ 21 naves *delevi* ‖ 22 {eius} *Riese* ‖ 23 a nautis **FG** : a nauticis **Va^c** : ab
amicis et nautis **P** ‖ 24 {qui} *Riese* ‖ 25 †pro desiderio *Riese* ‖ 29 meis **G** : eis **P** ‖
30 non solum ⟨non⟩ *Merkelbach non recte; cf. Cicero Pis. 10, 23* | desiderem **F**
Tsitsikli : desiderarim *Ring* : desiderarem **P** ‖ 31 rursus **P** : sursum **F** | lucem
scripsi : navem **P**

{venire} procederet. quid faciam ut eum a proposito mortis revocem?
itaque bene mihi venit in mentem: perge, puer, ad lenonem illum et dic
ei ut mittat ad me Tarsiam." cumque perrexisset puer ad lenonem, {et}
leno audiens non potuit eum contemnere, licet autem contra voluntatem
nolens misit illam. veniente autem Tarsia ad navem, videns eam Athena- 5
gora ait ad eam: ,,veni huc ad me, Tarsia {domina}; hic est enim ars
studiorum tuorum necessaria, ut consoleris dominum navis huius {et
horum omnium} sedentem in tenebris, et horteris consolationem reeipere,
et eum provoces ad lucem exire lugentem coniugem et filiam. haec est
pietatis causa per quam dominus omnibus fit propitius. accede ergo ad 10
eum et suade exire ad lucem; forsitan per nos deus vult eum vivere. si
enim hoc potueris facere, triginta dies a lenone te redimam, ut devotae
virginitati tuae vacare possis, et dabo tibi insuper decem sestertia auri."
audiens haec puella constanter descendit in subsannio navis ad Apollonium et submissa voce salutavit eum dicens: ,,salve, quicumque es, lae- 15
tare. non enim aliqua ad te consolandum veni polluta, sed innocens
virgo, quae virginitatem meam inter naufragia castitate inviolabiliter
servo."

41   His carminibus coepit modulata voce canere:

,,per sordes gradior, sed sordis conscia non sum,   20
sic rosa in spinis nescit compungi mucrone.
piratae rapuerunt me gladio ferientis iniquo.
lenoni nunc vendita non violavi pudorem.
ni fletus luctus lacrimae de amissis essent,
nobilior me nulla, pater si nosset ubi essem.   25
regali genere et stirpe propagata piorum,

PVa^c

1 {venire} *Riese* | ⟨itaque⟩ quid . . . {itaque} bene *Riese* | propoito **P** ‖ 2 men-
tem **FG** : mente **P** ‖ 3 et *delevi* : haec *Ring* ‖ 5 nolens **F** *Ring* : volens **P** : {volens}
Kortekaas | veniente *Ring* : veniens **P** ‖ 6 domina *delevi* | est **F** : om. **P** ‖ 7−8 et
horum omnium *delevi; om.* **F** *RB* ‖ 8 et **F** : om. **P** ‖ 9−11 haec est . . . eum vivere
interpolata Klebs 269 ‖ 10 omnibus **P** : hominibus **F** *Riese* ‖ 11 nos **FG** : vos **P** ‖
16 veni polluta *Riese* : venit impolluta **P** : polluta . . . veni **G** ‖ 17 naufragia *scripsi*
post **F** : naufragium **P** | castitate **F** : castitatis **P** ‖ 19 modulata **F** : modulato **P** ‖
20 per **G** *Ring* : media per **PVa^cF** ‖ 21 sic *scripsi* : sicut **P** ‖ 22 *versus longior metro*
uno; cf. π | rapuerunt me *Ring* : me rapuētant **P** | ferientis **FG** : ferientes **P** ‖
23 vendita {sum sed} *Riese* | non *scripsi* : numquam **PF** | pudorem **FG** :
pudore **P** ‖ 24 ni *Ring* : nisi **PVa^c** | fletus luctus lacrimae *scripsi ex Merkelbach* :
fletus et lucti et lacrime **P** | de amissis {parentibus} *Riese* | essent *scripsi* : ines-
sent **PVa^c** ‖ 25 nobilior me nulla *scripsi quae Merkelbach in RB* con. : nulla me
melior **P** ‖ 26 regali *scripsi ex Merkelbach in RB* : regio sum **P** | genere {orta}
Riese; sic **F** | piorum **PVa^cF** : priorum *Riese*

sed contemptam habeo et iubeor adeo laetari!
fige modum lacrimis curasque resolve dolorum,
redde oculos caelo atque animos ad sidera tolle!
⟨mox⟩ aderit deus ille creator omnium et auctor,
5 non sinet hos fletus casso maerore relinqui.“

ad haec verba levavit caput Apollonius et vidit puellam et ingemuit et
ait: 'o me miserum! quamdiu contra pietatem luctor?' erigens se ergo
adsedit et ait ad eam: ,,ago prudentiae et nobilitati tuae maximas gratias; consolationi tuae hanc vicem rependo, ut memor sim tui, quandoque
10 si laetari mihi licuerit, {et} regni mei viribus relevem; et sic forsitan, ut
dicis te regiis natalibus ortam, tuis te parentibus repraesento. nunc ergo
accipe aureos ducentos et ac si in lucem produxeris me, gaude. vade; et
rogo ulterius ne me appelles; recentem enim mihi renovasti dolorem.“ et
acceptis ducentis aureis abscessit de illo loco, et ait ad eam Athenagora:
15 ,,quo vadis, Tarsia? sine effectu laborasti? num potuimus facere misericordiam et subvenire homini interficienti se?“ et ait ad eum Tarsia:
,,omnia quaecumque potui feci, sed datis mihi ducentis aureis rogavit
me ut abscederem, asserens renovato luctu ⟨et⟩ dolore cruciari.“ et ait
ad eam Athenagora: ,,ego tibi modo quadringentos aureos dabo, tantum
20 descende ad eum, refunde ei hos ducentos quos tibi dedit; provoca eum
ad lucem exire et dic ei: 'ego non pecuniam, salutem tuam quaero'.“ et
descendens Tarsia ad eum ait: ,,iam si hoc in squalore permanere definisti,
pro eo quod pecunia ingenti me honorasti, permitte me tecum in his
tenebris miscere sermonem. si enim parabolarum mearum nodos ab-
25 solveris, vadam; sin aliter, refundam tibi pecuniam quam mihi dedisti
et abscedam.“ at ille ne videretur pecuniam recipere, simul et cupiens a

PVa^c

1 contemptam *scripsi* : contemptum **PVa^c** | habeo **P** : ab eo **Va^c** | iubeor *Riese ex RB* : iubebor **P** | adeo **Va^c** : a deo quandoque **P** : adeoque *Riese* ‖ 2 curasque **M** : curas **P** | dolorum *Ring* : dolorem **P** ‖ 3 oculos caelo *Ring* : celo oculos **PVa^c** | atque *scripsi post Tsitsikli in RB* : et **P** | animos **FG**; *cf. Verg. Aen. 9, 637* : animum **P** ‖ 4 mox *addidi post* π | deus ille *transposui* : ille deus **P** | deus creator omnium *incipit hymnus ille Ambrosianus (ed. Dreves, Analecta Hymnica 50, 1907, 13, 7)* | et **F** : *om.* **P** ‖ 5 sinet *con. Riese Klebs 185* : sinit **PF** | merore π : dolore **P** | relinqui *Riese ex RB* : reliqui **P** ‖ 9 vicem **F** : vocem **P** | memor sim tui **F** : merito tuo *Hunt^5 338−339* : mortuo **P** : mereris *possit* ‖ 9−11 *sententia ab Hunt^5 338−339 sic distincta* ‖ 9.10 quamdoque si = et si quando *aut* et si ‖ 10 et *delevi post Hunt^5 338−339; om.* **F** | viribus **F** : vires **P** | sic *Ring* : si **P** | repraesento *Riese; cf. Hunt^5 339* : repraento **P** ‖ 13 ne *scripsi e con. Riese* : non **P** | renovasti dolorem; *cf. 11, 31 et Verg. Aen. 2, 3* ‖ 18 me **Va^c F** : *om.* **P** | ut abscederem **F** : *om.* **P** | ⟨et⟩ *Riese* ‖ 21 lucem **Va^c** : lumen **P** | et[1] **Va^c** : *om.* **P** | dic **FVa** *RB* : dicens **P** ‖ 22 hoc in **F** : in hoc **G** : *om.* **P** | diffinisti **P** ‖ 23 pecunia **FG** : pecuniam **P** : pecuniam tuam **Va^c** | honorasti **FG** : honerasti **PVa^c**

prudenti puella audire sermonem ait: „licet in malis meis nulla mihi cura suppetit nisi flendi et lugendi, tamen (ut hortamento laetitiae caream) dic quod interrogatura es et abscede. deprecor ut fletibus meis spatium tribuas."

42 Et ait ad eum Tarsia: 5

> „est domus in terris clara quae voce resultat.
> ipsa domus resonat, tacitus sed non sonat hospes.
> ambo tamen currunt, hospes simul et domus una."

si ergo, ut adseris, rex es in tua patria (nihil enim regi prudentius esse convenit), solve mihi quaestionem {et vadam}." et agitans caput Apollo- 10
nius ait: „ut scias me non esse mentitum: domus quae in terris resonat unda est; hospes huius domus tacitus piscis est, qui simul cum domo currit {id est unda}." admiratur puella hinc in explanatione magna vere regem esse, et acrioribus eum quaestionibus pulsat et ait:

> „dulcis amica dei semper vicina profundis,   15
> suave canens Musis, nigro perfusa colore
> nuntia sum linguae digitis signata magistri."

et ait ad eam Apollonius: „dulcis amica dei, quae cantus suos mittit ad caelum, canna est, ripae semper vicina, quia iuxta aquas sedes collocatas habet. haec nigro perfusa colore nuntia est linguae ex qua natum quod 20
per eam transit." item ait ad eum puella:

> „longa feror velox formosae filia silvae,
> innumera {turba} pariter comitum stipata caterva.
> curro vias multas, vestigia nulla relinquo."

PVa^c

2 suppetit **PG** : suppetat **F** φ ‖ **3** introgatura **P** ‖ **6** *Aenigma I = Symphosius* (*Bailey*) *XII* | clara que **G** : claraque **P** ‖ **8** hospes simul et domus **G** : in domo **P** ‖ **9** tua patria *scripsi* : patria tua *Riese* : mea patria **P** | enim *Ring* : causa **P** | regi **P** : rege *Riese ex RB* ‖ **10** {et vadam} *Riese* **Wl** : et vadam **PF** *RB* ‖ **13** {id est unda} *glossema Ring* | admiratur *Riese* : admirat **P** : ammirata **Va^c** | hinc **PVa^c** : hunc *putat Riese* | explanatione magna **Va^c** : explanationem magnam **P** ‖ **14** acrioribus **P** : acioribus **Va^c** | pulsat **Va^c** : eum pulsat **P** ‖ **15** *Aenigma II = Symphosius II; om. RB* | dei **FG** *Sym.* : ripe **PVa^c** ‖ **16** colore **Va^c** : calore **P** ‖ **17** magistri (= Apollonii) **PVa^c** : magistris *Sym.* ‖ **18** cantus *Riese* : centros **PVa^c** ‖ **19** celum **P** : celos **Va^c** ‖ **20** colore **P** : calore **Va^c** | est *Ring* : sunt **PVa^c** | qua *scripsi* : ea **PVa^c** | **20—21** {ex . . . transit} *edd.; cf. Klebs 180* ‖ **21** ait **P** : et ait **Va^c** ‖ **22** *Aenigma III = Symphosius XIII* | feror **FG** *Sym.* : ferox **P** | formosae **FG** *Sym.* : formosa **P** ‖ **23** innumera *Ring* : innumeris **FG** *Sym.* : inmunera **P** | {turba} *Ring; om. RB Sym.* | comitum **FG** *Sym.* : comito **P** | stipata caterva] *cf. Verg. Aen. 1, 497* | caterva **P** : catervis *RB Sym.* ‖ **24** relinquo **PF** *RB* : relinquens **G** *Sym.*

item agitans caput Apollonius ait ad eam: „o si liceret mihi longum deponere luctum, ostenderem tibi quae ignoras. tamen respondeo quaestionibus tuis: miror enim te in tam tenera aetate talem prudentiam habere. nam longa quae fertur arbor est navis, formosae filia silvae;
5 fertur velox vento pellente, stipata catervis; currit vias multas, sed vestigia nulla relinquit." item puella inflammata prudentia solutionum ait ad eum:

> „per totas aedes innoxius introit ignis;
> circumdat flammis ⟨magnis⟩ hinc inde nec uror.
> 10 nuda ⟨tamen⟩ domus est et nudus convenit hospes."

ait ad eam Apollonius: „ego si istum luctum possem deponere, innoxius intrarem per istum ignem. intrarem enim balneum ubi hinc inde flammae per tubulos surgunt; ubi nuda domus est quia nihil intus habet praeter sedilia, ubi nudus {sine vestibus} ingreditur hospes." item ait ad eum
15 puella:

> „mucro mihi geminus ferro coniungitur unco.
> cum vento luctor, cum gurgite pugno profundo.
> scrutor aquas medias, imas quoque mordeo terras."

respondit ei Apollonius: „quae te sedentem in hac nave continet, ancora
20 est, quae mucrone gemino ferro coniungitur unco; quae cum vento luctatur et cum gurgite profundo; quae aquas medias scrutatur, imas quoque morsu tenens terras." item ait ad eum puella:

PVa^c

1 longum **Va^c** : logum **P** ‖ 3 in tam tenera *Ring* : vitam teneram **P** ‖ 4 que fertur **PVa^c** : *del. Riese* | formosae *Riese* : formosa **P** ‖ 5 pellente *Riese* : repellente **PVa^c** ‖ 6 prudentia solutionum *scripsi ex RB; cf. Hunt*[1] *30* : prudentia questionum **Va^c** : prudentie questionum **P** ‖ 8 *Aenigma IV = Symphosius LXXXIX* | aedes **F** *Sym.* : sedes **PVa^c** | introit **Va^c** *Sym.* : currit **P** ‖ 9 circumdat *Ring* : circumdata **P** | ⟨magnis⟩ *Hunt* | {vallata} nec uror *Hunt* | nec uror (neque consumor *add.* **Va^c**) **F** : *om.* **P** (est calor in medio magnus quem nemo veretur **G** *Sym.*) ‖ 10 nuda ⟨tamen⟩ domus est et nudus convenit hospes *Bailey* : nuda domus est nec ibi uror neque consumor et nudus ibi convenit hospes **P** ‖ 11 innoxius *scripsi* : innocens **PVa^c** ‖ 12 istum **P** : istam **Va^c** | balneum **P** : in balneum **Va^c** ‖ 13 tubulos **G** : turbulos **PVa^c** | nuda **Va^c** : unda **P** ‖ 14 {sine vestibus} *scripsi post Tsitsikli* ‖ 16 *Aenigma V = Symphosius LXI; om. RB* | unco **F**; *cf. Verg. Aen. 1, 169* : uno **PVa^c** *Sym.* ‖ 17 cum vento **Va^c** : convento **P** | luctor **FG** *Sym.; cf.* luctatur *21* : lucto **PVa^c** | cum gurgite **Va^c** : congurgite **P** ‖ 18 imas **PVa^c** : ipsas *Sym.* ‖ 19—20 ancora est, quae mucrone *Ring* : anchora est et calor in medio (meio **P**) magnus quem nemo videt (vydetur **Va^c**) nuda domus sed nudus convenit hospes quae mucrone **PVa^c**, *lectio varia ex Aenigmate IV et Sym. LXXXIX* ‖ 20 coniungitur *Ring ex 16* : contingitur **PVa^c** | unco *scripsi* : uno **P** : *om.* **F**

„ipsa gravis non sum, sed aquae mihi pondus inhaeret.
viscera tota tument patulis diffusa cavernis.
intus lympha latet, sed non se sponte profundit.“

respondit ei Apollonius: „spongia cum sit levis, aqua gravata tumet
patulis diffusa cavernis, quae se non sponte profundit.“   5
43 Item ait ad eum puella:

„non sum vincta comis et non sum nuda capillis.
intus enim mihi crines sunt, quos non videt ullus.
me manibus mittunt, manibusque remittor in auras.“

Apollonius ait: „hanc ego Pentapoli naufragus habui ducem, ut regi 10
amicus efficerer. nam sphaera est, quae non est vincta comis et non est
nudata capillis, quia intus plena est; haec manibus missa manibusque
remittitur.“ item ait ad eum puella:

"nulla mihi certa est, nulla est peregrina figura.
fulgor inest intus radianti luce coruscus,   15
qui nihil ostendit, nisi ⟨si⟩ quid viderit ante.“

respondens Apollonius ait: „nulla certa figura est speculo, quia mentitur
aspectum; nulla peregrina figura, quia hoc ostendit quod contra se
habet.“ item ait puella ad eum:

„quattuor aequales currunt ex arte sorores   20
sic quasi certantes, cum sit labor omnibus unus;
cum prope sint pariter, non se pertingere possunt.“

A (7−) PVa^c

1 *Aenigma VI = Symphosius LXIII* | {sed} *Riese metri causa* | aquae *scripsi
metri causa ex RB Sym.* : lymphae *Ring* : limpha **PVa^c** | inheret **Va^c** : inherent **P** ||
3 set non se **PVa^c** *Sym.; sed cf.* quae se non *5 et Aenigma in RB* || 4 tumet **P** : viscere
apta tument **Va^c** || 5 profundit **PVa^c** : profunderit *edd. non recte deferunt ex* **P** ||
7 *Aenigma VII = Symphosius LIX* | non^1] *rursus incipit* **A** | vincta *scripsi ex*
FG *et 11* : compta **APVa^c** (*ex exp.*) *Sym.* : cincta *RB* | nuda *Ring Sym.* : compta
APVa^c : nudata **FG** || 8 mihi crines **AP** : crines mihi **G** *Sym.* | quos **P** : quas **A** |
videt **FG** *Sym.* : vidit **AP** || 9 me *Riese* : meque **AP** *Sym.* | manibus **APVa^c** : ma-
nus *RB Sym.* || 10 pentapoli **A** : pentapolim **P** || 11 spera **AP** | vincta **A** : *om.* **P** ||
14 *Aenigma VIII = Symphosius LXIX* | est^2 **AVa^c** : *om.* **P** || 15 radianti luce
coruscus] *cf. Tsitsikli ex Venantio Carm. 8, 3, 141* | choruscus **A** : chorus **P** || 16 ⟨si⟩
Teuffel 105 Sym. : *om.* **APVa^c** *ex hap.* | quid **AP** : quod se **Va^c** || 17 figura **G** φ :
om. **AP** || **17.18** mentitur aspectum **FG** : mutatur aspectu **AP** || 20 *Aenigma IX =
Symphosius LXXVII; om. RB* | arte **AVa^c** : arce **P** || 22 cum prope sint . . . non
Riese : et prope cum sint . . . non **APVa^c** : et prope sunt . . . nec *Sym.*

et ait ad eam Apollonius: „quattuor similes sorores forma et habitu rotae sunt, quae ex arte currunt quasi certantes; et cum sint sibi prope, nulla aliam potest contingere." item ait ad eum puella:

„nos sumus, ad caelum quae scandimus alta petentes,
5 concordi fabrica quas unus conserit ordo.
quicumque alta petunt, per nos comitantur ad auras."

et ait ad eam Apollonius: „per deum te obtestor ne ulterius me ad laetandum provoces, ne videar insultare mortuis meis. nam gradus scalae alta petentes, aequales mansione manentes uno ordine conseruntur; et alta
10 quicumque petunt, per eas comitantur ad auras."

Et his dictis ait: „ecce habes alios centum aureos, et recede a me ut **44** memoriam mortuorum meorum defleam". at vero puella dolens — tantae prudentiae virum mori velle nefarium est — refundit aureos in sinum; et apprehendens lugubrem vestem eius {et} ad lucem conabatur trahere.
15 at ille impellens eam consurrexit et cadere fecit. quae cum cecidisset, de naribus eius sanguis coepit egredi, et sedens puella coepit flere et cum magno maerore dicere: „o ardua potestas caelorum, quae me pateris innocentem tantis calamitatibus ab ipsis cunabulis fatigari! nam statim ut nata sum in mari inter fluctus et procellas, parturiens me mater mea
20 secundis ad stomachum redeuntibus coagulato sanguine mortua est, et sepultura ei denegata est terrae. quae tamen ornata a patre meo regalibus ornamentis et deposita in loculum cum viginti sestertiis auri Neptuno est tradita. me namque in cunabulis posita, Stranguillioni impio et Dionysiadi eius coniugi a patre meo sum tradita cum ornamentis et
25 vestibus regalibus, pro quibus usque ad necis veni perfidiam et iussa sum puniri a servo {uno infami} nomine Theophilo. at ille dum voluisset me

A P Va[c]

1 ad eam **A** : *om.* **P** | forma **P** : formae **A** ‖ **2** sibi **A** : *om.* **P** ‖ **3** aliam **FG** : nullam **A P Va**[c] | potest contingere **A Va**[c] : contingere potest **P** ‖ **4** *Aenigma X = Symphosius LXXVIII* | sumus **A Va**[c] : simul **P** | scandimus *Riese ex Sym.* : scandit **A P** : tendimus **Va**[c] ‖ **5** conserit **A P** : continet *Sym.* ‖ **6** quicumque alta petunt **A P** : ut simul haerentes *Sym.* ‖ **7** apollonius **Va**[c] : *om.* **A P** | te **A Va**[c] : *om.* **P** | obtestor **Va**[c] : obstentor **A P** ‖ **8** videar **Va**[c] : videas **A P** | scalae **A Va**[c] : scala **P** ‖ **9** mansione **A** : mansiones **Va**[c] ‖ **10** eas *scripsi* : eos **A P** ‖ **12** at **P Va**[c] : ad **A** | dolens ⟨dixit⟩ *Tsitsikli* ‖ **12**−**13** − tantae… est − *Renehan* ‖ **13** est ⟨et⟩ *Tsitsikli* | refundit *Hunt* : refundens **A Va**[c] : refunde **P** ‖ **14** {et} *Ring* ‖ **15** impellens **A** : impendens **P** | consurrexit et cadere *scripsi* : consurgere et cadere **P** : consuere **A** : conruere **FG** ‖ **17** ardua **A P Va** : id est alta vel gande **Va**[c] ‖ **18** calamitatibus **A** : clamantibus **P** | ipsis **P** : ipsis me **A** | nam nam **P** ‖ **19** mari **A P** : mare **Va**[c] ‖ **21** ei denegata est terre **P** : ei terrae denegata est **A** : terre ei denegata est **Va**[c] ‖ **22** deposita **P** : depositam **A** | XX VItertiis **P** : viginti sextertius **A** ‖ **25** vestibus **P** : vestis **A Va**[c] ‖ **26** puniri = capite puniri] *cf. Löfstedt*[8] *188* | uno ⟨**A P**⟩ infami (*Baehrens 858* : infamiae **A** : *om.* **P**) *del. Klebs 261* | Theophilo *Riese* : theofilum **A** : theofilu **P** | at **P** : ad **A**

occidere, eum deprecata sum ut permitteret me testari dominum. quem cum deprecor, piratae superveniunt qui me vi auferunt et ad istam deferunt provinciam, atque lenoni impio sum vendita."

45 Cumque haec et his similia puella flens diceret, in amplexu illius ruens Apollonius coepit flere prae gaudio et dicere: ,,tu es filia mea 5 Tarsia, tu es spes mea unica, tu es lumen oculorum meorum, consciusque flens per quattuordecim annos matrem tuam lugeo. iam laetus moriar, quia rediviva spes mihi est reddita." ⟨***⟩ et dixit Apollonius: ,,pereat haec civitas!" at ubi auditum est ab Athenagora principe, in publico in foro in curia clamare coepit et dicere: ,,currite, cives et nobiles, ne 10 pereat ista civitas!"

46 Concursus magnus et ingens factus est et tanta commotio fuit populi, ut nullus omnino domi remaneret, neque vir neque femina. omnibus autem convenientibus dixit Athenagora: ,,cives Mytilenaeae civitatis, sciatis Tyrium Apollonium huc venisse et {ecce} classes navium, ⟨et 15 ecce⟩ properat cum multis armatis eversurus istam provinciam causa lenonis infaustissimi, qui Tarsiam ipsius emit filiam et in prostibulo posuit. ut ergo salvetur ista civitas, mittatur, et vindicet se de uno infami ut non omnes periclitemur." his auditis populi ab auriculis eum comprehenderunt; ducitur leno ad forum vinctis a tergo manibus. fit 20 tribunal ingens in foro, et induentes Apollonium regalem vestem deposito omni squalore luctuoso quod habuit atque detonso capite diadema imponunt ei, et cum filia sua Tarsia tribunal ascendit. et tenens eam in amplexu coram omni populo lacrimis impediebatur loqui. Athenagora autem vix manu impetrat a plebe ut taceant. quibus silentibus ait 25

APVa^c

2 deprecor **AP** : deprecarer **Va^c** | pirate **P** : pyrates **A** | superveniunt **A** : supervenerunt **P** | vi **P** : vim **A** || **4** amplexu **A** : amplexus **P** || **5** flere *scripsi; cf. Hunt² 217* : flens **AP** *e per.* | gaudio **P** : gadio **A** | et **AP** : ei *Ring* || **6** unica **AVa^c** : *om.* **P** | conscius **APVa^c** : conscium *Ring* | que **Va^c** : quem **AP** : quam *Riese* || **7** annos *Riese* : annis **AVa^c** : anñ **P** | matrem tuam **P** : mater tua **AVa^c** || **8** rediviva **Va^c** : rediviba **A** : residua **P** | *post* reddita *lac. ind. rite Riese explendam ex RB; adfirmans lac.* **Va^c** *ponit* et dixit Apollonius : pereat haec civitas *ex RA post* sustinuit inimicum *in RB 78, 3* || **9** at **P** : ad **A** || **9 – 10** in publico in foro in curia **A** : in publico foro in furia **P** || **13** omnino **A** : *om.* **P** | neque vir **A** : vir **P** || **14** conientibus **P** || **15** et ecce *transp. Renehan¹; cp. 28, 23* || **16** properat *scripsi* : properant **A** : praeparat *Thielmann 58* : *om.* **P** | eversurus **AP** : eversuris *Riese* || **17** infaustissimi **P** : infaustissimo **A** | qui **A** : quia **P** || **17 – 18** ipsius emit filiam et in prostibulo posuit **A** : eius filiam emit et posuit in prostibulo **P** || **19** infami *Ring (cf. 37, 26)* : infame **P** : infamiae **A** | periclitemur **A** : periclitent **P** | ab auriculis **A** : *om.* **P** || **20** leno **A** : ergo leno **P** | a tergo **A** : *om.* **P** || **21** vestem **P** : veste **A** || **22** squalore **A** : dolore **P** | luctuoso *correxi* : luctuosum **A** : luctus **P** | {quod habuit} *Klebs 256* | dyadema **P** : diademate **A** || **22 – 23** inponunt ei et **P** : inposuit **A** || **24 – 25** lacrimis impediebatur loqui. athenagora autem **Fφ** : *om.* **AP** || **25** manu **P** : manum **A** | a plebe *Tsitsikli e con. Riese* : ad plebem **AP**

Athenagora: ,,cives Mytilenes, quos repentina pietas in unum congregavit, videte Tarsiam a patre suo esse cognitam, quam leno cupidissimus ad nos exspoliandos usque in hodiernum diem depressit, quae vestra pietate virgo permansit. ut ergo plenius vestrae Felicitati gratias referat,
5 eius procurate vindictam." at vero omnes una voce clamaverunt dicentes: ,,leno vivus ardeat et bona omnia eius puellae addicantur!" atque his dictis leno igni est traditus; villicus vero eius cum universis puellis et facultatibus Tarsiae virgini traditur. cui ait Tarsia: ,,redono tibi vitam, quia beneficio tuo virgo permansi." ⟨et donavit ei⟩ ducenta talenta auri
10 et libertatem. deinde cunctis puellis coram se praesentatis dixit: ,,quicquid de corpore vestro illi infausto contulistis, ut habeatis vobis illud redono, et quia mecum {verum tamen} servistis, ex hoc iam mecum liberae estote."

Erigens se ergo securius Apollonius his dictis populo alloquitur: **47**
15 ,,gratias pietati vestrae refero, venerandi et piissimi cives, quorum longa fides pietatem praebuit et quietem tribuit et ⟨***⟩ salutem et exhibuit gloriam. vestrum est, quod fraudulenta mors ⟨cum⟩ suo luctu detecta est; vestrum est, quod virginitas nulla bella sustinuit; vestrum est, quod paternis amplexibus unica restituta est filia. pro hoc tanto munere
20 condono huic civitati vestrae ad restauranda omnia moenia auri talenta centum." et haec dicens eis in praesenti dari iussit. at vero cives accipientes aurum fuderunt ei statuam ⟨ingentem in prora navis⟩ stantem et caput lenonis calcantem, filiam suam in dextro brachio tenentem, et in ea scripserunt: Tyrio Apollonio restitvtori moenivm nostrorvm
25 et Tarsiae pvdicissime virginitatem servanti et casvm vilissimvm incvrrenti vniversvs popvlvs ob nimivm amorem aeternvm decvs memoriae dedit. quid multa? inter paucos dies tradidit filiam suam Athenagorae principi cum ingenti honore ac civitatis laetitia.

A (−7) PVaᶜ

4 felicitati **P** : felicitatis **A** | referat **P** : referu **A** ₍₎ 5 ⟨natae⟩ eius *Tsitsikli fortasse recte ex RB* | at **P** : ad **A** | clamaverunt (clamav{cep}erunt?) **A** *Hunt citans 41, 30 :* clamare ceperunt **P** ‖ 6 his **A** : *om.* **P** | 7 traditus] *hic explicit* **A** ‖ 8 redono *scripsi ab tempore in RB* : redonavi **P** *ex exp.* donavit *infra* ‖ 9 tuo virgo permansi **F** φ : *om.* **P** | ⟨et donavit ei⟩ *addidi ex RB post Hunt⁵ 339−340 :* cui donavit pro hoc beneficio **Ge** *Kortekaas* ‖ 10 quicquid **F** : quia id **P** ‖ 12 redono *scripsi* : redonavi **P** | {verum tamen} *Hunt³ 344* ‖ 14 erigens se ergo *Hunt⁶ 352* | se ergo securius **P** : ergo se tyrius **Ge** *Ring* ‖ 16 *lac. ind. Riese; cf. RB; possit* ⟨educavit⟩ = *AB − AB − BA − BA; hic agit vehementer Tsitsikli* ‖ 17 ⟨cum⟩ *Riese ex RB* ‖ 22 ⟨ingentem in prora navis⟩ *scripsi ex RB; lac. ind. Riese* ‖ 23 caput **F** : *om.* **P** | lenonis **Va**ᶜ**F** : *om.* **P** ‖ 24 restitutori moenium nostrorum *Riese* : restitutori aedium in foro *Klebs 198* : restituendorum dierum in foro **P** ‖ 25 pudicissime *Bonnet* : pudissime **P** ‖ 27 inter **P**; *cf. Löfstedt⁶ 174−175 :* intra *Riese ex RB*

48 Et exinde cum suis omnibus et cum genero atque filia navigavit, volens per Tarsum proficiscendo redire ad patriam suam. vidit in somnis quendam angelico habitu sibi dicentem: 'Apolloni, dic gubernatori tuo ad Ephesum iter dirigat; ubi dum veneris, ingredere templum Dianae cum filia et genero, et omnes casus tuos quos a iuvenili aetate es passus 5 expone per ordinem. post haec veniens Tarsum vindica innocentem filiam tuam.' expergefactus Apollonius excitat filiam et generum et indicat somnium. at illi dixerunt: ,,fac, domine, quod iubet.'' ille vero iubet gubernatorem suum Ephesum petere. perveniunt felici cursu; descendens Apollonius cum suis templum Dianae petit, in quo templo 10 coniunx eius inter sacerdotes principatum tenebat. erat enim effigie satis decora et omni castitatis amore assueta, ut nulla tam grata esset Dianae nisi ipsa. interveniens Apollonius in templum Dianae cum suis, rogat sibi aperiri sacrarium, ut in conspectu Dianae omnes casus suos exponeret. nuntiatur hoc illi maiori omnium sacerdotum, venisse nescio quem 15 regem cum genero et filia cum magnis donis, et aliqua volentem in conspectu Dianae recitare. at illa audiens regem advenisse, induit se regium habitum, ornavit caput gemmis, et in veste purpurea venit stipata catervis famularum. templum ingreditur. quam videns Apollonius cum filia sua et genero corruerunt ante pedes eius; tantus enim 20 splendor pulchritudinis eius emanabat, ut ipsam esse putarent deam Dianam. interea aperto sacrario oblatisque muneribus coepit in conspectu Dianae haec effari atque cum fletu magno dicere: ,,ego cum in adulescentia mea rex novus Tyrius appellarer et ad omnem scientiam pervenissem quae a nobilibus et regibus exerceretur, regis iniqui Antiochi 25 quaestionem exsolvi, ut filiam eius in matrimonio acciperem. sed ille foedissima sorde sociatus ei, cuius pater a natura fuerat constitutus, per impietatem coniunx effectus est atque me machinabatur occidere. quem dum fugio, naufragus factus sum et eo usque a Cyrenensi rege Archistrate susceptus sum, ut filiam suam meruissem accipere. quae mecum ad 30 regnum percipiendum venire desiderans, hanc filiam parvulam quam

PVa^c

18—19 *Apollonii uxor = Dido; cf. Verg. Aen. 1, 496—497; 4, 136*

2 proficiscendo *scripsi* : proficiscens **P** ‖ 11 effigie **F** : effigies eius **P** ‖ 12 omni *edd.* : omnium **P** | ut **F** : et **P** ‖ 15 hoc *edd.* : haec **P** ‖ 16 et aliqua *Hunt*[5] *341, citans 22, 8—11* : et alia **P** : et talia *Ring* ‖ 19 famularum **F** φ : familiarum **P** ‖ 20 corruerunt **P** φ : corruit **F** ‖ 21 pulchritudinis **F** : pulcrituni **P** ‖ 23 in **Va** : ab **PF** φ ‖ 24 novus tyrius **Va**^c : natus Tyro *RB; Klebs 62* : nominis (noīs) **P** : nobilis *Riese Tsitsikli* | appellarer **P** : appellarer Apollonius *Klebs 62* : appellatus apollonius **F** φ ‖ 29 factus **P** : effectus **Va**^c | et eo **P** : et **Va**^c | Cyrenensi *Riese ex RB* : quirenense **P** ‖ 31 parvulam ⟨enixa est⟩ *Riese*

coram te, magna Diana, praesentari in somnis angelo admonente iussisti — postquam in navi eam peperit, emisit spiritum. indui eam honestum
regium dignumque habitum sepulturae et in loculum deposui cum viginti
sestertiis auri, ut ubi inventa fuisset, ipsa sibi testis esset, ut digne
5 sepeliretur; hanc vero meam filiam commendavi iniquissimis hominibus
Stranguillioni et Dionysiadi et luxi in Aegypto per annos quattuordecim
uxorem flens fortiter, et postea venio ut filiam meam reciperem. dixerunt
mihi quod esset mortua. iterum cum redivivo involverer luctu, post
matris atque filiae mortem capienti exitum vitam mihi reddidisti.''
10 Cumque haec et his similia Apollonius narrans diceret, mittit vocem **49**
magnam clamans uxor eius dicens: ,,ego sum coniunx tua {Lucina}
Archistratis regis filia!'' et mittens se in amplexus eius coepit dicere:
,,tu es Tyrius Apollonius meus, tu es magister qui me docuisti, tu es qui
⟨me⟩ a patre meo Archistrate accepisti, tu es quem adamavi non
15 libidinis causa, sed sapientiae ducem! ubi est filia mea?'' et ostendit ei
Tarsiam et dixit ei: ,,ecce, ⟨haec⟩ est.'' sonat in tota Epheso Tyrium
Apollonium recognovisse suam coniugem, quam ipsi sacerdotem habebant. et facta est laetitia omni civitati maxima, coronantur plateae,
organa disponuntur, fit a civibus convivium, laetantur omnes pariter.
20 et constituit loco suo ipsa sacerdotem quae ei secunda erat et cara. et
cum omnium Ephesiorum gaudio et lacrimis, cum planctu amarissimo,
eo quod eos relinqueret, vale dicens cum marito et filia et genero navem
ascendit.
⟨***⟩ et constituit in loco suo regem Athenagoram generum suum. et **50**
25 cum eodem et filia et coniuge et cum exercitu navigans Tarsum civitatem
venit. Apollonius statim iubet comprehendere Stranguillionem et
Dionysiadem, et sedens pro tribunali in foro adduci sibi illos praecepit.
quibus adductis coram omnibus Apollonius ait: ,,cives beatissimi Tarsi,
numquid Tyrius Apollonius alicui vestrum in aliqua re ingratus exstitit?''
30 at illi una voce clamaverunt dicentes: ,,te regem, te patrem patriae et

---

PVa^c

2 {eam¹} *Merkelbach; cf. 28, 18* ‖ **3** et in **F** : ei **P** ‖ **4** auri ⟨et demisi in mare⟩
Merkelbach ex RB ‖ **5.6** hominibus Stranguillioni *Ring* : hōi[. .]trā **P** ‖ **6** luxi *Tsitsikli e con. Riese ex RB* : duxi me **PF**φ ‖ **7** venio **P** : veni *Ring Riese* ‖ **8** redivivo **F** : rediviut **P** ‖ **9** capienti **P** : cupienti *Riese* ‖ reddidisti *Riese* : reddisti **P** ‖
11 {Lucina} *Ring, qui scripsit* coniunx tua Archistratis, Archistratis regis filia; *cf.*
adnotationem Ring : lucina **PVa^c** ‖ **13** me *Klebs 38* : docta manu me **F** φ *Ring Riese* :
doctam manum meam **P** ‖ **14** ⟨me⟩ *Riese ex RB* ‖ **16** ⟨haec⟩ *Riese ex RB* | tota
effeso **F** : toto ephesu **P** ‖ **20** ipsa *edd.* : ipā (= ipsam) **P** ‖ **21** omnium φ *Ring* :
omni **PF** ‖ **22** relinqueret *Ring* : relinquerent **P** | vale dicens **F** : vale dicentes **P** ‖
24 *lac. ind. Klebs 222*; veniens igitur tyrius apollonius antiochiam invenit sibi reservatum regnum constituit in loco suo **F**φ; *cf. RB* ‖ **25** et coniuge **F** : *om.* **P** ‖
27 pcepit **P** ‖ **29** numquid **F**φ : inquit **P**

diximus et in perpetuum dicimus; pro te mori optavimus et optamus,
cuius ope famis periculum vel mortem transcendimus. ⟨pro⟩ hoc et
statua tua a nobis posita in biga testatur." Apollonius ait ad eos: ,,com-
mendavi filiam meam Stranguillioni et Dionysiadi suae coniugi; hanc
mihi reddere nolunt." Stranguillio ait: ,,per regni tui clementiam, quia 5
fati munus implevit." Apollonius ait: ,,videte, cives Tarsi, non sufficit
(quantum ad suam malignitatem!) quod homicidium perpetratum
fecerunt: insuper et per regni mei vires putaverunt periurandum. ecce
ostendam vobis; et hoc, quod visuri estis, {et} testimoniis vobis {ex hoc
ante} probabo." et proferens filiam Apollonius coram omnibus populis 10
ait: ,,ecce, adest filia mea Tarsia!" mulier mala, ut vidit eam, {scelesta
Dionysias} imo corpore contremuit. mirantur cives. Tarsia iubet in
conspectu suo adduci Theophilum villicum. qui cum adductus fuisset,
ait ad eum Tarsia: ,,Theophile, si vis tormenta devitare et sanguini tuo
cupis esse consultum et a me mereri indulgentiam, clara voce dicito, 15
quis tibi allocutus est, ut me interficeres?" Theophilus ait: ,,domina mea
Dionysias." tunc omnes cives — sub testificatione confessione facta et
addita vera ratione — confusi rapientes Stranguillionem et Dionysiadem
tulerunt extra civitatem et lapidibus eos occiderunt {et ad bestias terrae
et volucres caeli in campo iactaverunt, ut etiam corpora eorum terrae 20
sepulturae negarentur}. volentes autem Theophilum occidere, interventu
Tarsiae non tangunt. ait enim Tarsia: ,,cives piissimi, nisi ad testandum
dominum horarum mihi spatia tribuisset, modo me vestra Felicitas non
defendisset." tum a praesenti Theophilo libertatem cum praemio
donavit.   25

PVa^c

1 dicimus P : dicemus F | pro F : om. P ‖ 2 pro addidi ex RB | et F : est P ‖
3 in biga Ge : in via F : unica P ‖ 5 {per regni tui clementiam} interpolata Klebs 41
ex 13, 27 — 28 et 15, 4; possit per regni mei vires ex 8 ‖ 6 fati Ring : fēi P ‖ 7 (quantum ad suam malignitatem!) quod homicidium scripsi post Riese : quod sua malignitate et consilio homicidium F : quod sua malignitate homicidium Klebs 41 : quantum ad suam maligtatem et homicidio quod P ‖ 7.8 perpetratum fecerunt P : perpe-
traverunt F ‖ 8 periurandum Ring : periurare dum P ‖ 9 et hoc Riese : ex hoc P |
{et} Riese ‖ 9—10 {ex hoc ante} Ring Klebs 41; om. φ; e per. Hunt¹ 32 ‖ 10 ante
(añ) P : ad- ex adprobabo φ : iam rogat Hunt | filiam F : om. P ‖ 11.12 {scelesta
Dionysias} Riese ‖ 12 imo P; cf. Löfstedt⁵ 345 : toto F RB Klebs 41; TOTO → TO
→ ĩo → IMO admonuit Hunt⁶ 353 ‖ 13 qui Hunt⁶ 352; cf. 30, 18 : quique P Riese ‖
14 theophile F : theophilu P | vis tormenta devitare F : debitis tormentis P ‖
17—18 sic distinxit Hunt ex Renehan ‖ 18 addita Riese : addata P ‖ 19—21 {et ad
bestias . . . sepulturae negarentur} Klebs 41—42, addita ex industria ex Vulg. Ierem.
7, 33; Ezech. 29, 5; I Reg. 17, 46 ‖ 20—21 {ut etiam corpora eorum terrae sepulturae negarentur} Klebs 42 interpolata ex 37, 21 ‖ 22 tangunt Ring : tangitur P
Riese RB ‖ 23 horarum P; Löfstedt⁶ 74 : morarum Weyman¹ 380 ‖ 24 tum Ring :
tãm P

Itaque Apollonius pro hac re laetitiam populo addens munera ⟨publi- **51** ca⟩ {restituens} restaurat, universas thermas, moenia {publica}, murorum turres restituens. moratur ibi cum suis omnibus diebus quindecim; postea vero vale dicens civibus navigat ad Pentapolim Cyrenae- 5 am; pervenit feliciter. ingreditur ad regem Archistratem, socerum suum, qui ut vidit filiam cum marito et Tarsiam neptem suam cum marito, regis filios venerabatur, et osculo suscipit Apollonium et filiam suam, cum quibus iugiter integro uno anno laetatus est perdurans. post haec perfecta aetate moritur in eorum manibus, dimittens medietatem regni sui 10 Apollonio et medietatem filiae suae.

In illo tempore peractis omnibus iuxta mare deambulat Apollonius, vidit piscatorem illum a quo naufragus susceptus fuerat, qui ei medium suum dedit tribunarium, et iubet famulis suis ut eum comprehenderent et ad suum ducerent palatium. tunc ut vidit se piscator trahi ad pala- 15 tium, se putavit ad occidendum praeberi. sed ubi ingressus est palatium, Tyrius Apollonius sedens cum sua coniuge eum ad se praecepit adduci et ait ad coniugem: ,,domina regina et coniunx pudica, hic est paranymphus meus, qui mihi opem tribuit et ut ad te venirem iter ostendit.'' et intuens eum Apollonius ait: ,,o benignissime vetule, ego sum Tyrius Apollonius, 20 cui tu dedisti dimidium tuum tribunarium.'' et donavit ei ducenta sestertia auri, servos et ancillas, vestes et argentum secundum cor suum, et fecit eum comitem, usque dum viveret. Hellenicus autem, qui, quando persequebatur eum rex Antiochus, indicaverat ei omnia et nihil ab eo recipere voluit, secutus est eum et procedenti Apollonio obtulit se {ei} 25 et dixit: ,,domine rex, memor esto Hellenici servi tui!'' at ille apprehendens manum eius erexit eum et suscepit osculo, et fecit eum comitem et donavit illi multas divitias. his rebus expletis genuit de coniuge sua filium, quem regem in loco avi sui Archistratis constituit. ipse autem cum sua coniuge vixit annis septuaginta quattuor, regnavit et tenuit regnum 30 Antiochiae {et Tyri et Cyrenensium}, et quietam atque felicem vitam vixit cum coniuge sua. peractis annis {quod superius diximus} in pace atque senectute bona defuncti sunt.

PVa^c

1 ⟨ad⟩ laetitiam *Riese* | ⟨publica⟩ *transp. Badian 18* || 2 {restituens} *Riese* | universas termas menia publica **P** : universa. thermas publicas, moenia *Riese* || 2–3 moenia publica turres restituens thermas **Va^c** || 3 moratur **F** : morantur **P** || 6 qui ut vidit **F** : et vidit **P** : et vidit ⟨Archistrates⟩ *Riese* | regis **P** : reges *putat Riese* || 7 venerabatur **Va^c** : venerabantur **P** | osculo **F** : obsculum **P** || 18 te **F** : *om.* **P** || 24.25 {ei} et *Hunt² 218* : ei et **P** : et ei *Ring* || 26 osculo **F** : obsculum **P** || 28 regem *Riese* : rex **P** || 29 {regnavit} *Riese* || 30 et Tyri (**F** : tyrii **P**) et Cyrenensium *delevi* || 31 coiuge **P** | quod superius diximus *delevi* | quod **PVa^c** : quot *Riese* : quos *Ring* | in pace *interpolata Christiana Klebs 273* (*Vulg. Gen. 15, 15*); *sed cf. Sen. Dial. 6, 19, 6*

CONSPECTVS SIGLORVM ET NOTARVM IN RB

RB

b	Vossianus lat. F 113, s. IX
β	Oxoniensis collegii Magdalenae 50, s. XII
β1	Londiniensis Sloane 2233, s. XVII
M	Matritensis 9783, s. XIII
π	Parisinus lat. 6487, s. XIII

RA

A	Laurentianus plut. LXVI 40, s. IX
P	Parisinus lat. 4955, s. XIV
Va^c	Vaticanus lat. 1984, s. XII, correctus

Rα

F	Lipsiensis 431, s. XII
G	Gottingensis philol. 173, s. XV
Wl	codex in editione Velseri 1595 usurpatus, iam perditus

RC

Va	Vaticanus lat. 1984, s. XII
V	Vindobonensis 226, s. XII
γ	Londiniensis Sloane 1619, s. XIII

RT

T	Monacensis Clm 19148, s. IX

RSt

S	Stuttgartensis Hist. Fol. 411, s. XII

RE

ϱ	Erfurtensis Amplon. Oct. 92, s. XIII
q	Parisinus nouv. acq. lat. 1423, s. XIII
μ	Vaticanus Reginensis lat. 634, s. XII

Rber

vide redactionem Bernensem

Sym.   Symphosius (Bailey)

{ }	delenda
⟨ ⟩	addenda
⟨***⟩	lacuna quam esse suspicamur
[***]	lacuna e rasura aut e damno in pagina facta
[...] aut [-3-]	numerus litterarum quas deperditas esse suspicamur
^c	e. g. Va^c = corrector manuscripti

HISTORIA APOLLONII REGIS TYRI (RB)

Fuit quidam rex Antiochus nomine, a quo ipsa civitas nomen accepit 1
Antiochia. hic habuit ex amissa coniuge filiam, virginem speciosissimam,
in qua nihil natura rerum erraverat, nisi quod mortalem statuerat. quae
cum ad nubilem venisset aetatem et specie pulchritudinis cresceret,
5 multi eam in matrimonio postulabant et cum magna dotis pollicitatione
currebant. sed cum pater deliberaret, cui potissimum filiam suam in
matrimonio daret, cogente iniquae cupidinis flamma incidit in filiae
suae amorem et coepit eam plus diligere quam patrem oportebat. qui
cum luctatur cum furore, pugnat cum dolore, vincitur ab amore; excidit
10 illi pietas, et oblitus se esse patrem induit coniugem. sed cum saevi
pectoris vulnus ferre non posset, quadam die prima luce vigilans irrupit
cubiculum filiae, famulos longius secedere iussit, quasi cum filia secretum
colloquium habiturus, stimulante furore libidinis diu repugnante filia
nodum virginitatis eripuit, perpetratoque scelere evasit cubiculum.
15 scelesti patris impietatem puella mirans cupit celare: sed in pavimento
certa videntur.

Cumque puella quid faceret cogitaret, nutrix subito introiit. quam ut 2
vidit flebili vultu, aspersoque sanguine pavimento, horruit et ait: ,,quid
sibi vult turbatus animus tuus?" puella ait: ,,cara nutrix, modo hic in
20 cubiculo duo nobilium nomina perierunt." nutrix ait: ,,domina, quare

b β

1—3 cf. Apul. Met. 4, 28; Petr. Satyr. 111 ‖ 5 dotis] cf. Manil. 5, 616 et RA 1, 6 ‖
5—6 cf. Chariton 1, 1, 2 ‖ 11 vulnus] cf. Verg. Aen. 4, 2 ‖ 19—20 responsum filiae
aenigma est

1 quidam rex b β : rex quidam M ‖ 3 rerum β M π : om. b ‖ 7 matrimonio
b β M : matrimonium π | cogente b M : cogitante β | cupidinis b β : libidinis M |
flamma b M : flammae β ‖ 7—8 incidit in ... amorem] cf. Apul. Met. 5, 23 ‖
9 luctatur b π : luctaretur β M | excidit β M π : excedit b ‖ 10 oblitus β M π : obli-
tus est b ‖ 11 ferre β M π : efferre b | vigilans irrupit M : vigilat inrupit b β ‖
12 iussit b : iubet β M π ‖ 13 furore libidinis β M π : furoris libidine b ‖ 14 eripuit
RA RE : erupit b Löfstedt[1] 63 : disrupit β π; -rupit e per. inrupit supra | cubi-
culum b β π : concubitum M ‖ 15 scelestem b | pavimento β M π : pavimentum b ‖
18 aspersoque ... pavimento b β : aspersumque ... pavimentum M π | horruit
Thielmann 47 : corruit b β M π

hoc dicis?'' puella ait: „ante legitimum nuptiarum mearum diem saevo scelere violata sum.'' nutrix ait: „quis tanta audacia virginis reginae torum ausus est violare, nec timuit regem?'' puella ait: "impietas fecit scelus.'' nutrix ait: „quare hoc non indicas patri?'' puella ait: „et ubi est pater? si intellegis, nomen patris periit in me. itaque ne hoc gentibus 5 pateat mei genitoris scelus et patris macula civibus innotescat, mortis remedium mihi placet.'' nutrix ut audivit eam mortis remedium quaerere, blando sermonis colloquio revocavit invitam, patrisque sui ut voluntati satisfaceret cohortatur.

3 Inter haec rex impiissimus simulata mente ostendebat se civibus suis 10 pium genitorem, intra domesticos vero et privatos maritum se filiae laetabatur. et ut semper impiis toris filiae frueretur, ad expellendos petitores novum nequitiae genus excogitavit. quaestiones proponebat dicendo: 'si quis vestrum quaestionis meae solutionem invenerit, accipiet filiam meam in matrimonio; qui vero non invenerit, decollabitur', quia 15 plurimi undique reges ac principes patriae propter incredibilem speciem puellae contempta morte properabant. et si quis prudentia litterarum quaestionis solutionem invenisset, quasi nihil dixisset, decollabatur et caput eius in portae fastigio ponebatur, ut advenientes, imaginem mortis videntes, conturbarentur, ne ad talem condicionem accederent. 20

4 Cum has crudelitates exerceret rex Antiochus, interposito brevi temporis spatio quidam adulescens Tyrius, patriae suae princeps locuples immensum, Apollonius nomine, fidus abundantia litterarum, navigans attingit Antiochiam, ingressusque ad regem ait: „ave, rex!'' et ut vidit rex quod videre nolebat, ad iuvenem ait: „salvi sunt cuncti parentes 25 tui?'' iuvenis ait: „ultimum signaverunt diem.'' rex ait: „ultimum nomen reliquerunt.'' iuvenis ait: „regio genere ortus in matrimonio filiam tuam peto.'' rex ut audivit quod audire nolebat, respiciens iuvenem ait: „nosti

b β

2 cf. Sen. Octavia 193 ‖ 3—5 duo responsa filiae aenigmata sunt ‖ 16 cf. Chariton 1, 1, 2

1 legittimum **b**M : legitimam β π ‖ 2 nutrix ait **b** : ait nutrix βM π ‖ 4 indicas **b** : indicasti βM π ‖ 5 patris periit **b** : periit patris βM π ‖ 7 remedium mihi β π : mihi remedium **b** ‖ 8 sui ut voluntati βM : suae voluptati **b** ‖ 9 cohortatur **M** : ortatur **b** : hoc hortatur β π ‖ 11 intra **b** : inter βM π ‖ 12 filie **M** π : filia **b** β ‖ 13 petitores novum **b** : petitionis nodos β π ‖ 14 accipiet βM π : accipiat **b** ‖ 17 contempta morte βM π : om. **b** ‖ 19 fastigio βM π : fastigium **b** | advenientes βM : adinvenientes **b** ‖ 20 conditionem βM π : conditionis **b** ‖ 23 inmensum π : inmenso β1 : in inmenso βM : inmensus **b** ‖ 24 ingressusque βM π : ingressus **b** ‖ 24—27 et ut vidit ... reliquerunt interpolata Klebs 43 ‖ 25 cuncti β : nupti **b**; cf. Klebs 43 ‖ 27 regio genere ortus **b** : regio sum genere exortus β π | matrimonio **b**M : matrimonium β π

nuptiarum condicionem?" iuvenis ait: „novi et ad portam vidi." indignatus rex ait: „audi ergo quaestionem: scelere vehor, materna carne
vescor, quaero fratrem meum, matris meae filium, uxoris meae virum,
nec invenio." puer accepta quaestione paululum secessit a rege; et dum
5 docto pectore quaereret, dum scrutatur scientiam, luctatur cum sapientia, favente deo invenit quaestionis solutionem et reversus ad regem ait:
„bone rex, proposuisti quaestionem; audi eius solutionem. nam quod
dixisti: 'scelere vehor', non es mentitus; te respice. 'materna carne
vescor'; filiam intuere tuam."

10 Rex ut audivit quaestionis solutionem iuvenem exsolvisse, timens ne 5
scelus suum patefieret, irato vultu eum respiciens ait: „longe es, iuvenis,
a quaestione; erras, nihil dicis. decollari merueras, sed habebis XXX
dierum spatium: recogita tecum. reversus dum fueris et quaestionis
meae solutionem inveneris, accipies filiam meam in matrimonio: sin
15 alias, legem agnosces." iuvenis conturbatus accepto commeatu navem
suam ascendens tendit in patriam suam Tyrum.

Sed post discessum adulescentis vocavit rex dispensatorem suum, cui 6
ait: „Thaliarche, secretorum meorum fidelissime minister, scias quia
Tyrius Apollonius invenit quaestionis meae solutionem. ascende ergo
20 confestim navem ad persequendum iuvenem, et cum perveneris Tyrum,
quaere inimicum ei, qui eum ferro aut veneno perimat. reversus cum
fueris, libertatem accipies." statim Thaliarchus assumens pecuniam
simulque navem, petiit patriam innocentis. Apollonius vero prior
attingit patriam suam, excipitur cum magna laude a civibus suis, sicut
25 solent principes qui bene merentur; ducitur in domum suam cum laude
et vocibus laetitiae, interius petiit cubiculum. continuo iussit afferre
sibi scrinia cum voluminibus Graecis et Latinis universarum quaestionum,
ut ex animo quaereret quaestionem illam, et non invenit merito nisi
quod invenerat. et cum aliud non invenisset, secum cogitans ait: 'nisi

b β

2—4 *cf. Hepding 488—489 et Kortekaas 112—113* ‖ 8—9 *Antiochi quaestio coniunctio duorum saltem videtur aenigmatum, parti quorum Apollonius non respondet*

1 iuvenis ait β M π : *om.* b ‖ 2 materna carne β M π : maternam carnem b ‖
3 vescor b M : utor β π | fratre b ‖ 5 quereret b β M : querit π ‖ 8 materna carne
β M π : maternam carnem b ‖ 9 vescor b M : utor β π ‖ 11 patefieret b M : patefa-
ceret β π | iratu b ‖ 13 reversus b β π : reversusque M ‖ 15 alias b : autem β M π |
agnosces b : agnoscas β M π | commeatu β M π : commeato b ‖ 16 ascendens *scri-
psi* : ascendit b β M | tendit b β π : tendens M | tyrum π RA : tiron β : tyro b M ‖
20 tyrum π : tyro b β M ‖ 24 attingit β : antigit M : attigit b π ‖ 26 interius β M π :
interiorem b | adferre b : afferri β M π ‖ 27 scrinia β : scrinea b ‖ 28 merito π ;
cf. Klebs 269 : meritum b β

fallor, Antiochus rex impio amore diligit filiam suam et ideo vult illam mihi auferre. quid agis, Apolloni? quaestionem regis solvisti, filiam non accepisti, ideo dilatus es, ut neceris.' continuo iussit sibi ut homo locuples navem praeparare, et in ea centum milia modiorum frumenti onerare praecepit et multum pondus auri et argenti et vestem copiosam. paucis 5 comitantibus fidelissimis servis hora noctis tertia navem ascendit tradiditque se alto pelago.

7 Alia die quaeritur a civibus nec invenitur. maeror ingens nascitur, quod princeps amatissimus nusquam comparet; sonat planctus in totam civitatem. tantus enim amor circa eum civium erat, ut multo tempore 10 tonsores cessarent, publica spectacula tollerentur, balnea clauderentur, non templa neque tabernas quisquam ingrederetur. et dum haec Tyro geruntur, supervenit Thaliarchus dispensator, qui ad necandum eum a rege fuerat missus. et videns omnia clausa ait cuidam puero: ,,dic, si valeas: qua ex causa civitas haec in luctu moratur?" cui puer ait: 15 ,,hominem improbum et stultum! scit et interrogat! ideo civitas haec in luctu moratur, quia patriae huius princeps Apollonius ab Antiocho rege reversus nusquam comparuit." dispensator ut audivit, gaudio plenus dirigit iter ad navem et coepta navigatione die tertia attingit Antiochiam pervenitque ad regem et ait: ,,laetare, domine rex. Apollonius enim 20 timens regni tui vires nusquam comparuit." rex ait: ,,fugere potest, sed effugere non potest." continuo huiusmodi edictum proposuit rex Antiochus dicens: 'quicumque mihi Tyrium Apollonium vivum perduxerit, accipiet L talenta auri; qui vero caput eius pertulerit, centum accipiet.' hoc edicto proposito non solum inimici sed etiam amici eius cupiditate 25 seducti ad persequendum iuvenem properabant. quaeritur Apollonius per mare per terras per montes per silvas per diversas indagines, et non invenitur.

b β

1−2 illam mihi auferre π *Tsitsikli* : ista aufferre β : istud adferre b ‖ 2 regis βM π : om. b ‖ 3 ideo bM π : et ideo b | iussit sibi ut homo locuplex bM : ut homo locuples iussit sibi β π ‖ 4 preparare b β : preparari π : prepararet M | modiorum βM π : modios b | honerare b β : honerari π ‖ 7 tradiditque se alto pelago b : alto pelago navigat βM π ‖ 9 amatissimus β : amantissimus bM π ‖ 10 enim β π : vero b | civium βM π : om. b ‖ 12 neque tabernas *Kortekaas* : neque taberna b : tabernacula β | quisquam bM π : quisque β | dum bM : cum β π ‖ 15 valeas b : vales βM π | qua ex βM π : qui b ‖ 16 hominem b : o hominem βM π | scit et interrogat b : scis et interrogas βM π | haec b : om. βM π ‖ 19 iter βM π; cf. 79, 20 : om. b | cepta navigatione die tertia βM : certa navigationis die b | attingit b : attigit βM π ‖ 20 ad regem bM π : om. β ‖ 21 nusquam βM π : numquam b ‖ 22 edictum βM π : dictum b ‖ 23 tyrium βM : tyrum b π ‖ 25 proposito βM π : preposito b | inimici . . . amici bM π : sed etiam inimici amici β ‖ 27 per silvas bM π : et silvas β

Tunc rex iussit classes navium praeparari. sed moras facientibus qui 8
classes navium insistebant, iuvenis ille Tyrius Apollonius iam ut medium
umbilicum pelagi tenebat, respiciens {ad} eum gubernator sic ait:
,,domine Apolloni, numquid de arte mea aliquid quereris?" Apollonius
5 ait: ,,ego quidem de arte tua nihil queror, sed a rege Antiocho quaeror.
interiorem itaque partem pelagi teneamus; rex enim longam habet
manum; quod voluerit facere, perficiet. sed verendum est, ne nos
persequatur." gubernator ait: ,,ergo, domine, armamenta paranda sunt
et aqua dulcis quaerenda est. subiacet nobis litus Tarsi." iuvenis ait:
10 ,,petamus Tarsum, et erit nobis eventus." et veniens Apollonius Tarsum
evasit ratem, et dum deambulat ad litus maris, visus est a quodam
Hellenico nomine cive suo, qui ibidem supervenerat. et accedens ad eum
Hellenicus ait: ,,ave, domine Apolloni." at ille salutatus fecit quod potentes facere consueverunt: sprevit hominem. indignatus senex iterato
15 ait: ,,ave, inquam, Apolloni, resaluta et noli despicere paupertatem
honestis moribus decoratam. et audi, forsitan quod nescis, quia proscriptus es." Apollonius ait: ,,patriae principem quis proscripsit?" Hellenicus
ait: ,,rex Antiochus." Apollonius ait: ,,qua ex causa?" Hellenicus ait:
,,quia quod pater est esse voluisti." Apollonius ait: ,,et quanti me
20 proscripsit?" senex ait: ,,ut quicumque te illi vivum exhibuerit, accipiat
L auri talenta; si caput tuum obtulerit, centum. ideoque moneo te:
fugae praesidium manda." dixit et sine mora discessit. tunc iussit
Apollonius rogari ad se senem proferrique protinus {iussit} centum
talenta auri {adferri} et dari. cui ait: ,,gratissimi exempli pauperrime,
25 accipe, quia mereris, et puta te mihi caput a cervicibus amputasse et

b β

6 cf. Ovid. Her. 17, 166 || 19 responsum Hellenici aenigma est

1 tunc **b** : om. βM π | classes **b**M π : classem β | praeparari βM π : preparare **b** |
moras **b** : moram βM π || 2 tyrius tyrius **b** || 3 tenebat et apud se querebatur tunc
respiciens **M** | ad delevi || 4 numquid βM π : qui **b** | quereris βM : queris **b** π ||
5 queror βM : quero **b** π | rege β π : rege illo **b** || 6 interiorem . . . pelagi **b** : interi-
ora itaque (β^c : aque β) pelagi β || 9 Tarsi scripsi : tarsiae **b** βM || 10 tarsum² **b**M π :
tharso β || 11 deambulat (β : -abat **b**) . . . maris **b** : ad litus maris deambulat
(-abat π : -aret **M**) β || 12 cive suo βM π : suo cive **b** || 12—13 accedens . . . ait **b** :
accedens elanicus ait ad eum βM π || 13—14 potentes . . . consueverunt βM π :
potens . . . consueverat **b** || 14.15 iterato ait β π : ait iterato **b** || 15 inquam Riese :
inquit β π : inquid **b** || 16 honestis **M** π : honestatis β : honestate **b** || 18 ait² **b**M :
om. β π || 20 te illi vivum βM : ei te vium **b** | accipiat **M** : -ict **b** β π || 21 L om. **b** |
auri **b** : om. β π | ideoque β π : itaque **b**M || 22 manda β π : mandans **b** | iussit
bM π : om. β || 23 ad se senem **M**; cp. RA : senem ad se β π : ad se proferri se-
nem **b** | proferrique Riese : proferri qui β π : cui **b** | iussit delevi || 24 auri auri **b** |
{adferri} Riese | dari βM : ei dari π : ait **b** | gratissimi π : gratissime **b** βM

portasse gaudium regi. ecce habes praemium centum talenta et manus puras a sanguine innocentis." cui senex ait: ,,absit, domine, ut ego huius rei causa praemium accipiam. apud bonos enim homines amicitia pretio non comparatur, sed innocentia." et vale dicens ei discessit.

9 Respiciens ergo Apollonius vidit contra se venientem notum sibi 5 hominem maesto vultu dolentem nomine Stranguillionem. accessit ad eum protinus et ait: ,,ave, Stranguillio." Stranguillio ait: ,,ave, domine Apolloni. quid itaque his locis turbata mente versaris?" Apollonius ait: ,,proscriptum vides." Stranguillio ait: ,,quis te proscripsit?" Apollonius ait: ,,rex Antiochus." Stranguillio ait: ,,qua ex causa?" Apollonius ait: 10 ,,quia filiam eius (immo ut verius dixerim, coniugem) in matrimonio petii. itaque, si fieri potest, in patria vestra volo latere." Stranguillio ait: ,,domine Apolloni, civitas nostra pauper est et nobilitatem tuam non potest sustinere; praeterea diram famem saevamque patitur sterilitatem annonae, nec est iam civibus spes ulla salutis, sed crudelissima mors ante 15 oculos nostros est." cui Apollonius ait: ,,Stranguillio carissime mihi, age ergo deo gratias, quod me profugum finibus vestris applicuit. dabo civitati vestrae centum milia modiorum frumenti, si fugam meam celaveritis." Stranguillio ut audivit, prostravit se pedibus eius et ait: ,,domine Apolloni, si esurienti civitati subveneris, non solum fugam tuam 20 celabunt, sed etiam, si necesse fuerit, pro salute tua dimicabunt."

10 Ascendens itaque Apollonius tribunal in foro cunctis civibus praesentibus dixit: ,,cives Tarsi, quos annonae inopia opprimit, ego Apollonius Tyrius relevabo. credo enim vos omnes huius beneficii memores fugam meam celaturos. scitote enim me legibus Antiochi regis esse fugatum; 25 sed vestra Felicitate faciente huc sum delatus. dabo itaque vobis centum milia modiorum frumenti eo pretio, quo sum in patria mea mercatus: singulos modios aereis octo." hoc audito cives Tarsi, qui singulos modios

b β

2 a sanguine innocentis **b M** π : et sanguinem innocentem β ‖ 3 pretio β**M** π : precium **b**; *Kortekaas 227* ‖ 4 sed π : et β**M** : et si **b** : si *Kortekaas 189* ‖ 5 respiciens ergo β π : et respiciens **b** ‖ 6 mesto vultu dolentem S; *cp. RE*; mixto vultu dolentem **b** : iuxta vultum deferentem β π ‖ 7 ave stranguillio **b M** : *om.* β π | ait² **b** β**M** : et ait β^c ‖ 9—10 quis . . . stranguilio ait **b M** : *om.* β π ‖ 11 verius β π : verum **b** | matrimonio **b** β**M** : -ium π ‖ 12 volo latere **b** : latere volo β**M** π ‖ 13 pauper **b** π : paupera β**M** ‖ 14 praeterea *scripsi ex RA* : praeter **b** : propter β**M** π | patitur **b M** : *om.* β π ‖ 15 spes ulla salutis **b** : ulla salus β**M** π | credulissima **b** ‖ 16 mihi β**M** π : *om.* **b** ‖ 21 celabunt β**M** π : celabit **b** | etiam β**M** π : *om.* **b** ‖ 23 dixit **b** : ait β**M** π | tar[. .]si β : tarsiae **b M** | inopia β**M** π : caritas **b** ‖ 24 tyrus **b** | relevabo π : revelabo **b** : relavabo β | omnes β**M** π : *om.* **b** | memores **b** π : memores ac β**M** ‖ 25 enim me **b M** π : me enim β ‖ 26 faciente **b** : favente β π | itaque **b** : inquit β**M** : inquam π ‖ 27 modiorum frumenti **b** π : frumenti modiorum β ‖ 28 tarsii **M** : tarsiae **b** β π

singulos aureos mercabantur, exhilarati faustis acclamationibus gratias
agentes certatim frumenta portabant. tunc Apollonius, ne deposita regia
dignitate mercatoris magis quam donatoris nomen videretur assumere,
pretium quod accepit eiusdem civitatis utilitatibus redonavit. cives vero
5 ob tanta eius beneficia ex aere bigam in foro ei statuerunt, in qua stat
dextera manu fruges tenens, sinistro pede modium calcans et in base
scripserunt: TARSIA CIVITAS APOLLONIO TYRIO DONVM DEDIT EO QVOD
LIBERALITATE SVA FAMEM SEDAVIT.

Interpositis deinde mensibus paucis hortante Stranguillione et Diony- **11**
10 siade coniuge eius ad Pentapolim Cyrenen navigare proposuit, ut illic
lateret, eo quod ibi benignius agi adfirmaretur. cum ingenti igitur honore
a civibus deductus ad mare, vale dicens omnibus conscendit ratem. qui
dum per aliquot dies totidemque noctes ventis prosperis navigat, subito
mutata est pelagi fides, in quo pacto litus Tarsi reliquit. 'nam paucis
15 horis perierunt carbasa ventis' concitatis; totum se effuderat mare; et
obscurato sereno lumine caeli, dira spirante procella corripiuntur. Notus
clypeum ⟨***⟩

> . . . . pariterque moventur
> grando, nubes, zephyri, fretum et immania nimbi
20 flamina; dant venti mugitum, sedula terret / mors ⟨***⟩
> ereptisque sibi remis non invenit undas / nauta ⟨***⟩
> hinc Notus, hinc Boreas, hinc horridus Africus instat.

b β

14 pelagi fides] *cf. Verg. Aen. 3, 69* ‖ **15** carbasa ventis] *cf. Ovid. Her. 7, 171*

1 singulos aureos **b** : singulis aureis *β***M** | faustis *β***M** : faucium **b** ‖ **4** civitatis
β π : civitati **b** ‖ **5** in foro ei *β***M** : ei in foro **b** *π* | stat *scripsi post Riese et Hunt*[1]
35 : stans **b** *β***M** ‖ **6** base *β*[c] : basse **b** *β* ‖ **7** scripserunt **b** *β* : supscripserunt **M** *π* :
tyrio *β π* : tyro **b**M ‖ **8** liberalitate sua *RE* : liberalitatem suam *β* : libertate sua
bM *π* | fame *β* | sedavit *scripsi ex* **P** : sedaverat **M** : sedaverit **b** *π* : seclauserit *β* ‖
10 proposuit *β***M** *π* : posuit **b** ‖ **11** agi *β***M** : *om.* **b** *π* ‖ **13** noctes *β***M** *π* : noctibus **b** ‖
14 Tarsi *scripsi* : tarsum **b** *β* ‖ **14—17** nam paucis . . . Notus clypeum *fragmenta ver-*
suum ‖ **15** perierunt *β π* : pervenerunt **b** | carbassum **b** | concitatis *β***M** : conci-
tatus **b** | totum . . . mare *β***M** *π* : totus effuderat populus **b** ‖ **16** obscurato *β***M** *π* :
arrepto perita **b** | lumine celi **M** : celi lumine *β π* : caelo lumen **b** | dira spirante
Tsitsikli metri causa : spirante certa **b** : piratae dira *β***M** *π* | procella *β***M** *π* : pro-
cellis **b** | corripiuntur *π* : corripitur **b** : corrumpuntur *β***M** ‖ **17** picea *Tsitsikli com-*
parans Ovid. Met. 1, 264—265 et 2, 233 ‖ **18** pariterque *β* : pariter quae **b** | mo-
ventur *Kortekaas* : movetur **b** : movet *β***M** *π* ‖ **19** grando **b** : grandius *β* | fretus **b** |
inmania *β***M** *π* : humana **b** ‖ **20** dentur **b** | sedula terret / mors *Tsitsikli* : mors se-
dula terret (terret *om.* **b**) **b** *β π* ‖ **21** ereptisque **M** : ereptusque **b** : erectisque *β π* ‖
sibi remis *β***M** *π* : remis sibi **b** | non invenit undas / nauta *Tsitsikli* : nauta (*om.* **b**)
non (non **b** *β*[c] : *om. β*) invenit undas **b** *β* ‖ **22** *cf. Sil. Pun. 12, 617* | hinc[2] *β***M** :
inde **b** *π*

ipse tridente suo Neptunus spargit harenas.
Triton terribili cornu cantabat in undis.
arbor fracta ruit, antemnam corripit unda.

12 Tunc quisque rapit tabulam mortemque ominatur. in tali caligine
tempestatis perierunt universi. Apollonius solus tabulae beneficio in 5
Pentapolitanorum est litore pulsus, gubernatore pereunte; ⟨favente⟩
fortuna proicitur fatigatus in Cyrenes regionem. et dum evomit undas
quas potaverat, intuens mare tranquillum, quod paulo ante turbidum
senserat, respiciens fluctus sic ait: ʽo Neptune, praedator maris, fraudator
hominum, innocentium deceptor, tabularum latro, Antiocho rege 10
crudelior, utinam animam abstulisses meam! cui me solum reliquisti,
egenum et miserum et impie naufragum? facilius rex crudelissimus
persequetur! quo itaque pergam? quam partem petam? quis ignotus
ignoto auxilium dabit?' haec dum loquitur, animadvertit venientem
contra se quendam robustum senem arte piscatoris sordido tribunario 15
coopertum. cogente necessitate prostravit se illi ad pedes et profusis
lacrimis ait: ,,miserere, quicumque es, succurre nudo naufrago, non
humilibus genito! ut autem scias cuius miserearis, ego sum Tyrius
Apollonius, patriae meae princeps. audi nunc trophaeum calamitatis
meae, qui modo genibus tuis provolutus deprecor vitam." piscator ut 20
vidit prima specie iuvenem pedibus suis prostratum, misericordia motus
levavit eum et tenuit manum eius et duxit infra tectum paupertatis
suae, et posuit epulas quas potuit. et ut plenius pietati suae satisfaceret,
exuit se tribunario et in duas partes scidit aequales; dedit unam iuveni

b β

1 spargit harenas] *cf. Verg. Aen. 9, 629, Ovid. Trist. 4, 9, 29* ‖ 2 cantabat in un-
dis] *cf. Ovid. Fast. 6, 408*

1 tridente β π; *cf. Ovid. Met. 1, 283* : tridenti b ‖ 3 antemnam β : antymnam b ‖
4 quisque rapit tabulam b : quosque rapit naufragium β | ominatur *Hunt*[1] *26−28*
(*Renehan*) : minatur b β M π ‖ 5 tabulae beneficio β π : beneficio tabule b ‖ 6 pentapolitanorum est littore pulsus gubernatore pereunte β M : pentapolim natorum
littore gubernatur perientes b ‖ 6.7 favente fortuna *Rber* : fortuna b : et deo vo-
lente β M π ‖ 7 fatigatus β M π : fatigantes b | in Cyrenes regionem *scripsi* : in ci-
renem regionem β π : in litore cyrenen b ‖ 8 quod b M : quem β π ‖ 9 fluctus *Kortekaas* : ad fluctus β M π : fluctu b ‖ 11 animam abstulisses b : abstulisses ani-
mam β | solum reliquisti b : reliquisti solum β π ‖ 12 impie β π : impio b M |
rex b : rex antiochus β π | persequetur *scripsi* : persequatur b π : persequitur β M ‖
15 piscatoris b β : piscatorem M π ‖ 16 illi b : ille β M | profusis β π : profusus M :
profusi b ‖ 18 genito M π : genitum b β | autem β π : *om.* b | cuius M : cui β π :
quia b | miseraris b | tyrus b ‖ 19 tropheaum b ‖ 23 pietati β M : pietatis b ‖
24 exiuit b | tribunalio b | scidit b M π : scindit β | unam b M : *om.* β π | iu-
veni b : apollonio M π : appolloni β

dicens: ,,tolle quod habeo et vade in civitatem: ibi forsitan invenies, qui tui misereatur. si non inveneris, huc revertere; paupertas quaecumque est sufficiet nobis; mecum piscaberis. illud tamen ammoneo, ut si quando deo favente dignitati tuae redditus fueris, et tu respicias pauper-
5 tatem tribunarii mei." Apollonius ait: ,,nisi meminero, iterum naufragium patiar nec tui similem inveniam!"
Et haec dicens demonstratam sibi viam iter carpens portam civitatis **13** intravit. et dum cogitat, unde auxilium vitae peteret, vidit puerum nudum per plateam currentem oleo unctum, praecinctum sabano,
10 ferentem lusus iuveniles ad gymnasium pertinentes, maxima voce dicentem: ,,audite cives, audite peregrini, liberi et ingenui: gymnasium patet." Apollonius hoc audito exuit se tribunario et ingreditur lavacrum, utitur liquore Palladio, et dum exercentes singulos intuetur, parem sibi quaerens non invenit. subito Archistrates rex totius illius regionis cum
15 turba famulorum ingressus, dum cum suis pilae lusum exerceret, volente deo miscuit se Apollonius regi et decurrentem sustulit pilam et subtili velocitate percussam ludenti regi remisit remissamque rursus velocius repercussit nec cadere passus est. notavit rex sibi velocitatem iuvenis, et quia sciebat se in pilae lusu neminem parem habere, ad suos ait:
20 ,,famuli, recedite; hic enim iuvenis, ut suspicor, mihi comparandus est." Apollonius ut audivit se laudari, constanter accessit ad regem et docta manu ceromate fricuit eum tanta subtilitate, ut de sene iuvenem redderet. deinde in solio gratissime fovit et exeunti manum officiosam dedit et discessit.
25 Rex ad amicos post discessum iuvenis ait: ,,iuro vobis per communem **14** salutem melius me numquam lavasse sicut hodie beneficio nescio cuius

b β

2—3 paupertas ... sufficiet] *cf. Vulg. Tob. 5, 25* ‖ 11—12 *Auctor de dubiis nominibus, Grammatici Lat. ed. Keil 5, 579* in Apollonio 'gymnasium patet'; *Riese*³ 638—639

1 ibi **bM** π : ubi *β* ‖ 2 qui *om.* **b** | tui misereatur *β* π : misereatur tibi **b**; *cf.* ibi *supra* | paupertas **M** : paupertatem **b** : paupertatas *β* | quaecumque **bM** : quae *β* ‖ 3 sufficiet **bM** : sufficiat *β* π | piscaberis *β***M** π : piscabis **b** **P** ‖ 4 respiens **b** ‖ 7 demonstratam ... viam **b***β***M** : demonstrata ... via *β*ᶜ | iter **b***β* : *om.* **M** π | carpens **b** π : capiens *β***M** ‖ 9 platea **b** | unctus **b** | praecinctum **b** : *om.* *β***M** π | sabano **b** : sabanum *β* ‖ 10 lusos **b** | iuveniles **M** π : iuvenales **b***β* ‖ 11 peregrine **b** ‖ 12 patet **b** : petite *β***M** π | exuens **b** | lavachron *β* ‖ 13 licore **b** | palladio *β*ᶜ : pallido **b***β***M** π ‖ 14 et non *β* π | regionis *β***M** : *om.* **b** ‖ 16 pilam *β* **M** π : *om.* **b** ‖ 18 notavit **bM** π : notuit *β* | rex sibi *β***M** π : sibi rex **b** | velocitatem **b** : velociter *β***M** ‖ 19 lusu **M** π : lusum **b***β* ‖ 22 ceromate *β* **M** π : cerome **b** | fricuit *scripsi* : fricavit **b***β***M** π ‖ 23 in solio **bM** π : oleo *β*ᶜ : olio *β* | fovit *β***M** : fovet **b** π ‖ 26 sicut *β***M** π : quam **b** | cuius **bM** : cuiusdam *β* π

adulescentis." et respiciens unum de famulis ait: „iuvenis ille qui mihi officium fecit, vide quis est." ille secutus iuvenem vidit eum tribunario sordido coopertum reversusque ad regem ait: „iuvenis ille naufragus est." rex ait: „unde scis?" famulus ait: „illo tacente habitus indicat." rex ait: „vade celerius et dic illi: 'rogat te rex, ut venias ad cenam'." 5 Apollonius ut audivit, acquievit et ducente famulo pervenit ad regem. famulus prior ingressus ait regi: „naufragus adest, sed abiecto habitu introire confunditur." statim rex iussit eum vestibus dignis indui et ingredi ad cenam. ingressus Apollonius triclinium contra regem assignato loco discubuit. infertur gustatio, deinde cena regalis. Apollonius cunctis 10 epulantibus non epulabatur, sed aurum, argentum, vestes, ministeria regalia dum flens cum dolore considerat, quidam senex invidus iuxta regem discumbens vidit iuvenem curiose singula respicientem et ait regi: „bone rex, ecce homo, cui tu benignitatem animae tuae ostendisti, fortunae tuae invidet." rex ait: „male suspicaris; nam iuvenis iste 15 non invidet, sed plura se perdidisse testatur." et hilari vultu respiciens Apollonium ait: „iuvenis, epulare nobiscum et meliora de deo spera!"

15 Et dum hortatur iuvenem, subito introivit filia regis, iam adulta virgo, et dedit obsequium patri, deinde discumbentibus amicis. quae 20 dum singulos obsequeretur, pervenit ad naufragum. rediit ad patrem et ait: „bone rex et pater optime, quis est ille iuvenis, qui contra te honorabili loco discumbit et flebili vultu nescio quid dolet?" rex ait: „nata dulcis, iuvenis ille naufragus est et in gymnasio mihi officium gratissimum fecit; propterea ad cenam illum rogavi. quis autem sit aut unde {sit}, 25 nescio. sed si vis scire, interroga illum; decet enim te omnia nosse. forsitan dum cognoveris, misereberis illius." hortante patre puella venit ad iuvenem et verecundo sermone ait: „licet taciturnitas tua sit tristior, generositas tamen nobilitatem ostendit. si vero tibi molestum non est,

---

b β

3 reversusque *β* : reversus **b** ‖ 7 famulus . . . regi **b** : *om. β* ‖ 8 statim **b** : statimque *β***M** *π* ‖ 8−9 vestibus dignis indui et ingredi **b** : indui vestibus regalibus et introivit *β* ‖ 9 adsignato *β***M** : designato **b** ‖ 11 aurum argentum **b** : argentum et aurum *β***M** *π* ‖ 14 bone rex **b** : *om. β***M** *π* ‖ 15 fortunae tuae **b M** *π* : fortunate *β* | invidet *β***M** *π* : invidetur **b** | suspiraris *β* ‖ 16 invidet *β***M** *π* : invidetur **b** | hilarem **b** ‖ 19 iam *β***M** *π* : *om.* **b** ‖ 20 obsequium *scripsi* : osculum **b** *β* **M** *π* ‖ 20.21 quae dum *β π* : *om.* **b** ‖ 21 singulis **b** | obsequeretur *scripsi; cf. RA* : oscularetur **M** : osculatur **b** *β π* | rediit *β π* : redita **b** ‖ 22 ille *β***M** : iste **b** ‖ 24 officio **b** ‖ 25 sit *Hunt ex RA RC* : est **b** *β***M** : *om.* *π* | {sit} *Hunt; ras.* **b**, *om. RA RC* : sit **b** *β π* : est **M** ‖ 26 vis scire *β***M** *π* : scire vis **b** | dicet **b** ‖ 27 miserebitur **b** | illius **M** : illi **b** *β π* ‖ 28 tua *β π* : *om.* **b** ‖ 29 vero tibi molestum *β* : vere molestum **b**

indica mihi nomen et casus tuos." Apollonius ait: „si necessitatis nomen
quaeris, in mari perdidi; si nobilitatis, Tarso reliqui." puella ait: „apertius
indica mihi, ut intelligam."

Tunc ille universos casus suos exposuit finitoque sermone {colloquio} **16**
5 fundere lacrimas coepit. quem ut vidit rex flentem, respiciens filiam ait:
„nata dulcis, peccasti. dum vis nomen et casus adulescentis scire, veteres
ei renovasti dolores. peto itaque, unica, ut quicquid vis iuveni dones."
puella ut vidit sibi a patre ultro permissum quod ipsa praestare volebat,
respiciens iuvenem ait: „Apolloni, noster es, depone maerorem; et quia
10 patris mei indulgentia permittit, locupletabo te." Apollonius cum gemitu
et verecundia gratias egit. rex gavisus tanta filiae suae benignitate ait:
„nata dulcissima, salvum habeas. defer lyram et aufer iuveni lacrimas et
exhilara convivium." puella iussit sibi lyram afferri. at ubi accepit eam,
nimia dulcedine chordarum miscuit sonum. omnes laudare coeperunt et
15 dicere: „non potest melius, non potest dulcius!" Apollonius tacebat. rex
ait: „Apolloni, foedam rem facis. omnes filiam meam in arte musica
laudant; tu solus tacendo vituperas?" Apollonius ait: „bone rex, si
permittis, dicam quod sentio: filia tua in artem musicam incidit, sed
non didicit. denique iube mihi tradi lyram, et scias quod nescis." rex
20 Archistrates ait: „Apolloni, intellego te in omnibus locupletem." et
iussit ei tradi lyram. egressus foras Apollonius induit statum ⟨lyricum⟩,
corona caput decoravit, et accipiens lyram introivit triclinium, et ita
stetit, ut omnes non Apollonium sed Apollinem aestimarent. atque ita
silentio facto 'arripuit plectrum animumque accommodat arti'. miscetur
25 vox cantu modulata cum chordis. discumbentes una cum rege maxima
voce clamoris laudare coeperunt. post haec deponens lyram induit statum comicum et inauditas actiones expressit, deinde induit tragicum:
nihilo minus mirabiliter placet.

b β

1 nomen et casus tuos **bM** : casus tuos et nomen *β π* | necessitatis **b** *π* : neces-
sitas *β* ‖ 2 mari *β π* : mare **b** | nobilitatis **b** *π* : nobilitas *β* | tarsum **b** ‖ 3 mihi
β π : *om.* **bM** ‖ 4 sermone *scripsi* : sermone et *β***M** *π* : sermonis **b** | conloquio *de-
levi* ‖ 7 renovasti dolores] *cf. Verg. Aen. 2, 3* | peto *β π* : pete **b** | unica **V** : domina
b *β***M** *π* ‖ 11 tanta . . . benignitate *β* : tantam . . . benignitatem **b** ‖ 12 et² *β*ᶜ**M** *π* :
om. **b** *β* ‖ 16 musica **b** : *om.* *β***M** *π* ‖ 18 artem musiam *β π*; *cf. 45, 7* incidit in
filiae suae amorem : arte musica **b M** | sed **b** : *om.* *β π* ‖ 19 scias *β π* : scies **b M** |
quod **bM** : quid *β π* | nescis **b** : nescit **M** : nesciat *β π* ‖ 21 ei **bM** : sibi *β π* | sta-
tum *β π* : statim **bM** | ⟨lyricum⟩ *Rossbach¹ 317* : comicum *in marg.* *β* ‖ 22 co-
rona *β* : coronam **b** ‖ 24 animumque **b** : animum **b M** *π* | arti *β*ᶜ**M** : atis *β* : artis **b** ‖
25 canto *β et in marg.* cantui | maxima *β***M** *π* : magna **b** ‖ 26 induit *β***M** *π* :
om. **b** ‖ 27 tragicum **b** *et in marg.* *β* : trahicum *β π*

17 Puella ut vidit iuvenem omnium artium studiorumque cumulatum,
incidit in amorem. finito convivio puella respiciens patrem ait: „care
genitor, permiseras mihi paulo ante, ut quicquid voluissem de tuo tamen
Apollonio darem". rex ait: „et permisi et permitto." puella intuens
Apollonium ait: „Apolloni magister, accipe ex indulgentia patris mei 5
auri talenta ducenta, argenti pondo XL, {et} vestem copiosam et servos
XX." et ait ad famulos: „afferte praesentibus amicis quae Apollonio
magistro meo promisi, et in triclinio ponite." iussu reginae illata sunt
omnia. laudant omnes liberalitatem puellae. peracto convivio levaverunt
se omnes et vale dicentes regi et reginae discesserunt. ipse quoque Apollo- 10
nius ait: „bone rex, miserorum misericors, et tu, regina, amatrix studiorum, valete." et respiciens famulos, quos sibi puella donaverat, ait:
„tollite, famuli, haec quae mihi regina donavit, et eamus; hospitalia
requiramus." puella timens ne amatum non videns torqueretur, respiciens
patrem ait: „bone rex et pater optime, placet tibi ut Apollonius hodie a 15
nobis ditatus abscedat, et quod illi donasti a malis hominibus rapiatur?"
rex ait: „bene dicis, domina", et confestim iubet ei adsignari zaetam, ubi
digne quiesceret.

18 Sed puella Archistratis ab amore incensa inquietam habuit noctem;
figit in 'pectore vultus verbaque', cantusque memor quaerit Apollonium 20
et non sustinet amorem. prima luce dum vigilat, irrupit cubiculum patris
et sedit super torum. pater videns filiam ait: „nata dulcis, quid est hoc
quod praeter consuetudinem tuam mane vigilasti?" puella ait: „hesterna
studia me excitaverunt. peto itaque, pater carissime, ut me hospiti
nostro studiorum percipiendorum gratia tradas." rex gaudio plenus 25
iussit ad se iuvenem vocari. cui ait: „Apolloni, studiorum tuorum felicitatem filia mea a te discere concupivit. itaque desiderio natae meae si
parueris, iuro per regni mei vires, quia quicquid tibi mare abstulit ego in
terris restituam." Apollonius hoc audito docet puellam, sicut ipse didi-

b β

1 vidit βM π : audivit b ‖ 2 incidit in amorem] cf. 45, 7 et 55, 18 ‖ 3 tamen b :
om. βM π ‖ 6 pondo β π : pondera M; cf. RA : pondus b ǀ et[1] delevi ǀ et[2] M :
om. b β π ‖ 10 se b : om. βM π ǀ et[1] βM π : om. b; cf. RA ǀ discessi sunt b; cf.
Kortekaas ǀ ipse quoque apollonius bM : apollonius igitur β π ‖ 11 amatrix b : or-
natrix β π ‖ 14 non videns βM π : invidens b ‖ 15 placet b : placetne βM π ‖
17 adsignari b : adsignatam βM ǀ zetam βM : zeta b ‖ 19 filia ab βM π ‖ 20 pectore vultus verbaque] cf. Verg. Aen. 4, 4 ǀ vultus Tsitsikli : vulnus b βM π ǀ verbaque β : verbique π : verborumque M : verba b ǀ cantusque b : om. βM π ‖
21 dum βM π : om. b ‖ 22 et M : om. b β π ǀ sedit β π : sedet bM ǀ nata M; cf.
RA : cara b β π ‖ 25 gaudiā β ‖ 26 vocari β^cM π : rogari b β ǀ tuorum βM π :
om. b ‖ 27 si β π : om. bM ‖ 28 iuro te b ǀ quicquid tibi M π : tibi quicquid β :
quicquid b

cerat. interposito pauci temporis spatio cum non posset puella ulla ratione amoris sui vulnus tolerare, simulata infirmitate coepit iacere. rex ut vidit filiam suam subitaneam valetudinem incurrisse, sollicite adhibuit medicos. at illi temptant venas, tangunt singulas partes corporis, aegritu-
5 dinis nullam causam inveniunt.

Post paucos dies rex tenens manum Apollonii forum civitatis ingredi- **19** tur. et dum cum eo deambulat, iuvenes nobilissimi tres, qui per longum tempus filiam eius in matrimonio petierant, regem una voce pariter salutaverunt. quos ut vidit rex, subridens ait: ,,quid est quod una voce
10 pariter salutastis?'' unus ex illis ait: ,,petentibus nobis filiam tuam in matrimonio saepius differendo crucias nos. propter quod hodie simul venimus. cives tui sumus, locupletes, bonis natalibus geniti. itaque de tribus unum elige, quem vis habere generum.'' rex ait: ,,non apto tempore interpellastis. filia enim mea studio vacat et pro amore studiorum
15 imbecillis iacet. sed ne videar vos saepius differre, scribite in codicillis nomina vestra et dotis quantitatem; mitto filiae meae, ut ipsa eligat quem voluerit.'' scripserunt illi nomina sua et dotis quantitatem. rex accepit codicillos et anulo suo signavit et dat Apollonio dicens: ,,sine contumelia tua hos codicillos perfer discipulae tuae: hic enim locus te
20 desiderat.''

Apollonius acceptis codicillis petiit domum regiam; introivit cubicu- **20** lum. puella ut vidit amores suos ait: ,,quid est, magister, quod singularis cubiculum introisti?'' Apollonius ait: ,,domina, nondum mulier et mala, sume potius codicillos, quos tibi pater tuus misit, et lege.'' puella accepit
25 et legit trium nomina petitorum, sed nomen non legit, quem volebat. perlectis codicillis respiciens Apollonium ait: ,,magister, ita tibi non dolet quod ego nubo?'' Apollonius ait: ,,immo gratulor, quod abundantia studiorum perita me volente nubis.'' puella ait: ,,si amares, doleres.''

b β

4—5 *aegritudo puellae et medicorum inscitia, cf. Apul. Met. 10, 2*

1 cum **b** : cum iam β**M** π | posset β**M** π : possit **b** ‖ 3 sollicite β**M** π : solito **b** ‖ 4 venas *superscripsit* **b** ‖ 7 deambulat β π : deambulabat **b** | per **b** β^c**M** : post β π ‖ 8 matrimonio **bM** : matrimonium β π | petierant β π : petiverant **M** : petierunt **b** ‖ 9 salutaverunt **b** β^c**M** π : salutastis β ‖ 9—10 quos ut . . . salutastis *om.* β (*ex homo.*) ‖ 11 matrimonio **bM** : matrimonium β π | crucias nos **M** π^c : crucias **b** β^c : cruciaris β π | hodie simul β**M** π : simul hodie **b** ‖ 13 unum elige β π : elige unum **bM** ‖ 15 inbecillis β π : inbecilla **M** : inbellicis **b** (*metathesis*) | sepius β**M** π : saepe **b** ‖ 16 mitto **b** *Hunt*[1] *30* : mittite β : mitite π : et mittite **M** ‖ 18 suo β**M** π : *om.* **b** | dicens **b M** : dicens ei β π ‖ 21 petiit **b** β**M** π : pergit *RA RE* | introivit β π : intravit **b** ‖ 22 singularis **b** β^c : singulare β : singulis **M** ‖ 23 nondum . . . mala *expunxit* β^c ‖ 25 quem **b** β π : quod β^c**M** ‖ 26 ita β**M** π : *om.* **b** ‖ 28 nubis β**M** π : nubes **b**

haec dicens instante amoris audacia scripsit et signatos codicillos iuveni tradidit. pertulit Apollonius in foro et tradidit regi. scripserat autem sic: 'bone rex et pater optime, quoniam clementiae tuae indulgentia permittit mihi, ut dicam quem volo: illum volo coniugem naufragum a fortuna deceptum. et si miraris, pater, quod pudica virgo tam impudenter 5 scripserim: quia prae pudore indicare non potui, per ceram mandavi, quae ruborem non habet.'

21 Rex perlectis codicillis ignorans, quem naufragum diceret, respiciens tres iuvenes ait: „quis vestrum naufragium fecit?" unus ex his Ardaleo nomine ait: „ego." alius ait: „tace, morbus te consumat! mecum litteras 10 didicisti, portam civitatis numquam existi. quomodo naufragium fecisti?" rex cum non invenisset, quis eorum naufragium fecisset, respiciens Apollonium ait: „tolle codicillos et lege. potest enim fieri ut, quod ego non intellego, tu intellegas qui interfuisti." Apollonius acceptis codicillis velociter percurrit et, ut sensit se amari, erubuit. rex comprehen- 15 dit Apollonii manum; paululum ab illis iuvenibus secedens ait: „Apolloni, invenisti naufragum?" Apollonius ait: „bone rex, si permittis, inveni." et his dictis videns rex faciem eius roseo rubore perfusam intellexit dictum et ait: „gaudio sum plenus, quod filia mea concupivit te, et meum votum est. peto itaque ne fastidias nuptias natae meae." et respiciens iuvenes 20 illos ait: „certe dixi vobis: cum nubendi tempus fuerit, mittam ad vos." et dimisit eos a se.

22 Ipse autem comprehendit manum iam non hospitis sed generi sui. intravit domum regiam. et relicto Apollonio intravit rex solus ad filiam suam et ait: „nata dulcis, quem tibi coniugem elegisti?" puella prostravit 25 se pedibus patris et ait: „pater piissime, quia cupis audire desiderium filiae tuae: amo naufragum a fortuna deceptum; sed ne teneam pietatem tuam ambiguitate sermonum, Apollonium Tyrium praeceptorem meum;

b β

4—5 *rescriptum puellae aenigma est* ‖ 6—7 *cf. Cic. ad Fam. 5, 12, 1 et Ambros. de virg. 1, 1, 1*

1 audatia **b** : audacia sua *β* | signatos **b** : signavit *β***M** *π* ‖ 4 quem volo *β***M** : que volo *π* : *om.* **b** | volo coniugem *β***M** *π* : vere **b** ‖ 5 miraris **b** *β*c : misereris *β π* | impudenter *β***M** *π* : inprudenter **b** ‖ 6 indicare *β***M** *π* : iudicare **b** ‖ 10 morbus te consumat *β***M** *π* : morbo te consumis **b** ‖ 11 quomodo *β***M** *π* : quando **b** ‖ 15 amari *β***M** *π* : amare **b** ‖ 16 apollonii manum **b** : manum apollonii *β π* | paululum **M** : et paululum *π* : paululum quidem **b** : pauculum *β* ‖ 19 gaudio sum plenus *β***M** : gaudeo plenius **b** | meum **b****M** *π* : mecum *β* ‖ 20 peto *β***M** *π* : permitto **b** ‖ 21 cum nubendi **b** : eam nubendi cum *β π* ‖ 23 hospiti **b** | generi **M**c *π* : generis **b** *β***M** ‖ 24 domum **M** : in domum **b** *β π* ‖ 25 suam **b** : *om.* *β***M** *π* ‖ 26 pissime **b** ꞁ desiderium **b****M** : consilium *β π* ‖ 27 naufragum ... deceptum; *cf. 4—5 et RA*

cui si me non dederis, amisisti filiam." rex non sustinens filiae suae lacrimas motus pietate ait: „et ego, dulcis filia, amando factus sum pater. diem ergo nuptiarum sine mora statuam."

Postera die vocantur amici, vicinarum urbium potestates, quibus **23** 5 considentibus ait: „amici, quare vos in unum convocaverim, discite. sciatis velle filiam meam nubere Apollonio praeceptori suo. peto ut omnium laetitia sit, quia filia mea virum prudentem sortita est." et haec dicens diem nuptiarum indicit. muneratur domus amplissime, convivia prolixa tenduntur, celebrantur nuptiae regia dignitate. ingens inter 10 coniuges amor, mirus affectus, incomparabilis dilectio, inaudita laetitia.

Interpositis autem diebus aliquot et mensibus, cum iam puella haberet **24** ventriculum deformatum sexto mense, aestivo tempore, dum exspatiantur in litore, vident navem speciosissimam, et dum eam mirantur et laetantur, cognovit eam Apollonius esse de patria sua, et conversus ad 15 gubernatorem ait: „dic si valeas, unde venis?" gubernator ait: „a Tyro." Apollonius ait: „patriam meam nominasti." gubernator ait: „ergo Tyrius es?" Apollonius ait: „ut dicis." gubernator ait: „noveras aliquem patriae principem Apollonium nomine?" Apollonius ait: „ac si me ipsum." gubernator ait: „sicubi illum videris, dic illi, laetetur et 20 gaudeat. rex enim Antiochus fulmine percussus est et arsit cum filia sua; opes autem et regnum Antiochiae Apollonio reservantur." Apollonius ut audivit, gaudio plenus respiciens coniugem suam ait: „domina, quod aliquando naufrago credidisti, modo comprobavi. peto itaque, cara coniunx, ut permittas mihi proficisci ad regnum percipiendum." puella 25 ut audivit, profusis lacrimis ait: „care coniunx, si in aliquo longo itinere esses, ad partum meum festinare deberes; nunc autem cum sis praesens,

---

b β

18—19 *iterum aenigma*

2 factus **b** : facturus β M π ‖ 3 diem ergo nuptiarum sine mora statuam **b**; *cf. RA; fortasse haec verba in c. 22 moveri debent* : ergo sine mora diem nuptiarum statuit β π *Riese* ‖ 4 potestates **b** : potentes β M π ‖ 5 consedentibus **b** | convocaverim **b** : vocaverim β M π ‖ 6 appollonio . . . suo β π : apollonium preceptorem suum **b** ‖ 8 muneratur domus β π *RE* : miniatur domus **M** : numerato domus **b** : numeratur dos *Rber Kortekaas; cf. Klebs 101* | amplissime *Riese* : amplissima **b** β **M** π (*ex exp.*) | conviva **b** ‖ 11 aliquod **b** ‖ 12 deformatum *scripsi ex RA* : formatum **b** β M π | expatiantur *Klebs 64; cf. RA* : expectantur **b** : deambularent β M π ‖ 14 letantur **b** : luctantur β | eam **b** M : *om.* β π ‖ 15 valeas **b** : vales β M π ‖ 16 tyro ergo tyrius es β; ergo tyrius es *expunxit* β^c *e ditt.* ‖ 20 gaudeat β M π : gaudet **b** | percussus est et β^c : percussus est β π S : percussus **b** M ‖ 21 opus β | reservatur **b** ‖ 22 et ait β | quod **b** β : quem β^c M π ‖ 23 naufrago M *Riese* : naufragum **b** β M^c π | comprobavi *scripsi* : conprobas **b** β^c M : comprobat β ‖ 24 percipiendum β π : accipiendum **b** ‖ 25 audivit β M π : vidit **b** ‖ 26 sis **b** M : ipse sis β

disponis me relinquere? sed si hoc iubes, pariter navigemus!" et veniens
ad patrem ait: „care genitor, laetare et gaude; rex enim saevissimus
Antiochus periit concumbens cum nata sua. deus percussit eum fulmine,
opes autem regiae et diadema coniugi meo servantur. permitte mihi
navigare cum viro meo; et ut libentius mihi permittas: unam demittis, 5
recipies duas."

25 Rex exhilaratus iussit navem produci in litore et omnibus bonis
impleri; praeterea nutricem suam Lycoridem et obstetricem peritissimam
propter partum eius simul navigare praecepit. et data profectoria deduxit
eos ad litus, osculatur filiam et generum et ventum prosperum optat. 10
et ascendentes navem cum multa familia multoque apparatu alto vento
navigant. qui dum per aliquot dies variis ventorum flatibus detinentur,
septimo mense cogente Luc⟨ina⟩ enixa est puella puellam. sed secundis
sursum redeuntibus coagulato sanguine conclusoque spiritu defuncta
e⟨st⟩ {repraesentavit effigiem}. subito exclamat familia, currit Apollo- 15
nius et vidit coniugem suam exanimem iacentem; scindit a pectore vestes
unguibus, primas adulescentiae genas discerpit et lacrimas fundens
iactavit se super pectus et ait: „cara coniunx ⟨et⟩ Archistratis {et}
unica filia regis, quid respondebo regi patri tuo, qui me naufragum
suscepit?" et cum haec et his similia deflens diceret, introivit ad eum 20
gubernator et ait: „domine, tu quidem pie facis, sed navis mortuum non
ferre potest. iube ergo corpus in pelago mitti." Apollonius indignatus ait:
„quid narras, pessime hominum? placet tibi ut hoc corpus in pelago
mittam, quae me suscepit naufragum et egenum?" inter haec vocat
fabros navales, iubet coagmentari tabulas et fieri loculum amplissimum 25
et chartis plumbeis circumduci foramina et rimas omnes diligenter picari.
quo perfecto regalibus ornamentis decoratam puellam in loculo composuit, cum fletu magno dedit osculum, et viginti sestertia super caput

---

b β

2 gaude **βM** π : gaudere **b** (e per.) ‖ 3 concumbens cum **β** π : cum concum-
bente **b** | eum **β** π : om. **bM** ‖ 4 opus **β** | servantur **β** π : reservantur **bM** ‖ 5 ut
βM π Hunt[1] 34 : om. **b** ‖ 6 recipies **β**c**M** π : recipias **bβ** ‖ 7 exhilaratus **M** : hilara-
tus **bβ** π; ex- cecidit ex hap. ‖ 8 impleri **M** π : implere **bβ** | obstre[.]tricem **b** ‖
11 ascendentes **b** : ascendens appollonius π : ascendens **βM** | falmilia **b** ‖ 12 navi-
gant **b** : navigat **βM** π | detinentur **b** : detineretur **M** π : detinetur **β** ‖ 13 Luc⟨ina⟩
Riese **Va** : luce **b** : luce crepusculo **βM** | secundis **bβM** π : oculis **β**c ‖ 14 coacu-
lento **b** | sanguine conclusoque sanguine **b** ‖ 14.15 defuncta est scripsi : defuncte
bβ ‖ 15 representavit effigiem delevi | exclamat **b** : exclamavit **βM** π ‖ 16 scin-
dit **β** : scidit **M** π : ascendit **b**; cf. 11 ascendentes **b** ‖ 17 adolescentia egenas **b** ‖
18 et transposui ‖ 20 is **b** ‖ 21 piae **b** ‖ 22 ferre potest **β**; cf. RA : feret **b** : fert
M π ‖ 24 quae **βM** π : qui **b** | vocat **b** : vocavit **βM** π ‖ 25 coaugmentare **b** ‖
26 remas **b** | picari **bM** : plicari **β** π ‖ 27 loculo **b** π : loculum **βM** ‖ 28 cum **bM** π :
in **β**

ipsius posuit ⟨et codicillos scriptos⟩. deinde iubet infantem diligenter
nutriri, ut vel in malis haberet iocundum solacium, vel ut pro filia neptem
ostenderet regi. et iussit in mari mitti loculum cum magno luctu et
conclamatum est a familia.

5 Tertia die eiciunt undae loculum in litore Ephesiorum non longe a **26**
praedio medici cuiusdam nomine Chaeremonis, qui die illa cum discipulis
suis deambulans in litore vidit loculum ex fluctibus expulsum iacentem
in litore et ait famulis suis: ,,tollite cum omni diligentia loculum istum
et ad villam perferte." et ita fecerunt. medicus leniter aperuit, et videns
10 puellam regalibus ornamentis decoratam et {falsa morte} speciosam
obstupuit et ait: ,,quas putamus lacrimas hanc puellam parentibus
reliquisse!" et videns sub capite eius pecuniam positam et codicillos
scriptos ait: ,,videamus quod desiderat dolor." quos cum resignasset,
invenit scriptum: 'quicumque hunc loculum inveneris habentem XX
15 sestertia, peto ut dimidiam partem habeas, dimidiam vero funeri eroges.
hoc enim corpus multas reliquit lacrimas. quodsi aliud feceris quam quod
dolor desiderat, ultimus tuorum decidas nec sit qui corpus tuum sepulturae commendet.' perlectis codicillis ad famulos ait: ,,praestemus
corpori quod dolor desiderat. iuro autem per spem vitae meae amplius
20 in hoc funere me erogaturum." et iubet instrui rogum. et dum sollicite
rogus instruitur, supervenit discipulus medici, aspectu adulescens sed
ingenio senex. cum vidisset corpus speciosum super rogum positum, ait:
,,magister, unde hoc novum funus?" Chaeremon ait: ,,bene venisti,
haec enim hora te expectavit. tolle ampullam unguenti et, quod supre-
25 mum est defunctae beneficium, superfunde sepulturae." pervenit iuvenis
ad corpus puellae, detrahit a pectore vestes, fundit unguenti liquorem,
per artifices officiosae manus tactus praecordia sentit, temptat tepidum

b β

1 posuit **b** : imposuit β**M** π | ⟨et codicillos scriptos⟩ *RC Riese ex* γ; *sed cf. Kor-*
tekaas 221 ‖ 2 nutrici β | vel ut pro filia **T**; *Klebs 66* : (et *add.* **b**) ut filiam vel **b** β
M π | neptam β**M** ‖ 4 a β**M** π : *om.* **b** ‖ 5 eiciunt unde loculum **b** : eicitur inde
loculum β ‖ 6 presidio **b** | medici **b** : *om.* β**M** π ‖ 7—8 vidit . . . litore *om.* β (*ex*
homo.) ‖ 8 omni diligentia **b** : indulgentia β ‖ 9 perferte *RE RT* : proferte **b** β**M** |
leniter **M** π : leviter **b** β ‖ 10 falsa morte *delevi* | speciosam **b** β**M** : sopitam π
Tsitsikli ‖ 11 haec puella **b** ‖ 13 quod *scripsi* : quid **b** β**M** π | desiderat **b** : desi-
deret β**M** π | resignasset π *RA* : designasset **b** β ‖ 14 inveneris β**M** π : invene-
rit **b** | habentem *RT RA Riese* : habebis β**M** π : habet **b** | XX *om.* β π ‖ 17 ulti-
mus tuorum *Riese ex RA* : ultimum tuum **b** : ultimum tuarum β**M** ‖ 20 instrui **b M** :
institui β π | aspectu *om.* β | sed β**M** π : et **b** ‖ 23 novum funus **b M** : unus
corpus β ‖ 24 lora **b** ‖ 25 super fundae **b** | pervenit **b** : supervenit β**M** π ‖
26 vestes β**M** π : vestem **b** | liquorem β**M** : licor **b** ‖ 27 officiose manus tactus
praecordia π : officiosa manū tactus praecordia β : officiosa manu tractus precor-
diam **b** | sentit π : sensit **b** β

corpus et obstupuit. palpat indicia venarum, ⟨rimatur⟩ auras narium,
labia labiis probat, sentit spiramentum gracile, luctantem vitam cum
morte et ait famulis {suis}: ,,subponite faculas per quattuor partes len-
tas." quibus subpositis, puella teporis nebula tacta, coagulatus sanguis
liquefactus est.   5

27 Quod ut vidit iuvenis, ait: ,,Chaeremon magister, peccasti, nam quam
putas esse defunctam, vivit. et ut facilius mihi credas, ego illi adhibitis
viribus statim spiritum patefaciam." et his dictis pertulit puellam in
cubiculo suo et posuit in lectum, calefecit oleum, madefecit lanam, fudit
super pectus puellae. sanguis qui a perfrictione coagulatus erat accepto 10
tepore liquefactus est et coepit spiritus praeclusus per medullas descendere. venis itaque patefactis aperuit oculos et recipiens spiritum, quem
iam perdiderat, leni et balbutienti sermone ait: ,,rogo ne me aliter
contingatis quam contingi oportet regis filiam et regis uxorem." iuvenis
ut vidit {quae} in arte {viderat} quae magistrum fallebant, gaudio 15
plenus vadit ad magistrum et dicit: ,,magister, accipe discipuli tui
apodixin." et introivit ⟨magister⟩ cubiculum iuvenis et vidit puellam
vivam quam putaverat mortuam et respiciens discipulum ait: ,,amo
curam, probo providentiam, laudo diligentiam. et audi, discipule: ne te
artis beneficium aestimes perdidisse, accipe pecuniam. haec enim puella 20
mercedem contulit secum." ⟨***⟩ et iussit puellam salubrioribus cibis et
fomentis recreari. et post paucos dies, ut cognovit eam regio genere
ortam, adhibitis amicis adoptavit eam sibi filiam. et rogantem eam cum
lacrimis, ne ab aliquo contingeretur, inter sacerdotes Dianae feminas
fulsit, ubi omni genere castitatis inviolabiliter servabatur.   25

28 Interea Apollonius dum navigat cum ingenti luctu, gubernante deo
applicuit Tarso, descendit ratem, petiit domum Stranguillionis et

---

b β

1 ⟨rimatur⟩ *Riese ex RA* | auras S *Riese* : aures b β M π *(ex exp.)* | narium b :
nares β M π ‖ 2 sentit M π : sensit b β | gracile M π : gracilem b β | vita b ‖
3 {suis} *Thielmann 56 Riese* | partes *scripsi ex RA* : angulos b β M π ‖ 4 nebula
β π : nebulae b M | tacta β M π : acta b ‖ 7 putas β π : putabas b | mihi b M :
om. β π ‖ 8 curis ex viribus β | pertulit b M : protulit β π ‖ 9 posuit in lectum b :
posita (ea *add.* π) in lecto β M π ‖ 10 a perfrictione *scripsi ex RA* : ad perfectionem
b β M π ‖ 11 tepore b β^c π : tempore β M ‖ 13 perdiderat b : tradiderat β M π ‖
15 {quae} *et* viderat *delevi ut glossema; cf. RC* | magistrum β M π : magistro b P |
fallebant β π : falleret b ‖ 16 vadit b π : venit β ‖ 17 apodixin b : apodixen β M π |
magister *addidi* ‖ 19 et b β M π : sed *con. Tsitsikli ex RA* | 21 contulit secum b :
secum protulit β : secum attulit M *RA* | *lacunam indicat Riese ex* P *expleri* |
22 recreari β : recreare b M π ‖ 23 filiam b : in filiam β M π; *cf. RA* | rogantem
eam β; *cf. Baehrens 857* : rogante ea π : rogante b ‖ 24 femina b ‖ 26 navigat b
M π : navigavit β ‖ 27 petiit β M π : petit b

Dionysiadis. quos cum salutasset, casus suos omnes exposuit. at illi dolentes quantum in amissam coniugem deflent iuveni, tantum in reservatam sibi filiam gratulantur. Apollonius intuens Stranguillionem et Dionysiadem ait: ,,sanctissimi hospites, quoniam post amissam coniugem
5 caram mihi servatum regnum accipere nolo neque ad socerum reverti, cuius in mari perdidi filiam, sed potius ⟨facere⟩ opera mercatus, commendo vobis filiam meam ut cum filia vestra Philotimiade nutriatur. quam bono et simplici animo suscipiatis, et patriae vestrae nomine eam cognominetis Tarsiam. praeterea nutricem uxoris meae Lycoridem, quae
10 cura sua custodiat puellam, vobis relinquo." haec ut dixit, tradidit infantem, dedit aurum multum et argentum et vestes pretiosissimas, et iuravit se barbam, capillos et ungues non dempturum, nisi filiam suam nuptam tradidisset. et illi stupentes quod tam gravi iuramento se obligasset, cum magna fide se puellam educaturos promiserunt. tunc
15 Apollonius commendata filia navem ascendit ⟨et⟩ ignotas et longas petiit Aegypti regiones.

Interea puella Tarsia facta quinquennis mittitur in scholam, deinde 29 studiis liberalibus datur. cumque ad XIIII annorum venisset aetatem, reversa de auditorio invenit nutricem suam Lycoridem subitaneam
20 aegritudinem incurrisse, et sedens iuxta eam super torum casus infirmitatis exquirit. cui nutrix ait: ,,audi, domina, morientis ancillae tuae verba suprema et pectori commenda. {et dixit: domina Tarsia,} quem tibi patrem, quam matrem vel quam patriam putas habuisti?" puella ait: ,,patriam Tarsum, Stranguillionem patrem, Dionysiadem matrem."
25 nutrix ingemuit et ait: ,,audi, domina, natalium tuorum originem, ut

b β

2 amissam coniugem **b** : àmissa coniuge β**M** π | iuveni *Riese* : invenis **b** : *om*. β **M** π ‖ 2—3 reservatam . . . filiam **b** : reservata . . . filia β**M** π ‖ 5 servatam **b** | socrum **b** ‖ 6 in mare perdidi filiam **b** : filiam in mare (mari β^c) perdidi β | ⟨facere⟩ . . . mercatus *Hunt; cf. RA* : opera (*om*. **b**) mercaturus **b** β**M** ‖ 7 nutriatur **M** π : mihi nutriatur **b** : adnutriatur β ‖ 8 quam ut **b** | queso suscipiatis π | et^2 β **M** π : *om*. **b** | eam β**M** : *om*. **b** π ‖ 9 tharsia **b** | preter eam **b** | quae β**M** π : qui **b** ‖ 10 custodiat β**M** π : custodiet **b** ‖ 11 infantem **b** : filiam β**M** π | aurum multum et argentum **b**M : aurum et argentum multum β π ‖ 12 capillos **b**M : capillum β : et capillum β^c π | dempturum **b** : direpturum β**M** π ‖ 14 magnam **b** | se puellam *Riese ex RA* : puellam se π : se *om*. **b** β**M** | educaturos **b** ‖ 15 commendatam filiam **b** | et *addidi* ‖ 16 petiit **b**M : petit β ‖ 17 facta π *RA* : facta est **b** β**M** | quinque annis **b** | scolam π : scola **b** β**M** ‖ 18 ⟨traditur⟩ studiis *Riese ex RA* | datur π : *om*. **b** β**M** | cumque β**M** π : cum **b** | XIIII annorum *scripsi* : quarti decimi anni π : quatuordecim annos **M** : XIIII **b** : XIIII ^{mi} $^{ti anni}$ β | venisset **b** : pervenisset β **M** π ‖ 19 adiutorio β ‖ 21 moriente **b** | ancillae tuae verba **b**M : verba ancillae tuae β π ‖ 22 et . . . Tarsia *delevi* ‖ 22—23 quem tibi patrem quam matrem **b** : quam tibi matrem vel patrem β ‖ 23 habuisti β**M** : habuisse π : *om*. **b** ‖ 24 patria tharso **b** ‖ 25 audi domina **b** : domina audi β**M** π

scias quid post mortem meam agere debeas. est tibi Cyrene solum patria, ⟨Apollonius pater⟩, mater Archistratis regis filia, quae cum te enixa est, statim secundis sursum redeuntibus praeclusoque spiritu ultimum vitae finivit diem. quam pater tuus Apollonius effecto loculo cum ornamentis regalibus et XX sestertiis in mare misit, ut ubicumque fuisset delata, 5 {haberet in supremis exequias funeris sui. quo itaque sit delata,} ipsa sibi testis esset. nam rex Apollonius pater tuus amissam coniugem lugens, te in cunabulis posita, tui tantum solatio recreatus, applicuit Tarso, commendavit te mecum cum magna pecunia et veste copiosa Stranguillioni et Dionysiadi hospitibus suis, votumque faciens ⟨nec⟩ barbam 10 ⟨nec⟩ capillum neque ungues dempturum nisi te prius nuptum tradidisset, et cum suis ascendit ratem et ad nubiles tuos annos ad vota persolvenda non remeavit. sed nunc ipse pater tuus, qui tanto tempore moras in redeundo facit nec scripsit nec salutis suae nuntium misit, forsitan periit. sed si casu hospites tui, quos tu parentes appellas, aliquam tibi 15 iniuriam faciant, perveni ad forum, ubi invenies statuam patris tui in biga; ascende, statuam ipsius comprehende et casus tuos omnes expone. cives vero memores patris tui beneficiorum iniuriam tuam vindicabunt."

30   Puella ait: „cara nutrix, si prius senectae tuae naturaliter accidisset quam haec mihi referres, ego originem natalium meorum nescissem!" 20 et dum haec dicit, nutrix in gremio puellae deposuit spiritum. exclamavit virgo, cucurrit familia. corpus nutricis sepelitur, et iubente Tarsia in litore illi monumentum fabricatum est. et post paucos dies puella rediit ad studia sua, et reversa de auditorio non prius cibum sumebat nisi nutricis suae monumentum introiret et casus suos omnes exponeret et 25 fleret.

b β

1 Cyrene solum *scripsi post RE* : cirene solo *β π* : senelo b ‖ 2 ⟨Apollonius pater⟩ *Riese* | architrates regis architrates b | cum a te *β* ‖ 3 preclusoque b^{c}βM : reclusoque b ‖ 4 quam *βMπ* : *om.* b | effectum loculum b | cum *π* : *om.* b βM ‖ 5 sestertias b | fuisset *βMπ* : fuerit b | delata *scripsi* : elata b βMπ; *cf. 6* elata b ‖ 6 haberet ... delata *delevi* | delata *βM* : elata b π^c ‖ 7 esset *scripsi* : erit b βMπ; *cf. 5* fuerit b ‖ 8 posita *Riese* : positam b βMπ ‖ 9 veste copiosa *π* : vestem copiosam b βM ‖ 10 faciens b *RA* : fecit *βMπ* | nec *addidi* : ⟨se nec⟩ *Riese* ‖ 11 ⟨nec⟩ *Riese* | dempturum b *β* : direpturum M *π* | nuptum b M : nuptam *β π* ‖ 12—13 et cum ... remeavit *om.* b ‖ 12 ad vota persolvenda *om. π* ‖ 13 nunc *Riese* : nec b βMπ | ipse *βMπ* : *om.* b ‖ 13—14 moras ... facit *om.* b ‖ 14 nec¹ *βM* : neces b ‖ 15 periit b : vivit *βMπ* | sed *βMπ* : et b | si *scripsi post Riese* : ne *βMπ* : nec b | hospitis b | quos tui quos tu b ‖ 16 faciant *βMπ* : faciunt b | perveni b *β* : veni *π* : perge M | ubi *βMπ* : ibi b | invenies b M *π* : invenies *β* ‖ 17 biga *π* : bigam b βM ‖ 18 beneficia b ‖ 20 non scissem *βMπ* ‖ 22 occurrit *β* | corpus nutricis b : nutrix *βMπ* ‖ 24 ad studia sua *π* : in studiis suis b βM | cibum b : suum cibum *βMπ* | sumebat b *RA* : edebat *βM*

Dum haec aguntur, quodam die feriato Dionysias cum filia sua et **31**
cum Tarsia per publicum transibat. videntes Tarsiae speciem et ornamentum cives et omnes honorati dicebant: ,,felix pater, cuius filia es⟨t⟩;
ista autem quae haeret lateri eius turpis est et dedecus." Dionysias ut
5 audivit filiam suam vituperari, conversa in furorem secum cogitans ait:
ʻpater eius ex quo profectus est, habet annos XIIII et non venit ad
recipiendam filiam. credo mortuus est aut in pelago periit. et nutrix
decessit; aemulum neminem habeo. tollam hanc de medio et ornamentis
eius filiam meam exornabo.' et iussit venire villicum suburbanum, cui ait:
10 ,,Theophile, si cupis libertatem, Tarsiam tolle de medio." villicus ait:
,,quid enim peccavit innocens virgo?" scelerata dixit: ,,negare mihi non
potes; fac quod iubeo. sin alias, sentias me iratam. interfice eam et mitte
corpus eius in mare. et cum nuntiaveris factum, praemium libertatis
accipies." villicus licet spe libertatis seductus tamen cum dolore discessit
15 et pugionem acutissimum praeparavit et abiit post nutricis Tarsiae
monumentum. et puella rediens de studiis solito more tollit ampullam
vini et coronam ⟨et⟩ venit ad monumentum ut casus suos exponeret.
villicus impetu facto aversae puellae crines apprehendit et traxit ad litus.
et dum vellet interficere eam, ait puella: ,,Theophile, quid peccavi, ut
20 tua manu moriar?" villicus ait: ,,tu nihil peccasti, sed pater tuus Apollonius, qui te cum magna pecunia et ornamentis dereliquit." puella cum
lacrimis ait: ,,peto, domine, ut, si iam nulla spes est vitae meae, deum
mihi testari permittas." villicus ait: ,,testare. et deus scit me coactum
hoc facturum scelus."
25 Et cum puella deum deprecaretur, subito piratae apparuerunt et **32**
videntes puellam sub iugo mortis stare exclamaverunt: ,,crudelissime
barbare, parce, tibi dico, qui ferrum tenes. haec enim praeda nostra est,
non tua victima." villicus voce piratae territus fugit post monumentum.

---

b *β*

1 dyonisias *π* : dionisiadis *β*M : dionisiade b ‖ 2 transibat *β*M : transiebat b ‖
3 omnes b : *om.* *β*M *π* | est *scripsi; cf. RA* : es b *β*M *π* ‖ 4 eius *scripsi* : tuo b *β*M *π*;
fortasse ex suo | est et dedecus *β* : et dedecus est M : est et dedecus est b ‖ 5 furorem *β*M *π* : furore b ‖ 6 XIIII *scripsi* : XV b *β*M *π* ‖ 8 decessit M : discessit b *β* |
neminem *β*M *π* : nullum b | habeo *Riese RA RE* : habet b *β*M *π* | hanc *β π* : eam
b**M** ‖ 9 et b**M** : *om.* *β* | suburbanum *β*M *π* : de suburbano b ‖ 11 mihi *om.* b ‖
12 alias b : aliud *β*M | sentias b : senties *β*M *π* | et *β*M *π* : *om.* b ‖ 13 factum b :
actum *β*M *π* | libertatis *β*M *π* : libertatem b ‖ 15 nutricem b ‖ 17 ⟨et⟩² *Riese* |
ut *β π* : *om.* b**M** | exponeret *β π* : exponere b**M** ‖ 18 aversae puelle b : adversus
puellam *β*M *π* | crines b : crines illius *β π* ‖ 19 vellet b *β*ᶜ *π* : velit *β* | ait puella
*β*M *π* : puella ait b ‖ 21 magna pecunia et ornamentis (ornamenta b) b**M** *π* : magnam pecuniam et ornamenta *β* ‖ 22 ut si *β*M *π* *Hunt*¹ *29* : quia b ‖ 23 me coactum *β*M *π* : coactum me b ‖ 26 exclamaverunt b : clamaverunt *β*M *π* ‖ 27 dico *β* :
dicimus M *π* : *om.* b

piratae applicantes ad litus tulerunt virginem et altum pelagus petierunt. villicus post moram exiit et videns puellam raptam a morte, egit deo gratias quod non fecit scelus. et reversus ad sceleratam ait: ,,quod praecepisti, domina, factum est; comple quod promisisti." scelerata ait: ,,quid narras, latro ultime? homicidium fecisti et libertatem petis? repete villam 5 et opus tuum fac, ne iratum dominum tuum et me sentias." villicus aporiatus ibat et levans manus ad deum dixit: 'deus, tu scis quod non feci scelus. esto iudex.' et rediit ad villam. postera die prima luce scelerata, ut admissum facinus insidiosa fraude celaret, famulos misit ad convocandos amicos et patriae principes. qui convenientes consederunt. 10 tunc scelerata lugubres vestes induta, laniatis crinibus, nudo et livido pectore adfirmans dolorem exiit de cubiculo; fictas fundens lacrimas ait: ,,amici fideles, scitote Tarsiam Apollonii filiam hesterna die stomachi dolore subito in villa suburbana esse defunctam meque eam honestissimo funere extulisse." patriae principes adfirmationem sermonis ex habitu 15 lugubri, fallacibus lacrimis seducti, crediderunt. postera die placuit universis patriae principibus ob meritum Apollonii filiae eius in litore fieri monumentum ex aere collato non longe a monumento Lycoridis inscriptum in titulo: TARSIAE VIRGINI APOLLONII FILIAE OB BENEFICIA EIVS EX AERE COLLATO DONVM DEDERVNT. 20

33 Interea piratae, qui Tarsiam rapuerunt, in civitate Mytilena deponunt et venalem inter cetera mancipia proponunt. et videns eam leno Leoninus nomine cupidissimus et locupletissimus 'nec vir nec femina' contendere coepit ut eam emeret. et Athenagora princeps civitatis eiusdem intellegens nobilem et sapientem pulcherrimam puellam obtulit decem sester- 25 tia. leno ait: ,,ego XX dabo." Athenagora obtulit XXX, leno XL, Athenagora obtulit LX, leno LXXX, Athenagora obtulit XC, leno in

---

b β

1 et *om.* π | altum pelagus (pelagum M) M π : alto pelago b β : alta pelagi βᶜ; *cf. Verg. Aen. 9, 81* pelagi petere alta ‖ 2 mortem β ‖ 3 fecit βM π : fecisset b | ait b : dixit βM π ‖ 4 ait bM : dixit β π ‖ 5 villam M π; *cf. Klebs 27* : ad villam b β; *cf. RA* ‖ 6 fac[..]i[..] b; *Kortekaas con. ex* faccito | dominum (deum β) tuum et me βM π : deum et dominum tuum b ‖ 7 manus suas b | deum βM π : dominum b ‖ 8 esto b : istud β | rediit βM π : reversus b ‖ 11 livido bM : liquido β π ‖ 12 exiit b : exiens βM π | fundens *Riese* Va *RSt* : fingens b βM π ‖ 14 villam suburbanam bM ‖ 15 adfirmationem β π : adfirmatione bM ‖ 18 conlato *Riese ex RA* : conlatum βM π (*e per.*) : conlata b ‖ 19 inscriptum b : scribentibus βM π | titulo ⟨D. M. cives Tarsi⟩ *putat Riese* ‖ 20 conlato b : conlatum βM π (*e per.*) ‖ 22 proponunt b : ponunt βM π | videns ~~anelo~~ eam β | leoninus π Va S *Klebs 39* : leoninius πᶜ : lenonius β : ninus b ‖ 23 nec vir nec femina] *Ovid. Am. 2, 3, 1* ‖ 24 coeperunt b | intelliges b ‖ 26 XXX *Riese* : XXV b β ‖ 27 Athenagoras obtulit¹ ⟨L, leno⟩ LX. ⟨Athenagoras obtulit LXX⟩, leno *Tsitsikli* | LX βM π : XL b | leno¹ βM π : leno obtulit b

praesenti dat C dicens: „si quis amplius dederit, ego X sestertia superdabo." Athenagora ait: 'ego si cum hoc lenone contendero, ut eam emam,
plures venditurus sum. sed permittam eum illam emere, et cum in lupanar
instituerit, intrabo prior et eripiam virginitatem eius, et erit ac si eam
5 comparaverim.' addicitur puella lenoni, numeratur pecunia, ducitur in
domum in salutatorium, ubi Priapum aureum habebat et gemmis et
unionibus ⟨decoratum⟩, et ait ad Tarsiam: „adora numen praesentissimum." puella ait: „domine, numquid civis Lampsacenus es?" leno ait:
„quare?" puella ait: „quia cives Lampsaceni Priapum colunt." leno ait:
10 „ignoras, misera, quia in domum incidisti lenonis avari?" puella ut
audivit, toto corpore contremuit et prostrata pedibus eius dixit: „miserere, domine, succurre virginitati meae! et rogo ne velis hoc corpus sub
tam turpi titulo prostituere." leno ait: „alleva te, misera; nescis quia
apud tortorem et lenonem nec preces nec lacrimae valent." et vocavit
15 villicum puellarum et ait: „Amiante, cella, ubi Briseis stat, exornetur
diligenter et titulus scribatur: 'qui Tarsiam violare voluerit, libram auri
mediam dabit. postea singulos aureos populo patebit'." et fecit villicus
quod iusserat dominus eius.

Tertia die antecedente turba et symphonia ducitur ad lupanar. Athena- **34**
20 gora prior adfuit et velato capite lupanar ingreditur. intravit cellam et
sedit in lectum puellae. puella ex demonstrato ostium clausit et procidens
ad pedes eius ait: „miserere, domine! per iuventutem tuam et per deum
te adiuro ne velis me sub hoc titulo humiliare. contine impudicam libidinem et casus infelicissimae virginis audi et natalium meorum originem."
25 cui cum universos casus suos exposuisset, confusus et pietate plenus
obstupuit et ait: „erige te. scimus temporum vices: homines sumus.
habeo et ego ex amissa coniuge filiam bimulam, de qua simili casu possum
metuere." et dedit XL aureos in manu virginis dicens: „domina Tarsia,

---

b β

2 hoc **βMπ** : *om.* **b** ‖ 3 eum illam **β** : eum eam **π** : eam **bM** ‖ 4 instituerit **β** :
statuerit et **π** : constituerit **bM** | intrabo **b** : ego intrabo **βMπ** | erit ac si
eam **b** : ero quasi illam **β** ‖ 5 addicitur **π**; *Klebs 27* : adducitur **b** **βM** ‖ 5—6 ducitur in domum *scripsi* : ducitur in domum ducitur **bM** : ducitur **β π** ‖ 6 salutato-
rium **Mπ** : salutatorio **b** : salutatorium **β** | et[1] **b** : ex **βMπ** ‖ 7 ⟨decoratum⟩
Riese : reconditum *RA* | ad tharsiam **βMπ** : tharsiae **b** | adora **Mπ** : adhora **β** :
adornamentum **b** (*corruptum ex* adora numen?) | numen *Riese ex RA RT* : *om.* **b** **β**
Mπ ‖ 8 lapsacenus **b** **β π** ‖ 9 quare puella ait **β π** : *om.* **bM** | leno ait *om.* **b** ‖
12 ut ne **b** ‖ 13 turpi titulo **bM** : turpido **β** ‖ 14 et[1] **b** : *om.* **βM** ‖ 15 puella-
rum **β π** : puellaris **b** | et *om.* **β** | amiante **b** **β** : *om.* **Mπ** | Briseis stat *Klebs 31* :
bresia stat **π** : bresi ad[.]stat **β** : *om.* **b** ‖ 15.16 exornetur diligenter *om.* **b** ‖
17 debet **b** | posteri **b** | singulos aureos **b** : singulis aureis **Mπ** ‖ 19 tu[r]ba **β** ‖
22 eius et **β** : ei **β**[c] ‖ 23 vellis **b** ‖ 26 obstupuit **βMπ** : abstinuit **b** ‖ 27 bimolam
b **β π** ‖ 28 et *om.* **b**

ecce habes amplius quam virginitas tua venalis proposita est. de advenientibus age precibus similiter, quousque libereris." puella profusis
lacrimis ait: „ago, domine, pietati tuae gratias. rogo ne cui narres quae
a me audisti." Athenagora ait: „si narravero, filia mea cum ad tuam
venerit aetatem patiatur similem poenam." et cum lacrimis discessit. 5
occurrit illi discipulus suus et ait: „quomodo te cum novicia?" Athenagora ait: „non potest melius; cum magno effectu usque ad lacrimas!"
et secutus est eum ad videndum rei exitum. iuvenis ut intravit, puella
solito more ostium clausit. cui iuvenis: „si valeas, indica mihi quantum
dedit tibi iuvenis qui ad te intravit?" puella ait: „quater denos aureos 10
dedit mihi." iuvenis ait: „non illum puduit? homo dives est. quid grande
fecisset, si libram auri tibi complesset? et ut scias me animo esse meliorem, tolle libram auri integram." Athenagora foris audiebat et dicebat:
'plus dabis, plus plorabis!' puella acceptis aureis prostravit se ad pedes
eius et similiter exposuit casus suos; confudit hominem et avertit libidi- 15
nem. et aporiatus iuvenis ait: „alleva te, domina! et nos homines sumus;
casibus subiacemus." puella ait: „ago, domine, pietati tuae gratias; rogo
et peto ne cuiquam narres quae a me audisti."

35 Et exiens iuvenis invenit Athenagoram ridentem et ait illi: „magnus
homo es! non habuisti cui lacrimas tuas propinares!" et adiurati ne cui 20
proderent, tacentes aliorum coeperunt exitum expectare. et insidiantibus
illis per occultum aspectum, omnes qui intrabant dantes pecuniam flentes
recedebant. facta autem huius rei fine infinitam obtulit pecuniam lenoni
dicens: „ecce virginitatis meae pretium." et ait leno: „quantum melius
est hilarem te esse et non lugentem! sic ergo age ut cotidie ampliores 25
pecunias afferas." et cum puella de lupanari reversa diceret: „ecce quod
potuit virginitate acquiri", hoc audito leno vocavit villicum puellarum

---

b β

1 virginitas tua venalis *β*M *π* : virginalis b (virgin⟨itas tua ven⟩alis *Kortekaas*) ||
2 et age b || 3 ne M *π* : nec b *β* | cui b : alicui *β*M *π* || 5 patiatur similem b *β*M :
similem patiatur *π* || 6 illi discipulus suus b : itaque illi cum discipulis suis *β* : ita-
que illi condiscipulus suus *π* | novitia *om.* b || 7 non *β*M *π* : o si b | effectu b; *cf.*
Petron. 140, 9, Klebs 277 : ergo affectu *β*M *π* | usque ad lacrimas *Petron. 57, 1* ||
8 et b : *om.* *β*M *π* | rei bM : eius *β* *π* | exitum *om.* b | ut *β*M *π* : cum b || 9 va-
leas b : vales *β*M *π* || 10 dedit tibi *β*M : tibi dedit b || 11 dedit *om.* b | dives
est M : dives b : locuples est *β* *π* | quod b || 12 fecisset M : fecerat b *β* *π* | si *β*M *π* :
sibi b (*ex exp.*) | meliorem *β*M *π*; *cf.* : meliori b || 13 libram auri integram
β *π* : libram b | foris *Kortekaas ex* athenamaioris b (athenagora + foris) : *om.* *β*
M *π* || 14 plus² *om.* b (*ex hap.*) || 15 casus suos *π* : suos casus M : casus *β* : casi-
bus b (*ex exp.*) || 17–18 rogo et peto *β*M : et peto b || 18 cuiquam *β*M *π* : cui b ||
20 tuas *om.* *β* | ne cui *β*M *π* : nec b || 21 insidiabant b || 23 facta b; *cf.* *RA* : facto
*β*M *π* | fine *om.* b | lenone b || 24 leon b || 25 ut cotidie b *Hunt*[1] *36* : cotidie ut
*β*M *π* || 26 puella cotidie *β*M *π* | lupanar b || 27 potuit virginitate (virginitatis *β*)
adquiri *β* *β*1 : potui virginitati adquirere M : potuit virginitas b | puellarum M *π* :
puellarem *β* : puellaris b

et ait: „Amiante, tam neglegentem te esse non vides, ut nescias Tarsiam
virginem esse? si virgo tantum offert, quantum dabit mulier? duc eam
in cubiculum tuum et eripe ei nodum virginitatis!“ cumque villicus in
cubiculum suum duxisset, ait ad eam: „verum mihi dic, adhuc virgo
5 es?“ Tarsia dixit: „quamdiu deus voluerit, virgo sum.“ villicus ait:
„unde ergo his diebus tantas pecunias abstulisti?“ ⟨***⟩ puella prostravit se pedibus eius et ait: „miserere, domine, subveni captivae regis
filiae; ne me velis violare!“ et cum ei casus suos omnes exposuisset,
motus misericordia dixit: „nimis avarus est leno; nescio si possis ita
10 perseverare.“

Puella ait: „dabo operam studiis liberalibus; erudita ⟨sum⟩; similiter **36**
lyrae pulsu modulabor in ludo. iube crastino in frequenti loco scamna
disponi; et facundia oris mei populum emerebor et casus meos omnes
exponam; quoscumque nodos quaestionum proposuerint, exsolvam; et
15 hac arte ampliabo pecunias.“ quod cum fecisset villicus, omnis aetas
populi ad videndam Tarsiam virginem cucurrit. puella ut vidit ingentem
populum, introiit in facundiam oris studiorumque abundantiam; ingenio quaestiones sibi promptas solvebat. fit ingens clamor, et tantus
circa eam civium amor excrevit, ut et viri et feminae cotidie infinitam
20 ei conferrent pecuniam. Athenagora princeps civitatis memoratam
integerrimae virginitatis et generositatis diligebat eam ac si filiam suam
ita, ut villico illi multa donaret et commendaret eam.

Et cum cotidie virgo misericordia populi tantas congerit pecunias in **37**
sinu lenonis, Apollonius venit Tarsum quartodecimo anno transacto, et
25 operto capite, ne a quoquam civium deformis aspiceretur, ad domum
pergebat Stranguillionis. quem ut vidit Stranguillio a longe, perrexit
prior rapidissimo cursu et dixit Dionysiadi uxori suae: „certe dixeras
Apollonium naufragio periisse.“ illa respondit: „dixi certe.“ Stranguillio

---

b (−15) β

1 te . . . vides β π : om. b ‖ 2 dabit βM π : dat b ‖ 3 cubiculo tuo b ‖ 4 cubi-
culo suo b ‖ 5 villicus ait π : om. b βM ‖ 6 abstulisti β : attulisti bM π | lac.
ind. Riese ‖ 8 vellis b | ei b : om. βM π ‖ 9 possit b ‖ 11 puella ait om. b | ope-
ram β π : opera bM | eruditam b | ⟨sum⟩ Riese; cf. RA ‖ 12 lyre pulsu bM; cf.
Ovid. Fast. 5, 667 : pulsae lyrae β | modulabor V : modulanter b β | in ludo bV :
ludo βM ‖ 13 facundia oris M : facundi amoris b (= facundiam oris) : faciem oris
β π | populum emerebor b : populo βM π | omnes om. b ‖ 14 nodos b : modos
βM π | quaestionum Kortekaas : questionis βM π : questionem b | exsolvam bM :
exponam β π ‖ 15 pecunias βM π : pecuniam b; hic desinit b | quod M π :
quos β ‖ 16 cucurrit Riese : cucurrerunt βM π ‖ 17 facundiam M π : facundam β ‖
18 quaestiones β1 : questionis βM π | promptas scripsi : promebat (proponebat π)
et β M π | fit M : et fit β π ‖ 19 eum β | et viri β^c π : viri βM ‖ 20 ei π RA :
om. βM ‖ 24 sinum π | tharsum π : tharso βM ‖ 28 naufragum π (ex naufra-
gium AP?) ‖ 28—p. 70, 1 {illa respondit . . . mulier} Thielmann 58

ait: ,,crudelis exempli pessima mulier, ecce venit ad filiam recipiendam.
quid dicemus patri de ea filia, cuius nos fuimus parentes?'' scelerata ait:
,,miserere, coniunx, confiteor; dum nostram dilexi filiam, perdidi alienam.
accipe itaque consilium: ad praesens indue lugubres vestes, fictas funde
lacrimas; dicamus eam stomachi dolore nuper defecisse. et cum ⟨nos⟩ 5
tali habitu viderit, credet.'' et cum haec dicerent, intravit Apollonius
domum, revelat caput, hispidam ab ore removet barbam et aperit
comam a fronte. et vidit eos lugubres et maerentes, dixit: ,,hospites
fidelissimi, si tamen hoc adhuc in vobis permanet nomen, quid in
adventu meo funditis lacrimas? aut istae lacrimae non sunt vestrae sed 10
meae?'' scelerata ac si in tormento esset, ait expressis lacrimis: ,,utinam
tale nuntium ad aures tuas alius pertulisset, non ego nec coniunx meus!
nam Tarsia filia tua subitaneo stomachi dolore defecit.'' Apollonius hoc
audito toto corpore tremebundus expalluit diu. ⟨***⟩ ,,o'', inquit,
,,Dionysias, filia mea {ut fingitis} ante paucos decessit dies: numquid 15
pecunia, vestes et ornamenta perierunt?''

38   Ex pacto proferuntur omnia, et dicunt: ,,crede nobis, quia filiam tuam
cupivimus incolumem resignare. et ut scias nos non mentiri, habemus rei
huius testimonium: cives memores beneficiorum tuorum ex aere collato
in proximo litore filiae tuae monumentum fecerunt, quod potes videre.'' 20
credens eam defunctam ad famulos ait: ,,tollite haec et ferte ad navem;
ego vadam ad filiae meae monumentum.'' at ubi pervenit, legit titulum:
Diis Manibus. cives Tarsiae virgini Apollonii Tyrii filiae ex
aere collato fecervnt. perlecto titulo stupente mente constitit. et
dum se non flere miratur, maledicens oculos suos ait: 'o crudelissimi 25
oculi, potuistis titulum natae meae cernere, non potuistis lacrimas
fundere! heu me miserum! puto, filia mea vivit.' et veniens ad navem
ait ad suos: ,,proicite me in sentinam navis; cupio enim in undis efflare
spiritum, quem in terris non licuit.''

39   Et dum navigat prosperis ventis Tyrum reversurus, subito mutata est 30
pelagi fides, per diversa maris discrimina iactatur, omnibus deum rogan-

---

β

1 {crudelis . . . mulier} *putat Riese* ‖ 4 funde *Riese* : finge *β*M *π* ‖ 5 ⟨nos⟩
Riese ‖ 6 crede[r]et *β* ‖ 7 relevat *β* ‖ 8 a *π* : *om.* *β*M ∣ dixit *β* : et dixit M *π* ‖
11 ac si *scripsi* : cum *β*M *π* ∣ expressis *π* : expressit *β* ‖ 13 subitaneo *π* : subitanea *β*M *Garcia Kortekaas 198* ‖ 13.14 hoc audito M *π* : autem audito *β* : autem
hoc audito *Kortekaas* ‖ 14 expalluit *π* : palluit *β*1 : hoc palluit *β* ∣ *lac. ind. Riese
ex RA explendam* ‖ 15 {ut fingitis} *Riese Klebs 45* ∣ decessit *Riese* : discessit *β*M ‖
17 ex pacto *Riese* : ex parte *β*M *π* *Löfstedt[7] 118 Kortekaas* ‖ 20 potes videre *β*M :
potest videri *π* ‖ 21 credens *β π* : apollonius credens M *β*1 ∣ defunctam *β π* :
esse defunctam M ‖ 23 cives Tharsi Tharsiae *Riese* ‖ 25 miratur M : *om.* *β* ‖
28 efflare M *π* : effluere *β* ‖ 30 tyrum *π* : tiro *β*M ∣ reversurus *Riese RE* : reversus *β*M ‖ 31 navis iactatur *π*

tibus ad Mytilenen civitatem devenerunt. gubernator cum omnibus
plausum dedit. Apollonius ait: ,,qui{s} sonus hilaritatis aures meas
percussit?" gubernator ait: ,,gaude, domine, hodie Neptunalia esse."
Apollonius ingemuit et ait: 'ergo hodie praeter me omnes dies festos
5 celebrent.' et vocavit dispensatorem suum et ait: ,,ne non lugens sed
avarus esse videar (sufficiat servis meis ad poenam quod me tam infelicem dominum sortiti sunt) dona decem aureos pueris, et emant sibi
quae volunt et diem festum celebrent. me autem veto a quoquam appellari; quod si quis fecerit, crura illius frangere iubeo." dispensator emit
10 quae necessaria erant, et dum epulantur, Athenagora, qui Tarsiam ut
filiam diligebat, deambulans et navium celebritatem considerans, vidit
navem Apollonii ceteris navibus pulchriorem et ornatiorem et ait:
,,amici, ecce illa mihi maxime placet, quam video esse separatam."
nautae ut audierunt navem suam laudari, dicunt: ,,invitemus principem.
15 'magnifice, si digneris, descende ad nos'." Athenagora descendit, libenti
animo discubuit et posuit X aureos in mensa dicens: ,,ecce ne me gratis
invitaveritis." omnes dixerunt: ,,bene nos accipis, domine." Athenagora
videns eos unanimes discumbere ait: ,,quod omnes tam licentiose discumbitis, navis dominus quis est?" gubernator ait: ,,navis dominus in
20 luctu moratur; iacet in subsannio navis in tenebris; mori destinat. in
mari coniugem perdidit, in terris filiam amisit." ait Athenagora ad unum
de servis nomine Ardalionem: ,,dabo tibi duos aureos; ⟨tantum⟩ descende et dic ei: 'rogat te Athenagora princeps huius civitatis: procede de
tenebris ad lucem'." iuvenis ait: ,,domine, non possum de duobus aureis
25 IIII crura habere. tam utilem non invenisti inter nos nisi me? quaere
alium, quia iussit ut, quicumque illum appellarit, crura illius frangantur."
Athenagora ait: ,,hanc legem vobis statuit, non mihi quem ignorat. ego
ad eum descendam. dicite, quis vocatur." famuli dixerunt: ,,Apollo-
nius."

β

2 qui{s} *scripsi* ‖ 3—4 ingemuit et vocavit dispensatorem suum et ait 'ergo
Riese transp. tacite ‖ 6 avarus *RA Riese* : amarus *β*M*π* ‖ 7 sortiti sunt domi-
num M *RA* | decem M *RA* : C *β π* ‖ 9 illius *β π* : illi M; *cf.* ei *RA* ‖ 10 necessaria
erant et rediit ad navem. exornat navigium et toti discubuerunt. et dum M
Kortekaas ex RT RSt RE; *cf. Meyer 10, Klebs 79* ‖ 11 et navium *π* : in navigium
*β*M ‖ 15 digneris *β*M; *cp. 48,15* dic, si valeas : dignaris *Riese Tsitsikli* | libenti *β* :
et libenti M*π* ‖ 17 accipis *π* : accipies *β*M ‖ 18 licentiose *Merkelbach* : libentiose
*β*M*π* | discumbetis *β* ‖ 20 lustu *β* | in subsannio *Riese ex RA* : sub bisanio *β π* ‖
22 de servis M*π* : desideriis *β* | tantum *addidi post Hunt*[5] *340* ‖ 23 procedere M ‖
26 appellarit *Riese ex RA* : appellaret *β*M*π* | illius *β π* : illi M; *cf. RA* | fran-
gatur *β* : frangerentur M ‖ 28 descendam *π*[c] : ascendam *β*M*π* | dicite *Riese* : dic
*β*M*π*

40   Athenagora ait intra se: 'et Tarsia patrem Apollonium nominat.' et demonstrantibus pueris pervenit ad eum. quem ut vidit barba ⟨horrida⟩, capite squalido in tenebris iacentem, submissa voce ait: ,,Apolloni, ave." Apollonius putans se ab aliquo servorum contemni, turbulento vultu respiciens vidit ignotum sibi hominem honesto cultu decoratum. 5 furorem silentio texit. Athenagora ait: ,,scio te mirari quod ignotus homo tuo nomine te salutavi. disce quod princeps sum huius civitatis, Athenagora nomine. descendens in litore ad naviculas contuendas, inter ceteras vidi navem tuam decenter ornatam et laudavi, nautis vero tuis invitantibus libenti animo discubui. inquisivi dominum navis. dixerunt in luctu 10 morari, quod video. prosit ergo, quod veni. procede de tenebris ad lucem, discumbe, epulare ⟨nobiscum⟩ paulisper. spero enim de deo, quia dabit tibi post hunc tam ingentem luctum laetitiam ampliorem." Apollonius vero luctu fatigatus levavit caput et dixit: ,,quisquis es, domine, vade, discumbe et epulare cum meis ac si cum tuis. ego autem afflictus cala- 15 mitatibus gravibus non solum epulari sed nec vivere volo." Athenagoras confusus ascendit in lucem et discumbens dixit: ,,non potui persuadere domino vestro, ut ad lucem rediret. quid enim faciam ut eum revocem a proposito mortis? bene mihi venit in mentem: vade, puer, ad Leoninum lenonem et dic illi ut mittat ad me Tarsiam. est enim scholastica et sermo 20 eius suavis, ac decore conspicua; potest eum ipsa exhortari, ne talis vir taliter moriatur." leno cum audisset, nolens dimisit eam. et veniente Tarsia dixit Athenagora: ,,domina, hic est ars studiorum tuorum necessaria. consolans navis huius dominum sedentem in tenebris, coniugem lugentem et filiam, exhorteris ad lucem exire. haec est pars pietatis, 25 causa per quam deus fit hominibus propitius. accede ergo et suade ei exire ad lucem; forsitan per nos vult deus eum vivere. si enim hoc potueris facere, dabo tibi decem sestertia auri, et XXX dies te redimam a lenone, ut melius possis virginitati tuae vacare." puella audiens haec

---

β

1 nominat **M** : nominabat $\beta \pi$ ‖ 2 ⟨horrida⟩ *Riese* ‖ 3 capite squalido *scripsi ex RA* : caput squalidum β**M** ‖ 3.4 apolloni ave **M** : salve appolloni π : *om.* β ‖ 4 servorum *RE Klebs 67* : suorum β**M** π | contempni **M** : illudi π : contemplari β ‖ 5 cultu $\beta \pi$: vultu **M** | 7 salutavi **M T** *Klebs 67* : salutavit $\beta \pi$ ‖ 8 contuendas **M** π *Klebs 67* : committendas β ‖ 10 dixerunt illum π ‖ 12 ⟨nobiscum⟩ *Riese ex RA* | {paulisper} *Riese* ‖ 13 tibi **M** : tibi deus $\beta \pi$ | post ... luctum *scripsi ex RA* : petitionem ingentem et $\beta \pi$: post tam ingentem luctum et *Kortekaas RSt* ‖ 15 discumbe et epulare *scripsi ex RA* : epulare et discumbe $\beta \pi$: et discumbe epulare **M** ‖ 16 solum *scripsi* : possum β**M** π ‖ 17 lucem *scripsi* : navem β**M** π | dicumbens β ‖ 18 ut[1] **M** *Hunt[1] 34* : ut vel $\beta \pi$ ‖ 19 mentem $\beta \pi$: mente **M** | 21 eum *Riese* : enim β**M** ‖ 25 exire β *RA* : redire **M** β1 ‖ 26 per quam deus fit **M** *y* : per quas fit β ‖ 28 decem ... auri *scripsi post RA*; *cf. Duncan-Jones 254, Callu 195* : ducenta sestertia et XX aureos β**M** π

constanter accessit ad hominem et submissa voce salutavit eum dicens:
„salve, quisquis es, {iuvenis,} salve et laetare. non enim aliqua polluta
ad te consolandum adveni, sed innocens virgo, quae virginitatem meam
inter naufragia castitatis inviolabiliter servo.“

5 Et his carminibus modulata voce cantare exorsa est: **41**

> „per sordes gradior, sed sordis conscia non sum,
> sic rosa in spinis nescit compungi mucrone.
> piratae rapuerunt me gladio ferientis iniqui.
> lenoni nunc vendita non violavi pudorem.
10 > ni fletus lacrimae aut luctus de amissis inessent,
> nobilior me nulla, pater si nosset ubi essem.
> regali genere et stirpe procreata piorum,
> atque iubente deo quandoque dolore levabor.
> fige modum lacrimis curasque resolve doloris,
15 > redde polo faciem ⟨atque⟩ animos ad sidera tolle!
> mox aderit deus ⟨ille⟩, creator omnium et auctor,
> nec sinet hos fletus casso maerore relinqui.“

ad haec Apollonius levavit caput et videns puellam ingemuit et ait:
'audi me miserum. contra pietatem quamdiu luctabor?' et erigens se
20 resedit et ait ad eam: „ago prudentiae tuae et nobilitati tuae gratias, et
consolationi tuae hanc vicem rependo, ut mereris. quandoque si mihi
laetari licuerit, regni mei viribus relevabo; et forsitan, ut dicis te regiis
ortam natalibus, parentibus repraesentem. nunc accipe ducentos aureos
et ac si me in lucem perduceres, laeta discede. nolo me ulterius appelles;

β

2 iuvenis *delevi* | aliqua *π* : ab ab aliquo **M** : aliquo *β* ‖ 6 per **M***π* : pro *β* |
set **M***π* : et *β* ‖ 7 sic *scripsi* : sicut *β***M** | sicut … mucrone *β***M** *RA* : set velud
in spinis nescit rosa puncta mucronis *π Tsitsikli* ‖ 8 *versus longior metro uno*;
versus in π sex metra continet | piratae rapuerunt me *scripsi post Ring in RA* :
piratae me (ne **M**) rapuerunt *β***M** : me pyrata rapit *π* ‖ 9 lenoni (*π* : lenone *β***M**)
… pudorem *β***M** : lenoni numquam violavi vincta pudorem *π* | non *scripsi* :
numquam *β π***M** ‖ 10 ni *Riese* : si *β***M** *π Klebs 183* | lacrime *π* : et lacrimae *β***M** ‖
11 nobilior me nulla *Merkelbach* : nobilior nulla *π* : nulla me nobilior *β* ‖ 12 regali
Merkelbach : regio sum *β***M***π* | et *π* : *om.* *β***M** | piorum *Rber Klebs 183* : prio-
rum *π* : prior *β***M** ‖ 13 atque … levabor *π* | atque *π* : et *β***M** | deo iubente
iubeor (iubear **M**) *β***M** | dolore levabor *π* : letari **M** *RA* : lectori *β* ‖ 14 fige **M** :
fide *β* : finge *π* | curasque **M** : curas *β π* | resolve *β***M** : dissolve *π* ‖ 15 polo *π* :
caelo *β***M** | ⟨atque⟩ *Tsitsikli* ‖ 16 mox *π* : *om.* *β***M** | deus ⟨ille⟩ *Merkelbach* :
⟨ille⟩ deus *Riese* | deus creator omnium] *cf. RA* ‖ 17 nec sinet *π* : qui non sinit
*β***M** | merore *π* : labore *β***M** ‖ 20 ago *π* : ego **M** : ergo *β* ‖ 21 ut *β***M** : ut sicut *π* |
mereris *π* : merear *β***M** ‖ 22 relevabo **M***β*1 : tuam paupertatem relevem *π* : te
relevabo *Kortekaas* : revolabo *β* ‖ 23 ortam *π β*1 : orta *β* | natalibus, parentibus
scripsi : parentibus ac natalibus *β***M***π* ‖ 24 et *π* : *om.* *β***M**

recenti enim luctu ac renovata crudelitate tabesco." et acceptis ducentis
aureis abire cupiebat, et ait ad eam Athenagora: „quo vadis, Tarsia?
sine effectu laborasti? non potuimus facere misericordiam et subvenire
homini se interficienti?" et ait Tarsia: „omnia quae potui feci, et datis
mihi ducentis aureis rogavit ut discederem, asserens se renovato dolore 5
torqueri." et ait Athenagora: „ego tibi quadringentos aureos dabo,
tantum descende et refunde ei hos ducentos quos tibi dedit, et dic ei:
'ego salutem tuam, non pecuniam quaero'." et descendens Tarsia sedit
iuxta eum et ait: „iam si in isto squalore permanere definisti, permitte
me tecum vel in istis tenebris miscere sermonem. si enim parabolarum 10
mearum nodos absolveris, vadam; sin aliud, refundam tibi pecuniam
tuam et abscedam." Apollonius ne pecuniam repetere videretur, et
cupiens a prudenti puella audire sermonem ait: „licet in malis meis nulla
mihi cura suppetit nisi flendi et lugendi, tamen (ut caream ornamento
laetitiae) dic quod interrogatura es et abscede. peto enim ut fletibus meis 15
spatium tribuas."

42 Et ait Tarsia:

„est domus in terris clara quae voce resultat.
ipsa domus resonat, tacitus sed non sonat hospes.
ambo tamen currunt, hospes simul et domus una."   20

et ait ad eum: „si rex es, ut asseris, in patria tua (regi enim nihil convenit
esse prudentius), solve mihi quaestionem {et vadam}." Apollonius caput
agitans ait: „ut scias me non esse mentitum: domus quae in terris resonat
unda est; hospes huius domus tacitus piscis est, qui cum domo sua currit."
et ait Tarsia: 25

„longa feror velox formosae filia silvae,
innumeris pariter comitum stipata catervis.
curro vias multas, vestigia nulla relinquo."

Apollonius ait: „o si laetum me esse liceret, ostenderem tibi quae ignoras.
tamen ne ideo tacere videar, ut pecuniam recipiam, respondebo quaestioni 30
tuae. miror enim te tam tenerae aetatis huius esse prudentiae. nam

β

1 luctu *RE RT* : vultu **βM** : vulnere **π** ‖ **11** refundam *Riese ex RA* : refundo
βMπ ‖ **13** sermonem **M** *RA* : *om.* **β π** ‖ **14** suppetit **βM** : suppetat **π** | caream
scripsi ex RA : careat **βM** | ornamento **β** : hornamentis **M**; *cf.* hortamento *RA* ‖
18 *Aenigma I = Symphosius (Bailey) XII* | claraquẹ **βMπ**; *cf.* claraque **P** |
resultat *RA Sym.* : resultans **Mπ** : refultans **β** ‖ **21** regi **βMπ** : rege **β**ᶜ ‖ **22** et va-
dam *delevi* ‖ **23** ait **Mπ** : agit **β** ‖ **26** (*Aenigma II = Symphosius II om. RB*) |
Aenigma III = Symphosius XIII ‖ **27** innumeris **π** *Sym.; cf. Klebs 180* : innu-
merum **β** : innumera **M** | stipante caterva **M** ‖ **28** relinquens *Sym.*

longa arbor est ⟨navis⟩, formosae filia silvae; fertur velox vento pellente,
stipata catervis; vias multas currit undarum, vestigia nulla relinquit."
puella inflammata prudentia solutionum ait:

> „per totas aedes innoxius introit ignis;
5   circumdat flammis ⟨magnis⟩ hinc inde nec uror.
> nuda ⟨tamen⟩ domus est et nudus convenit hospes."

Apollonius ait: „ego si luctum deponerem, innoxius intrarem ignes.
intrarem enim {in} balneum ubi hinc inde flammae per tubulos surgunt;
nuda domus est quia nihil intus nisi sedile, ubi nudus hospes sudat."
10 et ait iterum Tarsia:

> „ipsa gravis non sum, sed aquae mihi pondus adhaesit.
> viscera tota tument patulis diffusa cavernis.
> intus lympha latet, quae se non sponte profundit."

Apollonius ait: „spongia licet sit levis, visceribus totis tumet aqua
15 gravata patulis diffusa cavernis, intra quas lympha latet, quae se non
sponte profundit."
Et ait iterum Tarsia: **43**

> „non sum cincta comis et non sum nuda capillis.
> intus enim crines mihi sunt, quos non videt ullus.
20   meque manus mittunt, manibusque remittor in auras."

β

1 ⟨navis⟩ *Riese RA* : *om.* **βM** π ‖ 4 *Aenigma IV* = *Symphosius LXXXIX* |
innoxius introit ignis *RA Symp.* : innoxius introiit ignis **M** : intro per ignes β ‖
5 circumdat *Riese* : circumdata β | ⟨magnis⟩ *Hunt* | {vallata} nec uror *Hunt*
(est calor in medio magnus quem nemo veretur **M** *Sym.*) ‖ 6 nuda ⟨tamen⟩
domus est et *Bailey* : nuda domus β : non est nuda domus **M** *codd. e Sym.* : nuda
domus est et *Riese Klebs 181* | nudus *scripsi* : nudus ibi β : sed nudus **M** : ibi nul-
lus π ‖ 7 innoxius *scripsi* : innocuos π : innocens β**M** *Klebs 181* | ignes π : in
ignes β**M** ‖ 8 in *delevi* | tubulos *Riese* **G** : turbulos β**M** π **P** ‖ 9 est π : *om.* β |
nudus **M** : domus β π | sudat π : sudabit β | *Aenigma V* = *Symphosius LXI*
om. β**M** *Riese Kortekaas* : *add.* π *Tsitsikli* | *post sudat add.* π et ait tharsia mucro
mihi geminus ferro contingitur uno cum ventis luctor cum gurgite pugno profundo
scrutor aquas medias atque imas mordeo terras (respondit apollonius *add.* πᶜ)
mucro geminus qui ferro contingitur uno anchora est quae te in hac navi sedentem
tenet quae cum vento luctatur gurgite medio scrutatur aquas atque imas morsu
tenet terras ‖ 11 *Aenigma VI* = *Symphosius LXIII* | adhaesit β**M** π : inhaeret
Sym. ‖ 12 tota **M** π β1 *Sym.* : *om.* β ‖ 13 quae se non β**M** π : sed non se *Sym.* |
profundit **M** : profudit β ‖ 14—p. 76, 1 spongia . . . Apollonius ait *om.* π *ex homo.* ‖
14 totis *Baehrens 858 Riese* : tota β**M** | 15 intra *Riese* : infra β**M** | 16 profundit
RE RT : profudit β**M** ‖ 18 *Aenigma VII* = *Symphosius LIX* | cincta β**M** : compta
Sym. | nuda *scripsi e Sym.* : compta β**M** ‖ 20 manus mittunt *Riese inscius* : mit-
tunt manus β : manibus mittunt **M**

Apollonius ait: ,,hanc ego in Pentapoli habui ducem, ut fierem regi amicus. nam sphaera non est cincta comis, sed intus plena capillis; manibus missa manibusque remittitur." et ait iterum Tarsia:

,,nulla mihi certa est, nulla est peregrina figura.
fulgor inest intus radianti luce coruscans,   5
qui nihil ostendit, nisi si quid viderit ante."

Apollonius ait: ,,nulla certa figura speculo inest, quia mentitur aspectu; nulla peregrina figura, quia quod contra se habuerit ostendit." et ait iterum Tarsia:

,,nos sumus, ad caelum quae scandimus alta petentes,   10
concordi fabrica quas unus conserit ordo.
quicumque alta petunt, per nos comitantur ad auras."

Apollonius ait: ,,grandes ad auras scalae gradus sunt; uno consertae ordine aequali mansione manent; alta quicumque petunt, per eas comitantur ad auras."   15

44   Et his dictis misit caput super Apollonium et strictis manibus complexa dixit: ,,quid te tantis malis affligis? exaudi vocem meam et deprecantem respice virginem, quia tantae prudentiae virum mori velle nefarium est. si coniugem desideras, deus restituet; si filiam, salvam et incolumem invenies. et praesta petenti quod te precibus rogo." et 20 tenens lugubrem eius manum ad lumen conabatur adtrahere. tunc Apollonius in iracundia versus surrexit et calce eam percussit. et impulsa virgo cecidit, et de naribus eius coepit sanguis effluere, et sedens puella coepit flere et dicere: ,,o ardua potestas caelorum, quae me pateris

---

β

1 Pentapoli *Riese ex RA RE* : pentapolim βMπ ‖ 2 spera β π | non est βᶜ : est β π ‖ 4 *Aenigma VIII = Symphosius LXIX* | est² β1 *Sym.* : *om.* βM ‖ 5 radiante (radiata β) luce coruscans βM : *om.* π; *del. Riese* | coruscus *Sym.* | *post* coruscans *add.* β π divini sideris instar *e Symphosio LXVII 2 (de lanterna)* : *om.* M; *del. Klebs 183* ‖ 6 si quid viderit *Sym.* : in se quod viderit β ‖ 8 quod βᶜMπ : *om.* β ‖ 9 *Aenigma IX = Symphosius LXXVII om.* RB ‖ 10 *Aenigma X = Symphosius LXXVIII* | quae scandimus *RA Sym.* : qui (*ex exp.* 11 quicumque) tendimus βMπ ‖ 11 concordi fabrica quas *RA Sym.* : omnibus aequalis mansio omnes β ; *interpolata ex 14* : omnibus equales quos M; *metra recta in* M | conserit βMπ *RA* : continet *Sym.* ‖ 12 quicumque alta *RA* : alta quicumque βMπ : ut simul haerentes *Sym.* | per nos β *RA* : ut simul herentes per nos M *codd. e Sym.* : pronos *Sym.* | comitantur βMπ *RA* : comitentur *codd. e Sym.* : comitemur *Sym.* ‖ 13 auras M : aules β | consertae *scripsi* : -ti βM ‖ 14 quicumque Mπ : quaecumque β | eas *scripsi* : eos βM ‖ 17 quid βMπ : ut quid *RT Riese; cf. Hunt¹ 34* ‖ 18 virginem βM : puellam π | velle M *RA* : valde β π ‖ 19 si coniugem βᶜMπ : sicut iugem β ‖ 22 iracundiam π ‖ 23 naribus π *RA* : genu βM

innocentem tantis calamitatibus ab ipsis nativitatis meae exordiis fatigari! nam statim ut nata sum in mari inter fluctus et procellas, mater mea secundis ad stomachum redeuntibus mortua est, et sepultura ei terrae negata. ornata a patre meo demissaque in loculum cum XX
5 sestertiis Neptuno est tradita. post haec ego Stranguillioni et Dionysiadi impiis a patre tradita cum ornamentis et vestibus usque ad necem veni, perfidia huius iussa puniri a servo eius. piratis supervenientibus rapta sum et in hanc urbem lenoni addicta. deus, redde Tyrio Apollonio patri meo, qui ut matrem meam lugeret Stranguillioni et Dionysiadi impiis
10 me dereliquit!"
Apollonius haec signa audiens exclamavit cum lacrimis voce magna: 45 ,,currite famuli, currite amici, et anxianti patri finem imponite!" qui audientes clamorem cucurrerunt omnes {servi}; currit et Athenagora, civitatis illius princeps, et invenit Apollonium supra collum Tarsiae
15 flentem et dicentem: ,,haec est filia mea Tarsia quam lugeo, cuius causa redivivas lacrimas et renovatum luctum assumpseram. nam ego sum Apollonius Tyrius, qui te commendavi Stranguillioni. dic mihi: quae dicta est nutrix tua?" et illa dixit: ,,Lycoris". Apollonius adhuc vehementius clamare coepit: ,,tu es filia mea!" et illa dixit: ,,si Tarsiam
20 quaeris, ego sum." tunc erigens se {et proiectis vestibus lugubribus induit vestes mundissimas, et} apprehensam eam osculabatur et flebat. videns eos Athenagora utrosque in amplexu cum lacrimis inhaerentes et ipse amarissime flebat et narrabat quomodo sibi olim hoc ordine puella in lupanari posita universa narrasset, et quantum temporis esset, quod
25 a piratis abducta et addicta fuisset. et mittens se Athenagora ad pedes Apollonii dixit: ,,per deum vivum te adiuro, qui te patrem restituit filiae, ne alii viro Tarsiam tradas! nam ego sum princeps huius civitatis et mea ope permansit virgo." Apollonius ait: ,,ego huic tantae bonitati

β

26 cf. Vulg. Matth. 26, 63

1 exordiis $\beta^c \pi$: exortibus βM || 2 fluctus et procellas *RA RT* : fluentes procellas βMπ || 3 sepultura ei *Riese* : sepulturę βMπ; *fortasse currente calamo* sepultura + ei || 4 terrae βMπ : terrae ei (trei) π^c; *cf.* terre ei Va^c | demissaque π : dimissa est βM || 5 ⟨et⟩ Neptuno *Riese* | e[.]go β || 7 iussa Mπ : missa β *e per.* || 8 hanc urbem β : hac urbe Mπ | lenoni π : lenone βM | addicta *scripsi post Riese* : districta β : distracta Mπ | redde me M || 12—13 currite . . . omnes {servi} *transp. Riese post 78, 6* infamem || 13 {servi} *Riese; om.* T | cucurrit *Riese* || 14 supra βMπ : super β1 *Riese* || 15 tharsia β : *om.* Mπ || 20—21 et proiectis . . . mundissimas et *delevi post Klebs 44 ut interpolata ex 78, 16—17* || 20 lugubribus $\beta^c \pi$: lugubris βM || 23 quomodo π : qualiter βM || 24 in *om.* β | esset *scripsi ex RC* : erat βMπ || 25 abducta *Riese* : adducta βMπ | addicta *scripsi* : distracta βMπ || 27 alii β : alio Mπ

et pietati possum esse contrarius? immo opto, quia votum feci non
depositurum me luctum, nisi filiam meam nuptum tradidero. hoc vero
restat ut filia mea vindicetur de hoc lenone, quem sustinuit inimicum."
his auditis Athenagora dicto citius ad curiam cucurrit et convocatis
omnibus maioribus natu civitatis clamavit voce magna dicens: ,,currite, 5
cives piissimi, subvenite civitati, ne pereat propter unum infamem!"
46 At ubi dictum est Athenagoram principem hac voce in foro clamasse,
concursus ingens factus est et tanta commotio fuit populi, ut domi nec
vir nec femina remaneret. omnibus autem concurrentibus magna voce
dixit ⟨Athenagora⟩: ,,cives Mytilenes, sciatis Tyrium Apollonium 10
regem magnum huc venisse et classes navium. exercitu proximante
eversurus est civitatem lenonis causa, qui Tarsiam filiam suam constituit in lupanar. ut ergo salvetur civitas, deducatur ad eum leno et
vindicet se de eo ut non tota civitas pereat." his auditis comprehensus
est leno et vinctis a tergo manibus ad forum ab auriculis ducitur. fit 15
tribunal ingens, et indutus Apollonius regia veste omni squalore deposito
atque tonsus capite, diademate imposito, cum filia sua tribunal ascendit.
et tenens eam in amplexu coram populo loqui lacrimis impediebatur.
Athenagora vix manu imperat plebi ut taceant. quibus silentibus ait:
,,cives Mytilenes, quos pristina fides tenet et nunc repentina causa 20
coagulavit in unum, videtis Tarsiam a patre suo hodie cognitam, quam
cupidissimus leno ad nos expoliandos usque hodie depressit, quae vestra
pietate virgo permansit. ut ergo pietati vestrae plenius gratias referat,
natae eius procurate vindictam." omnes una voce dixerunt: ,,leno vivus
ardeat et bona eius puellae addicantur!" adducitur ignibus leno; villicus 25
eius cum universis puellis et facultatibus Tarsiae traditur. ait Tarsia
villico: ,,dono tibi vitam, quia beneficio tuo virgo permansi." et donavit
ei X talenta et libertatem. deinde cunctis puellis coram se praesentatis

β

1 non possum **M** | votum *β*ᶜ**M***π* : notum *β* ‖ 2—3 filiam meam nuptum (*scripsi*
ex RE : nuptam **M**) tradidero hoc vero restat ut **M** : *om.* *β π* ‖ 4 cicius **M***π* :
cuius *β* : huius *β*ᶜ | cucurrit *δ***Wl** : mittit *β***M***π* ‖ 5 maioribus natu civitatis
Kortekaas; cf. Klebs 80 : maiorum nat⟨u c⟩ivitatis *β* : natu maioribus civitatis
RE : maioribus civitatis *π* ‖ 6 infamem *RE* : infantem *β* : infandum **M** ‖ 8 fuit
populi *Riese ex RA* : populi venit *β***M***π* ‖ 10 ⟨Athenagora⟩ *Riese* | Mytilenes
scripsi : militeni *β π* | sciatis *π* : scitis *β***M** ‖ 11 et classes navium *β***M** : cum
classe navium *π* | et exercitu *π* ‖ 13 lupanar *β***M** : lupanari *π* ‖ 14 ut *scripsi*
ex RA : et *β***M***π* ‖ 15 vinctis *β*1 *Riese* : vinctus *β***M***π Tsitsikli Kortekaas* ‖
16 deposita *β* | 17 diadema *β* | 19 taceant *Riese ex RA* : tacerent *β***M***π* ‖
20 Mytilenes *scripsi* : militeni *β***M***π* ‖ 22 nos *β***M** : vos *π* | vestra **M** *RA* : nostra
β π ‖ 25 addicantur *π* : addicentur **M** : adducantur *β* | adducitur **V** : addicitur
*β***M***π* ‖ 27 tuo *β***M***π* : tuo et civium *RE Klebs 80* ‖ 28 X *β π* : ducenta **M** *RA*

ait: „quicquid de corpore vestro illi contulistis infausto, vobis habete, et quia servistis mecum, ⟨mecum⟩ liberae estote."

Et erigens se Tyrius Apollonius alloquitur populum dicens: „gratias **47** pietati vestrae refero, venerandi et piissimi cives, ⟨quorum⟩ longa fides
5 pietatem praebuit, quietem tribuit, salutem exhibuit, gloriam educavit. vestrum est, quod redivivis vulneribus rediviva vita successit; vestrum est, quod fraudulenta mors cum suo luctu detecta est; vestrum est, quod virginitas nulla bella sustinuit; vestrum est, quod paternis amplexibus unica restituta est filia. pro hoc tanto beneficio vestro ad restituenda
10 civitatis vestrae moenia auri pondo L dono." quod cum in praesenti fecisset, fuderunt ei statuam ingentem in prora navis stantem et calcantem caput lenonis et filiam in dextro brachio tenentem, et in base scripserunt: ⟨Tyrio⟩ Apollonio restavratori aedivm nostrarvm et Tarsiae sanctissimae virgini filiae eivs vniversvs popvlvs Myti-
15 lenes ob nimivm amorem aeternvm decvs memoriae dedit. et intra paucos dies tradidit filiam suam in coniugio Athenagorae cum ingenti laetitia totius civitatis.

Et cum eo et cum filia volens per Tarsum transeundo redire in patriam **48** suam, vidit in somnis quendam angelico vultu sibi dicentem: 'Apolloni,
20 iter ad Ephesum dirige et intra templum Dianae cum filia et genero tuo; casus tuos omnes expone; postea Tarso filiam tuam vindica innocentem.' Apollonius expergefactus indicat genero et filiae somnium, et illi dixerunt: „fac, domine, quod tibi videtur." et iussit gubernatori Ephesum petere. felici cursu perveniunt Ephesum, et descendens cum suis {Ephe-
25 sum} templum petit Dianae, ubi coniunx eius inter sacerdotes principatum tenebat, et rogat sibi aperire sacrarium. dicitur illi maiori omnium sacerdotum, venisse regem nescio quem cum filia et genero suo cum nimiis donis. hoc audito gemmis regalibus caput ornavit et in vestitu purpureo venit virginum constipata catervis. erat enim effigie decora, et
30 ob nimium castitatis amorem asserebant omnes nullam esse tam gratam Dianae. quam videns Apollonius cum filia et genero corruunt ad pedes

---

β

28—29 *Apollonii uxor = Dido; cf. Verg. Aen. 1, 496—497; 4, 136*

2 et *π* : *om. β*M | ⟨mecum⟩ *Ziehen ex* P ‖ 3 populo M ‖ 4 ⟨quorum⟩ *Riese ex RA* ‖ 6 redivivis *π*ᶜ : redivivus *β*M : redivis *π* ‖ 7 detecta *Riese ex RA* : deiecta *β*M *π* ‖ 10 auri M *π* : aurum *β Riese* ‖ 12 tenentem *Riese ex RA* : sedentem *β*M *π* ‖ 13 ⟨Tyrio⟩ *RSt Klebs 198* ‖ 14 militenae *β*M ‖ 16 in *om. π* ‖ 20 iter *π*; *cf. RA* : *om. β*M; *cf. 48, 19* ‖ 21 ibi casus T *Riese* ‖ 22 genero et filiae *β π* : filie et genero M; *cf. RA* ‖ 23 gubernatori *β π* : gubernatorem M *RA* ‖ 24 {Ephesum} *Baehrens 858 Riese; om. RE* ‖ 26 aperire *β*M : aperiri *π RA* | maiori *scripsi ex RA* : matri *β*M *π*; *interpolatum Christianum* ‖ 28 et *π* : *om. β* ‖ 30 asserebant *π* : efferebant *β* ‖ 31 corruunt *RE Klebs 80* : corruit M : currunt *β π Riese*

eius; tantus enim pulchritudinis eius emanabat splendor, ut ipsa dea
esse videretur. et aperto sacrario oblatisque muneribus coepit dicere:
,,ego ab adulescentia mea rex, natus Tyro, Apollonius sum appellatus,
et cum ad omnem scientiam pervenissem nec esset ars aliqua quae a
nobilibus et regibus exerceretur quam ego nescirem, regis Antiochi 5
quaestionem exsolvi, ut filiam eius in matrimonio caperem. sed ille ei
foedissima sorte sociatus, cui pater natura fuerat constitutus, per
impietatem coniunx effectus est et me machinabatur occidere. quem dum
fugio, naufragus a Cyrenensi rege Archistrate eo usque gratissime
susceptus sum, ut filiam eius mererer accipere. quae, cum desiderassem 10
properare ad patrium regnum, {et} hanc filiam meam, quam coram te,
magna Diana, praesentare iussisti — postea in navi peperit, et emisit
spiritum. quam ego regio indui habitu et in loculum cum XX sestertiis
dimisi in mare, ut inventa digne sepeliretur; hanc vero famulam tuam,
filiam meam, nutriendam iniquis hominibus commendavi et in Aegypti 15
partibus luxi XIIII annis uxorem. unde adveniens ut filiam meam repe-
terem, dixerunt esse defunctam. et dum redivivo luctu involverer, mori
cupienti filiam meam reddidisti."

49 Cumque haec et his similia narrat, levavit se Archistratis ⟨***⟩ uxor
ipsius et rapuit eum in amplexu. Apollonius nesciens esse coniugem suam 20
repellit eam a se. at illa cum lacrimis voce magna clamavit dicens: ,,ego
sum coniunx tua regis Archistratis filia!" et mittens se iterum in amplexu
eius coepit dicere: ,,tu es Tyrius Apollonius, meus Apollonius, tu es
magister meus qui me docuisti, tu es qui me a patre accepisti Archistrate,
⟨tu es⟩ quem naufragum adamavi non causa libidinis, sed sapientiae 25
ducta! ubi est filia mea?" et ostendit ei Tarsiam dicens: ,,haec est." et
flebant invicem omnes. sonat per Ephesum Tyrium Apollonium regem

β

3—4 sum appellatus et cum *π* : appellatus et cum *β* (sum *lapsum ante* cum) : appellatus cum M *Kortekaas* ‖ 4 nec esset ars *γ μ; cf.* F : necessitas *β*M*π* ‖ 4—5 nec
esset . . . nescirem regis *γ Riese* ‖ 5 exerceretur *γ*P : agebatur *β*M*π* ‖ quam ego
nescirem *γ μ* : me attigit et *β*M*π* ‖ 6 caperem *β*M*π RE* : acciperem *RSt* ‖ 7 cui
*β*M : cuius *π RA* ‖ 9 naufragus M*π* : naufragiis *β* ‖ regi *β* ‖ 10 quae *μ Riese* :
quam *β* : qui M*π* ‖ 11 {et} *Riese* ‖ 12 praesentare *β* : presentari M*π RA* ‖ navi
Riese : -e *β*M ‖ peperit M : periit *β π* ‖ 13 cum XX sesterciis M*π* : XX sester-
cia *β* ‖ 15 in *π* : *om. β* ‖ 17 defunctam *β π* : mortuam M; *cf. RA* ‖ 18 reddisti
*π*P ‖ 19 hec *π* : hoc M : *om. β* ‖ Archistratis ⟨***⟩ *Riese* (*lac. explenda* regis filia
et) : archistrates *β* (*aut* Archistrates *aut* Archistratis *nomen uxoris Apollonii in RB
Klebs 30 Kortekaas; cf. 56, 19* ‖ 20 nesciens esse *π* : *om. β*M ‖ 21 eam *ras. β* ‖
22 tua *π* : tua architrates *β* : tua architrates M ‖ regis *om. π* ‖ architratis *π* ‖
architrate *β* ‖ 23 meus appollonius *β* : vir meus *π* : meus M *RA* ‖ 25 ⟨tu es⟩
Riese ex RA : *om. β*M*π* ‖ 26 ducta *β π* : luce M ‖ ei M : *om. β π* ‖ 27 sonat *Riese
ex RA; cf. 48, 9* : resonat S : sonuit *β*M*π* ‖ per *π; cf. 48, 9* in : *om. β*

uxorem suam {Archistratem} cognovisse, quam ipsi sacerdotem habebant. fit laetitia ingens, coronatur civitas, organa disponuntur, fit Apollonio convivium a civibus, laetantur omnes. ipsa vero constituit sacerdotem quae sequens ei erat et casta caraque. et cum Ephesiorum
5 gaudio et lacrimis cum marito, filia et genero navem ascendit.

Veniens igitur Tyrius Apollonius Antiochiam, ubi regnum reservatum 50 suscepit, pergit inde Tyrum et constituit regem loco suo Athenagoram generum suum. et cum eo et cum filia sua ⟨et coniuge sua⟩ et cum exercitu regio navigans venit Tarsum et iussit statim comprehendi Stran-
10 guillionem et Dionysiadem uxorem suam et sedenti sibi adduci. quibus adductis coram omnibus civibus dixit: ,,cives beatissimi Tarsi, numquid Apollonio Tyrio exstitit aliquis ingratus vestrum?'' at illi omnes una voce dixerunt: ,,te regem, te patriae patrem diximus; propter te et mori libenter optavimus, cuius ope periculum famis effugimus. pro hoc et
15 statua a nobis posita in biga testatur.'' et Apollonius ait: ,,commendavi filiam meam Stranguillioni et Dionysiadi uxori eius; hanc mihi reddere noluerunt.'' scelerata mulier ait: ,,bone domine, quid? tu ipse titulum legisti monumenti''. Apollonius exclamavit: ,,domina Tarsia, nata dulcis, si quis tamen apud inferos sensus est, relinque Tartaream domum et
20 genitoris tui vocem exaudi.'' puella de post tribunal regio habitu circumdata capite velato processit et revelata facie malae mulieri dixit: ,,Dionysias, saluto te ego ab inferis revocata.'' mulier scelerata ut vidit eam, toto corpore contremuit. mirantur cives et gaudent. et iussit Tarsia Theophilum villicum venire, cui ait: ,,Theophile, ut possim tibi ignoscere,
25 clara voce responde, quis me interficiendam tibi obligavit?'' villicus respondit: ,,Dionysias domina mea.'' tunc cives omnes rapuerunt Stranguillionem et Dionysiadem et extra civitatem lapidaverunt. volentes et Theophilum occidere, Tarsiae interventu non tangunt. et ait Tarsia: ,,nisi iste ad testandum deum horarum mihi spatium tribuisset,
30 modo vestra pietas me non defendisset.'' quem manumissum abire incolumem praecepit, et sceleratae filiam secum Tarsia tulit.

β

1 Archistratem *delevi post RA* ‖ 4 claraque *π* | ephesiorum M *π*ᶜ : ephesorum *β π* ‖ 5 et filia *π* ‖ 7 regem loco suo *β* : loco suo regem M *π* ‖ 8 ⟨et coniuge sua⟩ *y Riese; cf. RA* ‖ 10 suam *β*M : eius *π Tsitsikli* ‖ 11 Tarsi *scripsi ex RA* : tharsii M : tharsiae *β π* ‖ 12 appollonius tyrius ... alicui *π*; *RA* ‖ 15 et *om. π RA* ‖ 17 quid *β* : quod M : memento quod *π* ‖ 18 nata *β*ᶜM *π* : grata *β* ‖ 19 quis tamen ... sensus est *Klebs 40 ex RSt; cf. Cic. ad Fam. 4, 5, Sen. Dial. 10, 18, 5; 11, 5, 2* : quid tamen ... heres (habes *β*ᶜ) *β π* : quid tamen ... haeres *Kortekaas* | thartaream *β*ᶜ*π* : thartater *β* ‖ 21 relevata *β* | malae mulieri dixit *β* : mulieri maledixit M ‖ 22 eam M *π RA* : *om. β* ‖ 24 possim tibi ignoscere M *π* : possit tibi ignosci *β* ‖ 27 et² M *π* : *om. β* ‖ 28 tangunt *scripsi; cf. RA* : tangitur *β*M *π* P ‖ 29 tharsia *π y* : *om. β* ‖ 31 filiam *RE Baehrens 858* : omnia *π* : promissum M : *om. β*

51   Apollonius vero addens laetitiam populo dedit munera, restaurans
thermas, moenia, murorum turres. moratus autem ibi VI mensibus
navigat cum suis ad Pentapolim civitatem Cyrenen. ingreditur ad regem
Archistratem. {coronatur civitas, ponuntur organa} gaudet in ultima
senectute sua rex Archistrates: videt neptem cum matre, filiam cum   5
marito; regis nepotes, regis filios veneratur, et in osculo Apollonii et
filiae integro anno perdurat. post haec laetus moritur perfecta aetate in
manibus eorum, medietatem regni sui Apollonio relinquens et medietatem filiae suae.

His omnibus peractis dum deambulat Apollonius iuxta mare, vidit 10
piscatorem illum a quo fuerat naufragus susceptus, et iussit eum comprehendi. vidit piscator se a militibus duci; occidendum se putabat. et
ingressus Apollonius coram coniuge sua iussit eum adduci et ait: ,,domina
coniunx, hic est paranymphus meus, qui olim mihi opem naufrago dedit
et ut ad te pervenirem ostendit itinera." et dixit ei: ,,benignissime vetule, 15
ego sum Tyrius Apollonius, cui dimidium tribunarium tuum dedisti." et
donavit ei CC sestertia, servos et ancillas, vestes, et fecit eum comitem,
usque dum vixit. Hellenicus vero, qui ei de Antiocho nuntiaverat,
Apollonio procedenti obtulit se et ait: ,,domine {mi} rex, memor esto
Hellenici servi tui!" et apprehendens manum eius Apollonius erexit 20
eum et osculari coepit; fecit divitem, ordinavit comitem. his expletis
genuit de coniuge sua filium, quem in loco avi eius Archistratis constituit
regem. ipse autem cum coniuge sua benigne vixit annis septuaginta
IIII; tenuit regnum Antiochiae {Tyri et Cyrenensium}; quietam vitam
per omne tempus suum vixit. casus suos suorumque ipse descripsit et 25
duo volumina fecit: unum Dianae in templo Ephesiorum, aliud in
bibliotheca sua posuit.

β

26 *Dianae in templo Ephesiorum; cf. Xen. Eph. 5, 15, 2*

1 addens *scripsi ex RA* : dat *β*M : dans *π* | leticiam M : licentiam *β π* | restau-
rans *Riese* : restaurantur *β*M *π RE; cf. Klebs 124* ‖ 2 thermas, moenia *Riese* : turme
menia *π* : terme menia *RE* : termenia *β* | murorum *β*M : et murorum *β*c ‖ 4 {co-
ronatur . . . organa} *Riese interpolata ex 81, 2* ‖ 5 videt **M** *π* : vidit *β* | matre *β*
M *π* : coniuge *γ* ‖ 7 anno *β*M : animo *π* ‖ 10 videns *π* ‖ 14 olim *β* : *om.* **M** *π RA* ‖
15 itinera *β π* : iter M *RA* | et M; *cf. RA* : (dixit)que *π* : *om. β* ‖ 16 thirus *β* ‖
17 servos *β*M : et servos *π* | et[1] **M** *π* : *om. β* | vestes *scripsi* : et vestes *β* : ac ve-
stes **M** : *om. π* ‖ 19 procedenti *β*c : procedente *β*M *π* | {mi} *Riese; om. RE* ‖ 21 or-
dinavit **M** *π* : ordinat *β* ‖ 22 eius *β π* : sui M ‖ 23 autem *γ RA* : quoque *β*M *π* ‖
24 Tyri et Cyrenensium *delevi* ‖ 25 suum vixit *β; cf. RA* : sui vixit *π* : suum
duxit *β*c ‖ 26 in[2] **M** *π* : *om. β* ‖ 27 posuit *π RE* : exposuit *β*M

CONSPECTVS SIGLORVM IN RC

RC

ε	Cantabrigiensis collegii Corporis Christi 318, s. XII
η	Cantabrigiensis collegii Corporis Christi 451, s. XII – XIII
δ	Oxoniensis Laud. misc. 247, s. XII
ξ	Oxoniensis Rawl. D. 893 et Rawl. C. 510, s. XII
Va	Vaticanus lat. 1984, s. XII
V	Vindobonensis 226, s. XII
V2	Tridentinus 3129, s. XV
γ	Londiniensis Sloane 1619, s. XIII

RA

A	Laurentianus plut. LXVI 40, s. IX
P	Parisinus lat. 4955, s. XIV
Va^c	Vaticanus lat. 1984, s. XII, correctus

Rα

F	Lipsiensis 431, s. XII

RB

b	Vossianus lat. F 113, s. IX
β	Oxoniensis collegii Magdalenae 50, s. XII
M	Matritensis 9783, s. XIII
π	Parisinus lat. 6487, s. XIII

Sym.	Symphosius (Bailey)

{ }	delenda
⟨ ⟩	addenda
⟨***⟩	lacuna quam esse suspicamur
[***]	lacuna e rasura aut e damno in pagina facta
[. . .]	numerus litterarum quas deperditas esse suspicamur
c	e. g. Va^c = corrector manuscripti

HISTORIA APOLLONII REGIS TYRI (RC)

1 In civitate Antiochia rex fuit Antiochus nomine, a quo et ipsa civitas nomen Antiochia accepit. hic habuit ex amissa coniuge filiam, virginem speciosam incredibili pulchritudine, in qua natura rerum nihil erraverat, nisi quod mortalem statuerat. quae dum ad nubilem venisset aetatem, multi eam in matrimonio postulabant cum magna et inaestimabili dotis 5 quantitate. sed dum pater deliberaret, cui potissimum filiam suam in matrimonium daret, cogente iniqua concupiscentia crudelitatisque flamma incidit in amorem filiae suae et coepit eam aliter diligere quam {quod} patrem oportebat. qui cum diu luctatur cum furore, pugnat cum dolore, vincitur amore; excidit illi pietas, oblitus est esse se patrem, 10 induit coniugem. sed dum saevi pectoris sui vulnus ferre non posset, quadam die prima luce vigilans irrupit cubiculum filiae, famulos secedere longius iussit, quasi cum filia sua secretum colloquium habiturus, diuque repugnanti nodum virginitatis erupit perfectoque scelere ⟨***⟩ cupit celare secrete.
  15

2 Sed dum guttae sanguinis in pavimento cecidissent, subito nutrix introivit et vidit puellam roseo rubore perfusam, asperso sanguine pavi-

---

mento. cui dixit nutrix: „quid tibi sic vultus turbatus et animus?" cui
puella ait: „cara nutrix, hodie hoc in cubiculo duo nobilium nomina
perierunt." nutrix ait: „domina, quare hoc dicis?" puella ait: „ante
legitimum nuptiarum mearum diem saevo sum scelere violata." nutrix
5 ait: „quis tantae {virtutis} audaciae virginis reginae torum ausus est
maculare? non timuit regem?" puella ait: „impietas fecit scelus." nutrix
ait: „cur ergo non indicas patri?" puella ait: „et ubi est pater? nomen
patris periit in me. itaque ne hoc pateat mei genitoris scelus et patris
macula gentibus innotescat, mortis mihi remedium placet." nutrix ut
10 audivit puellam mortis sibi remedium quaerere, blando sermone eam
revocat, ut a proposito suo recederet, et invitam patris voluntati ⟨satis⟩-
facere cohortatur.

Inter haec impiissimus rex Antiochus simulata mente ostendebat se **3**
civibus suis pium genitorem, apud domesticos vero penates maritum se
15 filiae laetabatur. et ut semper impiis toris filiae frueretur, ad expellendos
nuptiarum petitores quaestiones proponebat dicens: 'si quis vestrum
quaestionis meae solutionem invenerit, filiam meam in matrimonio
accipiet; qui autem non invenerit, decollabitur', quia plurimi undique
reges, undique patriae principes propter incredibilem speciem puellae
20 contempta morte properabant. sed si quis prudentia litterarum quaestionis solutionem invenisset, quasi qui nihil dixisset, decollabatur et caput
eius in portae fastigium ponebatur.

Et cum hanc crudelitatem rex Antiochus exerceret, interposito brevi **4**
temporis spatio quidam adulescens Tyrius, princeps patriae suae locuples
25 valde, nomine Apollonius, fidus abundantia litterarum, navigans attigit

*ε*VaV

1 nutrix *om.* **Va** | tibi *om.* **Va** | sic *om.* *ε* | vultu turbato **Va** | turbatus est *ε* |
et *om.* **Va** | animus tuus **VaV** *RB* ‖ **2** in hoc **VaV** *RA* | nobilium nomina *ε RB* :
nomina nobilium **V** : nobilia nomina **Va**; *cf. RA* ‖ **3** ait[1] *ε***V** : dixit **Va** ‖ **5** virtutis
delevi : virtutis *ε***Va** : vir **V** | audacia **Va** *RA RB* ‖ **6** maculari **Va** | **7** ergo *om.* **V** ‖
8 pateat *ε***V** : pareat **Va** | et *om.* **Va** | **8−9** patris (mei *add. ε*) macula (maculas **Va**)
gentibus innotescat *ε***Va** : macula patris innonotescat gentibus **V** ‖ **9** mihi mortis *ε* ‖
10 sibi **V** : se *ε* : *om.* **Va** *RA RB* | eam *om.* **V** *RB* ‖ **11** ad propositum suum **Va** |
invita **Va** | voluntati satisfacere *scripsi ex RA* : voluntatem facere **V** : volunta-
tem *ε* : faceretque **Va** ‖ **12** ortaretur **Va** ‖ **13** inter **Va** *RB* : in **V** : ad *ε* | rex im-
piissimus **VaV** *RB* ‖ **14** genitorem esse *ε* | vero **VaV** : suos *ε* | pinacis **Va** | se *ε***V** :
seu et **Va** ‖ **15** remper **Va** | impius *ε* | filiam **Va** | et ad *ε* | extollendos **Va** ‖
16 nuptiarum *om.* **Va** | proponebant **Va** ‖ **17** filia mea **Va** ‖ **18** accipiat **Va** | quia
plurimi *scripsi* : et quia plurimi **Va** : qui plures **V** : quid plura *ε* ‖ **18,19** undique re-
ges *om.* **V** ‖ **19** principes patriae **Va** ‖ **20** contempta morte *ε***Va** : contenta mente **V** |
sed *ε***V** : et **Va** | prudentiam **Va** ‖ **20,21** questionem solutionis *ε* ‖ **22** fastidium **Va** ‖
23 credulitatis rem exerceret rex antiochus **Va** ‖ **24** tyrius *ε* : tyrus **V** : girius (*?*)
Va ‖ **25** valde **V** *η RA* : *om. ε***Va** | fidus **V** *RB* : fiduus **Va** : fidens in *ε* | contigit *ε*

Antiochiam, ingressusque ad regem ita eum salutavit: ,,ave, rex et quasi pius pater! ad vota tua perveni. regio genere ortus in matrimonio filiam tuam peto." rex ut audivit quod audire nolebat, irato vultu respiciens iuvenem ait: ,,iuvenis, nosti filiae meae nuptiarum condicionem?" Apollonius ait: ,,novi, et ad portam vidi." indignatus rex ait: ,,audi ergo 5 quaestionem: scelere vehor, materna carne vescor, quaero patrem meum, meae matris virum, uxoris meae filiam, nec invenio." Apollonius accepta quaestione paululum recessit a rege; qui cum scrutatur scientiam, luctatur cum sapientia, favente deo invenit quaestionis solutionem reversusque ad regem ait: ,,bone rex, proposuisti quaestionem; audi solutionem. 10 quod dixisti: 'scelere vehor', non es mentitus; te ipsum respice. et quod dixisti: 'materna carne vescor', et hoc non es mentitus; filiam tuam intuere."

5 Rex ut audivit iuvenem quaestionis suae solutionem invenisse, timens ne scelus suum patefieret, irato vultu respiciens iuvenem ait: ,,longe es, 15 iuvenis, a quaestione; erras, nihil dicis. decollari merebaris, sed ecce habes XXX dierum spatium: recogita tecum. et cum reversus fueris et quaestionis meae solutionem inveneris, accipies filiam meam in matrimonio: sin alias, legem agnosces." tunc Apollonius conturbatus accepto commeatu navem ascendit tendens in patriam suam Tyrum. 20

6 Post discessum vero Apollonii vocavit ad se rex Antiochus dispensatorem suum nomine Thaliarchum et dicit ei: ,,Thaliarche, secretorum meorum fidelissime minister, scias quia Tyrius Apollonius invenit quaestionis meae solutionem. ascende ergo confestim navem ad persequendum iuvenem, et cum perveneris Tyrum in patriam eius, quaere inimicum 25

---

*ε*VaV

1 quasi *ε*V : si Va ‖ 2 pater es Va; *cf. RA* | vota tua perveni *ε* : tua vota perveni V : vocata tua pervenio Va | genere ortus (hortus Va) *ε*Va *RA* : ortus genere V | matrimonio *ε*Va b : matrimonium V *RA β* | 3 iratu Va | respiciens in *ε* ‖ 4 filia mea Va | condicione Va ‖ 5 porta Va | indignans *ε* | ergo *om.* V ‖ 6 vehor V : veor Va : veheor *ε* ‖ 7 uxoris meae (et *add.* V) filiam nec invenio VaV : *om. ε* ‖ 8 discessit Va ‖ 9 deo *ε*V : domino Va ‖ 10 proposuistis Va ‖ 11 vehor V : veor Va : veheor *ε* : vereor Va^c *η* | es mentitus *ε* : mentitus es V : est mentitus VaA | (ad *add. ε*) te ipsum respice *ε*V : *om. hic* Va *ponens* te respice *post 12* es mentitus ‖ 12 maternam carnem VaA | et hoc non *ε*V : nec hoc Va ‖ 14 audivit *ε*V *RB* : vidit Va *RA* | suae *om.* Va | advenisset Va ‖ 15 scelum Va | patefieri Va | iratu Va ‖ 16 erras *ε* : errasti Va : et V | dixisti Va | decollari V : -are *ε* : -aris Va | merebaris *ε*V : merueras Va *RB* | sed ecce *ε*Va : tecum V ‖ 17 dies Va | reversus cum Va ‖ 18 filia mea Va | matrimonio *ε*Va *RB* : matrimonium V *RA* ‖ 19 leges Va | agnosces *ε*Va b^c : agnoscis V b ‖ 20 commeatu *ε* : commeatum Va : comitatu V | Tyrum *scripsi* : tyro *ε*VaV b ‖ 21 ad se *om. ε* ‖ 22 nomine *om. ε* | dixit *ε* | secretuorum Va ‖ 23 scies Va | tyrius (tyrus V) apollonius VaV *η RA RB* : apollonius tyrius *ε* ‖ 24 confestim navem *ε*V *RB* : navem confestim Va *RA* ‖ 25 veneris Va | Tyrum (*scripsi* : tyro VaV *η*) in patriam (patria Va) eius VaV *η* : in patriam suam tyro *ε*

eius, qui eum ferro aut veneno interimat. reversus cum fueris, libertatem
accipies." Thaliarchus vero hoc audito assumens pecuniam simulque
venenum, navem ascendens petit patriam innocentis. Apollonius vero
prior attigit patriam suam et introivit domum suam et aperto scrinio
5 codicum suorum inquirit quaestiones omnium philosophorum omniumque Chaldaeorum. cumque nihil aliud invenisset quam cogitaverat, ait ad
semet ipsum: 'quid agis, Apolloni? quaestionem regis solvisti et filiam
eius non accepisti, ideo dilatus es, ut neceris.' et exiens foras frumento
navem onerari praecepit et multum pondus auri et argenti vestemque
10 copiosam. atque ita paucis fidelissimis servis comitantibus hora noctis
tertia navem ascendit tradiditque se alto pelago.

Postera vero die in civitate sua quaeritur nec invenitur. fit maeror 7
ingens; sonat planctus per totam civitatem. tantus vero circa eum amor
civium erat, ut multo tempore tonsores cessarent, publica spectacula
15 tollerentur, balnea clauderentur. et dum haec Tyro geruntur, supervenit
Thaliarchus dispensator, qui a rege fuerat missus ad necandum iuvenem.
videns omnia clausa ait cuidam puero: ,,si valeas, indica mihi qua ex
causa civitas haec in luctu moratur." cui ait puer: ,,o hominem improbum! scit et interrogat! quis enim nesciat hanc civitatem in luctu esse,
20 quia Apollonius princeps huius civitatis ab Antiocho rege reversus subito
nusquam comparuit." dispensator regis ut audivit, gaudio plenus rediit
ad navem et certa navigationis die attigit Antiochiam et ingressus ait
ad regem: ,,domine rex, gaude et laetare. Apollonius timens regni tui
vires subito nusquam comparuit." rex ait: ,,fugere quidem potest, sed
25 effugere non potest." continuo huiusmodi edictum proposuit rex Anti-

εVaV

1 eius **VaV** : ei ε | venenum interhimat **Va** | reversus cum fueris **VaV** η *RB;*
cf. 86, 17 : et cum reversus fueris ε ‖ **2** vero *om.* ε ‖ **2.3** que venenum *om.* **V** ‖ **3** pe-
tiit **V** *RA RB* | innocentis *om.* **Va** | apollonius vero ε**V** *RB* : innocens vero apollo-
nis **Va** ‖ **4** et (η *RA* : *om.* ε**Va**) introivit (**Va** *RA* : introivit in η : introivitque ε)
domum suam ε**Va** η : interiorem peciit cubiculum **V** *RB* ‖ **5** inquisivit **Va** *RA* |
questionem **V** ‖ **6** inveniret ε | nisi quam **Va**; *cf. RA RB* ‖ **7** et *om.* **Va** ‖ **8** dila-
tus ε : dila[. .]tus **V** : dilatatus **Va** A | neceris ε : noceris **Va**; *cf.* **P** : ne eris ut gener
regis **V** ‖ **8—9** exiens foras . . . onerari ε; *cf. RA* : exiens foras fragmenta navis ho-
nerari **Va** : eiciens foris instrumenta naves praeparare **V** ‖ **9. 10** vestesque copiosas
Va ‖ **10** atque ita *om.* **Va** | de fidelissimis servis suis hora **Va** ‖ **11** tradiditque ε **b** :
tradidit **VaV** *RA* ‖ **12** vero ε *RA* : *om.* **VaV** *RB* | queritur a civibus **V** *RA RB* |
meror ε**V** : rumor **Va**c ‖ **14** publica (plubica **Va**) spectacula ε**Va** *RB* : publica **V** ‖
15 valnea **Va**; *cf. RA* | Tyro *om.* **V** | geruntur ε *RB* : gererentur **V** **P** : gerentur
Va | supervenit ε *RA RB* : superveniens **VaV** η ‖ **16** fuerat missus **VaV** η *RA RB* :
missus fuerat ε; *cf. Riese RA* ‖ **18** ait puer ε**Va** : puer ait **V** *RA RB* | o ε**V** *RA* :
om. **Va** *RB* ‖ **19** et ε**Va** : quod **V** | interrogas **Va** | civitas **Va** | esset **Va** ‖ **20** su-
bito *om.* **V** *RB* ‖ **21** disspensator regi **Va** | redit ε**Va** ‖ **22** navigatione **Va** ‖ **23—24**
vires regni tui **V** ‖ **24** fugire **Va** | sed *om.* ε ‖ **25** effugire **Va**

ochus dicens: 'quicumque mihi Tyrium Apollonium, contemptorem regni mei, vivum perduxerit, accipiet L talenta auri; qui vero caput eius pertulerit, C accipiet.' hoc edicto proposito non tantum inimici sed etiam amici cupiditate seducti ad persequendum iuvenem properabant. quaeritur Apollonius per terras, montes silvasque per universas indagines, 5 et non invenitur.

8   Tunc rex ad persequendum iuvenem iussit classes navium praeparari. sed moras facientibus qui classibus navium insistebant, devenit Apollonius Tarsum. et ambulans in litore visus est a quodam Hellenico nomine cive suo, qui ibidem supervenerat. et accedens ad eum Hellenicus ait: 10 „ave, domine Apolloni." at ille salutatus fecit quod potentes solent facere: sprevit hominem plebeium. iterum salutans eum Hellenicus ait: „ave, inquam, Apolloni rex, resaluta et noli despicere hominem pauperem, honestis moribus decoratum. et audi, forsitan quod nescis: cavendus es. cave te, quia proscriptus es." cui Apollonius ait: „et quis 15 patriae meae principem potuit proscribere?" Hellenicus dixit: „rex Antiochus." Apollonius ait: „qua ex causa?" Hellenicus dixit: „quia quod pater est tu esse voluisti." Apollonius ait: „et quantum proscriptus sum?" Hellenicus ait: „ut quicumque te illi vivum adduxerit, accipiat L talenta auri; qui enim caput tuum obtulerit, C accipiet. itaque moneo te: fugae 20 praesidium manda." et cum haec dixisset, discessit ab eo. tunc iussit Apollonius vocari eum ad se et ait illi: „rem fecisti piissimam, ut me instrueres. accipe ergo C talenta auri, et puta te mihi caput a cervicibus

*ε*VaV

1 tyrium **Va** *η* : tirum *ε***V** ‖ 2 et qui *ε* ‖ 3 pertulerit *ε***Va** *RB* : attulerit **V** *RA* | edicto *om.* **V** | praeposito **Va** ‖ 4 properabat **Va** ‖ 5 apollonium **Va** | terras **V** *RA RB* : terram **Va** : trans *ε* | montes silvasque *ε***V** : per montes per silvas **Va** *RA RB* ‖ 7 navium *om.* **V** | praeparari **Va**V *η RA* : preparare *ε* b ‖ 8 qui classibus **V** *η* : qui classes **Va** : *om. ε* | insistebat **Va** ‖ 9 tarso **Va** | deambulans **Va** *RA* ; *cf. RB* | ad quondam **Va** ‖ 10 concive **Va** | ad eum *om.* **V** ‖ 11 domine *om.* **V** ‖ 12 sprevit *ε***V** : prevenientem **Va** ‖ 13 inquam *scripsi* : inquit *ε***Va**V | dispire **Va** ‖ 14 audi *ε***Va** : audies **V**2 : audis **V** | quod nescis *ε***V** : scias quod nescis si scis **Va** ‖ 15 cave te *ε***V** : si enim nescis monendus es cave **Va** | cui *om.* **Va** ‖ 15−16 et quis potuit patriae meae principem proscribere **V** ‖ 16 dixit *ε***V** : ait **Va** *η* ‖ 17 ait *ε***Va** : dixit **V** *η* | Hellenicus dixit *om.* **Va** ‖ 18 ait et *ε* : dixit et **V** *η* : dixit **Va** | proscriptus sum *ε η* : sum proscriptus (-tum **Va**) **Va**V ‖ 19 ait **Va**V *η RB* : dixit *ε* | ut *om. ε* | adduxerit *ε* : duxerit **V** *η* : perduxerit **Va** | accipiat *scripsi* : accipiet *ε***Va**V ‖ 20 enim **Va** *η* : autem **V** : *om. ε* | C *ε***Va** : centum talenta auri **V** ‖ 20−21 fugae (fugire **Va**) praesidium manda **Va** *η RA RB* : presidium fuge manda *ε* : fuge **V** ‖ 21 diceret *ε* ‖ 22 vocari eum *ε η* : vocari **V** : rogari eum **Va** | ad se *om.* **V** | et ait illi *ε* : et ait ei **V** : ait **Va** | pessimam *ε Raith* ‖ 23 ergo *ε***V** : enim **Va** | 23−p. 89, 1 puta . . . ferre **V** *η* : dic antiocho meum capud a cervicibus amputatum et regi gaudium ferto *ε* : amputa (am + puta) mihi capud a cervicibus et portas regi gaudium ferens **Va**

amputasse et regi gaudium ferre. ecce habes praemium C talenta et manus puras a sanguine innocentis." cui Hellenicus ait: „absit, domine, ut ego huius rei causa praemium accipiam. apud bonos enim homines amicitia praemio non comparatur." et vale dicens ei discessit.

5 Et respiciens Apollonius vidit contra se venientem notum sibi hominem 9 maesto vultu dolentem nomine Stranguillionem. accessit ad eum et ait ei: „ave, Stranguillio." et Stranguillio ait: „domine rex Apolloni, quid ita in his locis turbata mente versaris?" Apollonius ait: „proscriptum me audivi." et Stranguillio ait: „quis te proscripsit?" Apollonius ait:
10 „rex Antiochus." Stranguillio dixit: „qua ex causa?" Apollonius ait: „quia filiam eius (immo ut verius dixerim coniugem) in matrimonium petii. itaque si fieri potest, in patria vestra volo latere." Stranguillio ait: „domine Apolloni, civitas nostra pauper est, et nobilitatem tuam non potest sustinere; praeterea famem duram saevamque patimur sterilita-
15 tem annonae nec est civibus meis ulla spes salutis, sed crudelissima mors ante oculos nostros est." cui Apollonius ait: „Stranguillio mihi carissime, age ergo deo gratias, quod me profugum finibus vestris adduxerit. dabo enim civitati vestrae C milia frumenti modios, si fugam meam celaveri-tis." Stranguillio ut audivit, prostratus pedibus eius ait: „domine Apol-
20 loni, si esurienti civitati subveneris, non solum fugam tuam celabunt, sed, si necesse fuerit, pro salute tua dimicabunt."

Ascendens itaque Apollonius tribunal in foro cunctis civibus praesenti- 10 bus dixit: „cives Tarsis, quos annonae caritas opprimit, ego Apollonius Tyrius relevabo. credo enim vos huius beneficii memores fugam meam
25 celaturos. scitote enim me legibus Antiochi regis esse fugatum; sed vestra Felicitate favente deo huc sum delatus. dabo itaque vobis C milia frumenti modios eo pretio, quo in patria mea mercatus sum: singulos

εVaV

1 talenta auri **V** *RA* ‖ 1.2 puras manus *ε* ‖ 3 amicitia *δ* P *RB* : amicitiam **Va A** : amicitie *ε***V** ‖ 4 praemium **Va** | comparatur *ε* P *RB* : comparantur **VaV A** ‖ 6 mixto **Va** | dolente **Va** ‖ 6—7 accessit ... Stranguillio et *om.* **Va** ‖ 8 itaque **Va** ‖ 9 me *ε η* : *om.* **VaV** *RA RB* | audivi et *ε***V** : vides **Va** *RA RB* | domine rex *post* ait[1] **Va** ‖ 10 dixit *ε***V** : ait **Va** ‖ 11 matrimonium *ε***Va** *RA* : matrimonio **V** *RB* ‖ 12 peti **Va** | lateri **Va** ‖ 13 cives **Va** | pauper *ε***V** P b : paupera **Va A** *β* ‖ 13—14 sustinere non potest *ε* ‖ 14 fame seva pate͞m **Va** | patimur et *ε* ‖ 15 civibus meis ulla spes (spes ulla **V**) *ε***V** : iam cybus spes ulla **Va** ‖ 16 est *om.* *ε* ‖ 17 quod *ε***V** : cum **Va** | profugus **Va** | adduxerit *ε***V** : applicui **Va**; *cf. RA RB* ‖ 18 frumenti modios **Va** *η* : modios frumenti *ε* : frumenti modiorum **V** *RA* : modiorum frumenti *RB* ‖ 19 prostatus **Va** ‖ 20 civi *ε* ‖ 21 fuerint **Va** ‖ 22 itaque *ε***V** : que **Va** | civita-tibus **Va** ‖ 23 tharsis *ε* : tharsi **Va** : tharsiae **V** | caritas **VaV** : parcitas *ε* ‖ 24 tyrius **Va** : tirus **V** : tyro *ε* | revelabo **Va** | beneficii *ε* : beneficii mei **V** : beneficiis **Va** ‖ 24—25 memores si fugam meam celaveritis **V** ‖ 25 scito **Va** | regi **Va** ‖ 26 hic **Va** | dilatatus **Va** ‖ 27 frumentis **Va**; *cf.* beneficiis *supra* | eo ... sum *ε***V** : pretium quod sum in patria mercatus **Va**

modios aereis VIII." hoc audito cives Tarsis, quod singulos modios
singulis aureis mercabantur, exhilarati facti magnis acclamationibus
gratias agentes certatim frumenta portabant. tunc Apollonius, ne deposita regia dignitate mercatoris magis quam donatoris nomen videretur
assumere, pretium quod accepit eiusdem civitatis utilitatibus redonavit. 5
cives optantes eius beneficia in aliquo remunerare ex aere ei bigam in
foro statuerunt, in qua stans dextera manu fruges tenens, sinistro pede
modium calcans, et in base haec scripserunt: Tarsia civitas Apollonio
Tyrio donvm dedit eo qvod liberalitate sva famem sedavit cives
civitatemqve restitvit.   10

11 Interpositis mensibus paucis hortante Stranguillione et Dionysiade
coniuge eius ad Pentapolim Cyrenen navigare disposuit, ut illic lateret,
eo quod benignius illic agi affirmaretur. cum ingenti igitur honore a
civibus deductus usque ad navem et vale dicens Apollonius omnibus
conscendit ratem. qui dum navigat, inter duas horas mutata est pelagi 15
fides: concitatur tempestas, pulsat mare sidera caeli, ventis mugit mare;
hinc Boreas, hinc Africus horridus instat, et soluta est navis.

12 Tunc sibi unusquisque rapit tabulas mortemque ominatur. in tali
caligine tempestatis universi perierunt. Apollonius solus tabulae beneficio
in Pentapolitanorum est litore pulsus {hoc est Cyrenorum}. stans vero 20
Apollonius in litore nudus, intuens mare tranquillum ait: 'o Neptune,
fraudator hominum, deceptor innocentium, Antiocho rege crudelior,

_ε_VaV

1 ereis _η_ : aeris **V** : aureis _ε_ : esse **Va** | tharsis quod _ε_**V** : tharsi qui **Va** : tharsis
qui _η RA_ ‖ 2 aureis _ε_**Va** : aeris **V** | mercabatur **Va** | facti _ε_ : facta **V** : fausti **Va**;
_cf. RB_ | magnis acclamationibus _ε_**V** : exclamationibus **Va** ‖ 3 ne _addidi ex δ RA
RB_ ‖ 4 mercaturi **Va** | donaturi nomine **Va** ‖ 5 civitati **VaV** ‖ 6 optantes _ε_; _cf.
RA_ : obtantes _δ_ : ob tanta **VaV** | eius _om._ **Va** | in aliquo remunerare _η Raith_ :
remunerare _δ_ : _om._ _ε_**VaV** | ex ere ei bigam _ε_ : exi bigam ei **Va** : ex aere cibi gra-
tia **V** | 7 statuerunt _ε_**VaV** : sta⟨tuam ei sta⟩tuerunt **V**c (_in marg._), **V2**; _cf. RA_ |
stantis _ε_ | dextra nu **Va** | fruges _ε_**V** : fruge in **Va** ‖ 8 base _scripsi_ : vase _ε_**V** : vas **Va** |
haec _om._ **Va** ‖ 8—9 tharsiae civitati tyrius apollonius **Va** ‖ 9 tirio _ε_ : tiro **V** : tyrius
Va | liberalitatem suam fame seva liberavit **Va** | sedavit _scripsi post_ **P** : sedave-
rit **V** b _π_ : aufert _ε_ : liberavit **Va** : avertit _η_ ‖ 9—10 cives (**V** : civibus _ε_) civitatem-
que restituit (**V** : restituerit _ε_) _ε_**V** : _om._ **Va** _RA RB_ ‖ 11 paucis mensibus **V** | hor-
tante **V** : orante _ε_ : hortatus a _ε_ ‖ 12 pentapoli **Va** | cirene _ε_ : carina **V** : chitrina
Va | illuc **Va** ‖ 12—13 lateret eo quod _om._ **V** ‖ 13 quod ibi benigni agii **Va** | illic _ε_ :
_om._ **VaV** | a _ε_**V** : ad **Va** ‖ 15 conscendens **Va** | navigat **V** _η_ : navigaret _ε RA_ :
navigasset **Va** | inter **V** _η_ : intra **Va** : in _ε_ ‖ 15.16 fides pelagi **V** ‖ 16 venti muge
Va ‖ 17 et _om._ **V** ‖ 18 tabulas _ε RA_ : tabulam **VaV** _RB_ | morte minatur _add._ **V**c
in marg. | ominatur _Hunt_[1] _26—28 (Renehan)_ : minatur _ε_**Va** : _om._ **V** ‖ 19 solus
_om._ **Va** | tabulam beneficium **Va** ‖ 20 e_p_xpulsus **Va** | {hoc est Cyrenorum}
Klebs 162 | vero _om._ _ε_ ‖ 21 apollonius in litore **VaV** _RA_ : in litore apollonius _ε_ ‖
22 regi **Va**

propter hoc me reservasti, ut egenum et inopem me dimitteres; facilius
rex Antiochus crudelissimus persequeretur! quo itaque ibo? quam partem
petam? aut quis ignoto dabit vitae auxilium?' et dum haec ad semet
ipsum loquitur, subito animadvertit quendam piscatorem grandi sago
5 sordido circumdatum. prostravit se illi ad pedes profusisque lacrimis ait:
,,miserere, quicumque es, senior, succurre nudo naufrago, non humilibus
natalibus genito. et ut scias cui miserearis, ego sum Tyrius Apollonius,
patriae meae princeps. nunc vero trophaeum calamitatis meae, qui
genibus tuis advolvor, auxilium vitae deprecor." piscator ut vidit prima
10 specie iuvenem pedibus suis prostratum, misericordia motus levavit eum
et tenuit manum eius et duxit intra tectum paupertatis suae, et apposuit
ei epulas quas habuit. et ut plenius ei pietatem exhiberet, exuit se
tribunarium et scidit {eum} in duas partes aequales et dedit unam partem
iuveni dicens ei: ,,tolle quod habeo et vade in civitatem: ibi forsitan qui
15 misereatur tibi invenies. si non inveneris, huc revertere; paupertas
quaecumque est sufficiet nobis; mecum piscaberis. illud tamen admoneo
te, ut si quando deo favente dignitati redditus fueris, et tu respicias
paupertatem tribunarii mei." et Apollonius ait: ,,nisi meminero tui,
iterum naufragium patiar nec tui similem inveniam!"
20 Haec dicens per demonstratam sibi viam iter carpens portas civitatis **13**
intravit. et dum cogitaret, unde vitae peteret auxilium, vidit puerum
nudum per plateam currentem oleo unctum, praecinctum sabano,
ferentem ludos iuveniles ad gymnasium pertinentes, maxima voce
dicentem: ,,audite cives, audite peregrini, liberi et ingenui: gymnasium
25 patet." Apollonius hoc audito exuens se tribunarium ingreditur lavacrum,

ε VaV

1 hoc me **Va** δ *RA* : me haec ε **V** | servasti **Va** | inopem et egenum **Va** | me di-
mitteres *om.* **Va** ‖ 2 Antiochus *om.* **Va** | persequitur **Va** ‖ 3 ignotum dabit auxi-
lium **Va** | vitae **V** η *RA* : *om.* ε**Va** ‖ 4—5 grandi sago sordido **V** η : granago sordi-
do ε : grandi sagu sordidum **Va** ‖ 5 profusis **Va** ‖ 7 genitus **Va** | et *om.* **Va** | mi-
sereris **Va** ‖ 8 nunc vero tropheum ε**V** : audi nunc tropheum **Va** *RB*; *cf. RA* ‖ 8—9
qui . . . deprecor **V** η : qui genibus tuis advolvor ε : quomodo genibus tuis provolutus deprecor vite auxilium **Va**; *cf. RA RB* ‖ 9.10 primam speciem **Va** ‖ 10 motus
est levavitque **V** ‖ 11 tenuit manum eius ε**Va** : tetigit manu eum **V** | duxit **V** η *RB* :
duxit eum **Va** *RA* : duxit illum secum ε | tectum **VaV** : domum ε ‖ 11.12 apposuit
ei ε**V** : posuit **Va** ‖ 12 et *om.* **Va** | exiuit **Va** ‖ 13 et[1] *om.* **Va**; *cf. RA* | eum *delevi* |
et[2] ε *RA* : *om.* **VaV** *RB* ‖ 14 iuvenis **Va** ‖ 15 mereatur **Va** | tibi *om.* **Va** | hunc **Va** ‖
15—16 paupertasque sufficiet **Va** ‖ 16 quacumque **V** | mecum piscaberis *scripsi ex*
RB : mecum piscabis ε**V** : simul fruamur **Va** ‖ 17 dignati **Va** | et tu *om.* **V** ‖ 18 et
(*om.* **Va**) apollonius ait **VaV** : et ait ε | tui *om.* **Va** ‖ 19 naufragium iterum **V** | tui
ε**V** : tibi **Va** ‖ 20 per *om.* **Va** | viam sibi ε ‖ 21 cogitaret ε *RA* : cogitat **VaV** *RB* ‖
22 platea **Va** | savanum **Va** ‖ 23 lusus **Va** | iuvenales ε | gemnatium pertinentem
Va | magna ε ‖ 24 peregrini ε**V** : civibus peregrinibus **Va** ‖ 24.25 gemnatium patit
Va ‖ 25 audito hoc apollonius **V** | exuens ε**V** *RA* : exuit **Va** *RB* | tribunarium **VaV**
RA : tribunario ε *RB*

utitur liquore palladio, et dum exercentes singulos intueretur, parem
sibi quaerit et non invenit. subito Archistrates rex totius illius regionis
cum turba famulorum ingressus, dum cum suis ad pilae ludum exerceretur, volente deo miscuit se Apollonius regi et decurrentem sustulit
pilam ⟨et⟩ subtili velocitate percussam ludenti regi remisit remissamque 5
rursus velocius repercussit nec cadere passus est. rex enim quia sibi
notavit velocitatem pueri, et sciebat se in ludo parem non habere, ait ad
suos: ,,famuli, recedite; hic enim iuvenis, ut suspicor, mihi comparandus
est." Apollonius ut audivit se laudari, constanter accessit ad regem et
docta manu ceromate fricuit eum tanta subtilitate, ut de sene iuvenem 10
redderet. deinde in solio gratissime fovit et exeunti manum officiose dedit
et discessit.

14   Rex ad amicos post discessum iuvenis ait: ,,iuro vobis per communem
salutem melius me numquam lavisse nisi hodie beneficio nescio cuius
adulescentis." et respiciens unum de famulis ait: ,,iuvenis ille qui mihi 15
obsequium fecit, vide quis est." famulus vero secutus iuvenem vidit
eum tribunario sordido coopertum et reversus ad regem ait: ,,iuvenis
ille naufragus est." rex ait: ,,unde scis?" famulus ait: ,,illo tacente habitus indicat." rex ait: ,,vade celerius et dic ei: 'rogat te rex ut venias ad
cenam'." Apollonius ut audivit, acquievit et deducente famulo pervenit 20
ad regem. famulus prior ingressus ait regi: ,,naufragus adest, sed abiecto
habitu introire confunditur." statim rex iussit eum dignis vestibus indui
et ingredi ad cenam. ingressus Apollonius triclinium contra regem ad-

ɛVaV

1 pallidio **Va** | intueretur **ɛVa**; *cf. RA* : intuetur **V** *RB* | par[.]tur **Va** | 2 que-
rens **Va** | inveniet **Va** | regionis illius **V** ‖ 3 ingressus **V** η *RB* : ingressus est ɛ**Va**
RA | pel[.]e **Va** | ludum **V** η *RA* : lusum ɛ**Va** *RB* ‖ 3−4 exercerit volent duo **Va** ‖
4 decurrentem **V** *RB* : decurrentes **Va** : dum currenti ɛ ‖ 4.5 obtulit pela **Va** ‖ 5 et
addidi ex RA RB | ludentique **V** | remisit et ɛ | reversamque **V** ‖ 6 necadere **Va** |
sibi *om.* ɛ ‖ 6−8 rex enim . . . ad suos ɛ**V** : et notavit sibi rex velocitatem iuvenis
et quis esse in pele lusum neminem parē[. .] haberet ad suos ait **Va** ‖ 7 ludo **V** :
lusu ɛ *RB* : lusum **Va** *RA* ‖ 8 enim **Va** *RA RB* : *om.* ɛ**V** ‖ 10 ceromate *scripsi ex*
RB : ceroma ɛ : ceromae **V** : cherum **Va** | fricuit **V**; *cf. RA RB* : effricuit η Raith :
efrecuit **Va** : refricuit ɛ | eum **VaV** : cum ɛ | subtilitate tanta **V** ‖ 10−11 ut desinet
iuvenem sedere **Va** | 11 gratissimo **V** | fovit et ɛ**V** : fuit **Va** | manu officium **Va** |
13 rex autem **V** *RA* | iuveni **Va** | commune **Va** ‖ 14 lavasset **Va** | beneficium **Va** |
nescio *om.* **Va** ‖ 16 obsequium ɛ**V** : officium **Va** *RB* : servitium *RA* | quis est ɛ**Va** :
ubi sit **V** | vero *om.* **Va** | secutus est **V** | vidit **Va** *RB* : et vidit ɛ : ut vidit **V** : et
ut vidit *RA* ‖ 17 cooperto **Va** | et *om.* ɛ**V** *RA* | reversus **V** η : reversus [. . .] **Va** :
reversus est ɛ | et ait ɛ ‖ 18 il[. . . .]le **Va** | rex ait *om.* **Va** | illum tacente abitus
Va ‖ 19 ei ɛ**V** : illi **Va** η *RA RB* ‖ 20 ducente ɛ *RB* ‖ 21 ad regem *om.* **V** | adest
ɛ**V** : est **Va** | abiectore **V** ‖ 22 abito **Va** | 23 ingredi [-6-] ad **Va** | triclinium **V** : in
triclinium (-io **Va**) ɛ**Va** ‖ 23−p. 93, 1 adsignatum locum **Va**

signato loco discubuit. infertur gustus, deinde cena regalis. Apollonius
cunctis epulantibus non epulabatur, sed respiciens aurum et argentum,
vestes, mensas, ministeria regalia dum flens cum dolore intueretur,
quidam senex invidus iuxta regem discumbens vidit iuvenem curiose
5 singula respicientem et ait regi: ,,bone rex, ecce homo, cui tu benignitatem animi tui ostendis, fortunae tuae invidet." cui rex ait: ,,male suspicaris; nam iuvenis iste non invidet, sed plura se perdidisse testatur." et
hilari vultu respiciens Apollonium ait: ,,iuvenis, epulare nobiscum et
meliora de deo spera."
10 Et cum hortatur iuvenem, subito introivit filia regis iam adulta, et **15**
dedit obsequium patri, deinde discumbentibus amicis. quae dum singulos
obsequeretur, pervenit ad naufragum. rediit ad patrem et ait: ,,bone rex
et pater optime, quis est ille iuvenis, qui contra te honorato loco discumbit et flebili vultu nescio quid dolet?" rex ait: ,,nata dulcis, iuvenis iste
15 naufragus est et in gymnasio mihi officium gratissime fecit; propterea ad
cenam illum rogavi. quis autem sit aut unde, nescio. sed si vis scire, interroga illum; decet te omnia nosse. forsitan dum cognoveris, misereberis illi." hortante patre puella pervenit ad iuvenem et verecundo sermone ait: ,,licet taciturnitas tua sit tristior, generositas tamen nobilita-
20 tem ostendit. si vero molestum non est, indica mihi nomen et casus tuos."
Apollonius ait: ,,si necessitatis nomen quaeris, in mari perdidi; si nobilitatis, Tarso reliqui." puella ait: ,,apertius mihi indica, ut intellegam."

Apollonius vero universos casus suos exposuit finitoque sermonis **16**
colloquio lacrimas fundere coepit. quem ut vidit rex flentem, respiciens
25 filiam suam ait: ,,nata dulcis, peccasti. dum vis nomen et casus adulescentis scire, veteres ei renovasti dolores. peto itaque, unica filia, ut quicquid

---

ε Va V

1 gustio Va; *cf. RA RB* | regalis cena *ε* ‖ 2 erat *add.* Vᶜ *post* sed | et *om.* Va ‖
3 misteria Va | haec dum V | intuitur Va ‖ 5 respicientem singula *ε* | et *om.*
VaV | ecce *om.* V | hominem Va | benignitatem *ε*Va : bonitatem V ‖ 6 invide-
tur Va | cui *om.* Va | suspicasti Va ‖ 7 videtur Va ‖ 8 hilare Va | ad apollonium
Va ‖ 9 de deo *ε*V : te dedeo Va ‖ 10 ortaretur Va *RA* | subito *om.* Va | filiam Va ‖
11 obsequium *scripsi post Enk* : osculum *ε*VaV ‖ 12 obsequeretur *scripsi* : obscu-
laretur *ε*Va *RA* : osculatur V *RB* | rediit V *RA RB* : redit *ε*Va | et *om.* VaV ‖
13 optime pater *ε* | ille *om. ε* | discumbet Va ‖ 14 flevili Va | vultu est *ε* | iste V *η*
Raith : ille *ε*Va *RB* ‖ 15 in *om. ε* | gemnatio Va ‖ 15—16 ad cenam illum VaV *RA*
RB : illum ad cenam *ε* ‖ 16 sit aut unde V *RA* : aut unde sit Va *RB* : vel unde sit *ε* |
vis scire *ε RB* : scire vis Va : vis V *RA* ‖ 18 illi *ε*Va : ei V | orante Va | iuvenem
VaV : apollonium *ε* ‖ 19—20 tristior . . . ostendit *ε*V : tristiorem generositatis tuae
mee nobitatis ostende Va ‖ 20 es Va | nomen tuum *ε* | tuos *ε*V : tuum Va ‖
21 mare VaV | nobilitatem *ε* ‖ 22 reliquid Va | mihi VaV : adhuc *ε* ‖ 23 univer-
sus casus suus Va ‖ 23—24 finito sermone conlocutionis Va; *cf. RA* ‖ 24 flentem
iuvenem Va ‖ 26 reservasti *ε* | unica V : domina *ε*Va

vis iuveni dones." puella ut audivit a patre ultro permissum quod ipsa
praestare volebat, respiciens iuvenem ait: ,,Apolloni, iam noster es,
depone maerorem; et quia patris mei indulgentia permittit, locupletabo
te." Apollonius cum gemitu et verecundia gratias egit. rex gavisus de
tanta filiae suae benignitate ait ad eam: ,,nata dulcissima, salvum habeas. 5
iube tibi afferre lyram et advoca amicos et iuveni aufer dolores." et
exiens foras iubet sibi afferri lyram. at ubi accepit, cum nimia dulcedine
vocis chordarum miscuit sonum. omnes laudare coeperunt et dicere:
,,non potest melius, non potest dulcius dici!" inter quos Apollonius solus
tacebat. ad quem rex ait: ,,Apolloni, foedam rem facis. omnes filiam 10
meam in arte musica laudant; tu solus tacendo vituperas?" Apollonius
ait: ,,bone rex, si permittis, dicam quod sentio: filia enim tua in artem
musicam incidit, nam non didicit. denique iube mihi tradi lyram, et
scies quod nescis." rex Archistrates ait: ,,Apolloni, intellego te in omnibus esse locupletem." et iussit ei tradi lyram. et egressus foras Apollonius 15
induit se statum lyricum, et corona caput decoravit, et accipiens lyram
introivit triclinium. et ita stetit, ut omnes discumbentes una cum rege
non Apollonium sed Apollinem aestimarent. atque ita silentio facto
'arripuit plectrum animumque accommodat arti'. miscetur vox cantu
modulata cum chordis, et discumbentes una cum rege magna voce 20
clamantes laudare coeperunt. post haec deponens lyram induit statum
comicum et inauditas actiones expressit, deinde induit se tragicum:
nihilominus mirabiliter placuit.

17   Puella ut vidit iuvenem omnium artium studiorumque cumulatum,
incidit in amorem. finitoque convivio puella respiciens patrem ait: ,,care 25
genitor, permiseras mihi paulo ante, ut quicquid voluissem de tuo

εVaV

1 iuvenis **Va** | puella ait ut vidit ad patrem **Va** | permisa **Va** | quid **V** ‖ 2 vel-
let **V** ‖ 3 merore **Va** | indulgentiam **Va** ‖ 4 iemitu **Va** | eget gratias domino **Va** |
rex vero ε ‖ 5 dulcissime **Va** | salvum **VaV** : salutem ε ‖ 6 afferre εV *RA* : auferre
Va : afferri η *Raith* ‖ 6—7 et advoca . . . afferri lyram *om.* **V** *ex homo.* ‖ 6 et² ε
Va η : ut εᶜ | aufer *scripsi e RA RB* : auferre **Va**ᶜ : auferes ε | et³ *om.* **Va** ‖ 7 auf-
erre **Va**ᶜ | nimio **Va** ‖ 8 sonum ε**Va** : voces **V** | dicerent **Va** ‖ 9 non potest melius
om. **VaV** | dici ε**Va** : cani **V** | dici super hec **Va** ‖ 10 feda **Va** ‖ 10.11 filia mea **Va** ‖
11 arte ε**Va** : hac **V** | lau~~d~~d~~dant **Va** | apollonius vero **V** ‖ 12 enim *om.* **V** | tuam
Va ‖ 12—13 in artem (-te **Va**) musicam (-ca **Va**) incidit nam ε**Va** : in hac arte mu-
sica **V** ‖ 14 scias **Va** β | nescit ε ‖ 15 esse *om.* **V** | et² *om.* **V** | ingressus ε ‖
16 statim **V** | lyricum *scripsi* : comicum ε**VaV** | corona caput decoravit **V** *RB* : co-
ronam de capite decoronavit ε : coronam capiti sui decoravit **Va** | accepit **Va** ‖
17 triclinio **Va** ‖ 18 apollinae existimarent **Va** | atque ita **V** *RA RB* : atque ε : at
Va ‖ 19 adcomodans arte **Va** | miscitur **Va** ‖ 20 modulatu **Va** | et **VaV** : ut ε ‖
21 clamantes *om.* **Va** | statum ε : statim **V** : se statu **Va** ‖ 23 placet **V** *RB* ‖ 24—25
commutato incendit in amore **Va** ‖ 25 eius amorem **V** ‖ 26 paulo ante εV : paulu-
lum **Va** | voluisset **Va** | tuo tamen **Va** *RA*

Apollonio darem." rex ait: „et permiseram et permitto et opto." puella intuens Apollonium ait: „Apolloni magister, accipe ex indulgentia patris mei auri talenta CC, argenti pondo CCCC, vestem copiosissimam, servos XX." et ad famulos ait: „afferte praesentibus amicis quae Apollonio 5 magistro promisi, et in triclinium ponite." iussu reginae inlata sunt omnia. laudant omnes liberalitatem puellae. peracto convivio levaverunt se omnes et vale dicentes regi et reginae discesserunt. ipse quoque Apollonius ait: „bone rex, miserorum misericors, et tu regina, amatrix studiorum, valete." et respiciens famulos, quos sibi puella donaverat, 10 ait: „tollite, famuli, haec quae mihi regina donavit, et eamus et hospitalia nobis requiramus." puella timens ne amatum suum non videret hora qua vellet, respexit {ad} patrem suum et ait: „bone rex et pater optime, placet tibi ut Apollonius hodie a nobis locupletatus abscedat, et quod illi donasti a malis hominibus ei rapiatur?" rex ait: „bene dicis, domina; 15 iube ergo ei dari unam zaetam intra palatium, ubi digne quiescat." accepta mansione Apollonius ingrediens egit deo gratias, qui ei non denegavit regiam dignitatem atque consolationem.

Sed puella ab amore incensa inquietam habuit noctem; figit in 'pectore 18 vulnus verbaque', cantusque memor quaerit Apollonium. et non sustinens 20 amorem prima luce vigilat, irrupit cubiculum patris seditque super torum. pater videns filiam ait: „cara dulcis, quid est hoc quod praeter consuetu-

---

εVaV

1 apollonio darem (η *RA RB* : donarem V : donare Va) VaV η *RA RB* : thesauro dare licentiam haberem ε | arcestrates rex ε ‖ 1—2 et (*om.* Va) permiseram . . . apollonium ait VaV η : nata dulcis quicquid tibi placet trade ei illa vero cum gaudio perrexit et ait ε δ ‖ 2.3 (pii *add.* ε) patris mei εV : patri meo Va ‖ 3 pondo ε *RB* : pondus Va : pondera V η *RA* | vestem (-es Va) copiosissimam (-as Va) VaV : vestemque copiosam ε ‖ 5 triclinium εVa : -io V *RA RB* | iusso Va | inlata VaV *RB* : allata ε ‖ 6 libertatem puella Va ‖ 7—8 ipse quoque (Va η *RA* : vero ε) apollonius εVa η *RA* : apollonius quoque V ‖ 9 quod Va | puella sibi ε ‖ 10 famuli *om.* V | mihi V *RA RB* : *om.* εVa | hospitalium Va ‖ 11 nobis *om.* V *RA RB* | ne amatum . . . videret VaV : non rediturum magistrum suum apollonium et quod non videret eum ε | quae Va ‖ 12 respexit εV *RA* : respiciens Va *RB* | ad *delevi* | suum εVa *RA* : *om.* V *RB* | et¹ εV : *om.* Va ‖ 13 et V *RA RB* : ut εVa ‖ 14 malos homines Va | ei *om.* V *RB* | eripiatur ε | domina filia ε ‖ 15 dari (η : dare εVa) unam zetam (ε : una zeta Va) intra palatium εVa : unam zetam intra palacium adsignari V | ubi VaV : ut ε; *cf. 13 supra* | requiescat Va ‖ 16 gratias deo ε | qui ei εV : quia enim Va ‖ 17 regia Va | consolatione Va ‖ 18 sed *om.* Va | puella vero Va | amore eius V | inquieta abiit nocte Va | figit Va : fecit V : fecitque ε ‖ 19 verbaque ε β : verba VaV | cantusque ε | querit apollonium Va *RB* : (eorum *add.* ε) que audierat ab apollonio εV ‖ 20 amore V | lucae vigila Va | et irrupit V | cubiculum V : -lo Va : in -lum ε | seditque εV : sedit η *Raith* : resedens Va ‖ 21 filia Va | cara εVa : nata V | hoc *om.* Va | praeter εV : pater Va

dinem tuam tam mane vigilasti?" puella ait: „hesterna studia me excitaverunt. peto itaque, pater carissime, ut me hospiti nostro studiorum
percipiendorum gratia tradas." rex gaudio plenus iussit ad se iuvenem
vocari. cui ait: „Apolloni, studiorum tuorum felicitatem filia mea a te
discere concupivit. itaque desiderio natae meae si parueris, iuro tibi per 5
regni mei vires, quia quicquid tibi mare abstulit ego in terris tibi restituam." Apollonius hoc audito docet puellam, sicut ipse didicerat. interposito pauci temporis spatio cum non posset puella ulla ratione amoris
sui vulnus tolerare, simulata infirmitate coepit iacere. rex ut vidit
filiam suam subitaneam valitudinem incurrisse, sollicitus adhibuit 10
medicos. at illi temptant venas, tangunt singulas corporis partes, nullas
causas aegritudinis inveniunt.

19   Rex post paucos dies tenens Apollonii manum forum civitatis ingreditur. et dum cum eo deambularet, ecce tres viri scholastici nobilissimi,
qui per longa tempora filiam eius in matrimonio petierant, omnes pariter 15
una voce salutaverunt. quos ut vidit rex, subridens ait illis: „quid est
quod una voce pariter salutastis?" unus autem ex illis ait: „petentibus
nobis filiam tuam in matrimonio tu nos saepius differendo crucias. propter
quod hodie una simul venimus. cives tui sumus, bonis natalibus geniti.
itaque de tribus elige unum, quem vis habere generum." rex vero ait: 20
„non apto tempore me interpellastis. filia enim mea studiis vacat et prae
amore studiorum imbecillis iacet. sed ne videar vos saepius differre,
scribite in codicillis nomina vestra et dotis quantitatem, et dirigo ipsos
codicillos filiae meae, et ipsa sibi eligat quem voluerit." et fecerunt sic
illi tres iuvenes. rex itaque acceptis codicillis anulo suo signavit datque 25

Apollonio dicens: „tolle, magister Apolloni, praeter iniuriam tuam et
perfer discipulae tuae: hic enim locus te desiderat."
 Apollonius acceptis codicillis pergit ad domum regiam et introivit **20**
cubiculum. puella ut vidit amores suos ait: „quid est, magister, quod
5 singularis cubiculum introisti?" Apollonius ait: „domina nondum mulier
et mala, sume potius codicillos, quos tibi pater tuus misit, et lege."
puella accepit et legit trium nomina petitorum, sed nomen non legit,
quem volebat. et perlectis codicillis respiciens Apollonium ait: „magister,
ita tibi non dolet quod ego nubo?" Apollonius ait: „immo gratulor, quod
10 abundantia litterarum studiorum meorum percepta me volente cui
animus tuus desiderat nubis." puella ait: „magister, si amares, doleres."
haec dicens instante amoris audacia scripsit et signatos codicillos iuveni
tradidit. pertulit Apollonius in foro et tradidit regi. scripti erant sic:
ᶜbone rex et pater optime, quoniam clementiae tuae indulgentia per-
15 mittit mihi dicere: illum volo coniugem naufragum, a fortuna deceptum.
si miraris, pater, quod pudica virgo tam impudenter scripserim: quia
quod pudore indicare non potui, per ceram mandavi, quae ruborem non
habet.'
 Rex vero perlectis codicillis ignorans quem naufragum diceret, respi- **21**
20 ciens illos tres iuvenes ait: „quis vestrum naufragium fecit?" unus ex
his Ardalio nomine ait: „ego." alius ait: „tace, morbus te consumat nec
sanus nec salvus sis! mecum litteras didicisti, portam civitatis numquam existi. quando naufragium fecisti?" et cum rex non invenisset, quis
eorum naufragium fecisset, respiciens Apollonium ait: „tolle, magister
25 Apolloni, hos codicillos et lege. potest enim fieri ut, quod ego minus novi,
tu intellegas qui praesens fuisti." Apollonius acceptis codicillis aperuit

*ε*VaV

1 Apolloni *del. Raith; om. RA RB* ‖ 2 perfer *ε*V : pro͞pt Va | haec Va ‖ 3—4 et
introivit (introivitque V) cubiculum V *η* : introibit in cubiculum Va : *om. ε* ‖ 4 amo-
res suos Va *η RA* : amatorem suum V : amatores suos *ε* ‖ 5 singulares Va | intro-
istis Va | Apollonius ait *om. ε* | nondum *ε*Va : non 'es V ‖ 6 et¹ Va *RA RB* :
*om. ε*V | potius *om. ε* | transmisit Va ‖ 7 acceptis Va ‖ 8 quem *ε*Va : quod Vᶜ |
apollonio Va ‖ 9 ita *om.* V | ego *om. ε* | nubor Va | immo et Va ‖ 10 praecepta a
me volent Va ‖ 11 nubis *scripsi* : nube *ε*VaV | amaris doleris Va ‖ 12 instan͞t amo-
res Va | amoris sui V ‖ 14 indulgentiam peto permitte Va ‖ 15 me V | naufragum
volo coniugem V ‖ 16 pater *om.* V | pudica *ε* : inpudica Va : *om.* V | pauca *post*
tam V | scripserim scito *ε* ‖ 17 quod *ε*V : per Va ‖ 17—18 cera mandavit qui
robore non habet Va ‖ 19 vero *om.* Va | quod Va | naufrago Va ‖ 20 illos *om. ε* |
naufragium fecit *ε*Va : pertulit naufragium V ‖ 21 alius vero Va | in morbo
te consumas Va ‖ 21—22 nec sanus (sis *add. ε* : *del. Raith*) nec salvus sis (*Raith* :
sit *η* : *om. ε*Va) *ε*Va *η* : *om.* V ‖ 22 portas Va ‖ 23 et *om.* Va | rex cum Va |
invenisse Va ‖ 26 praesens fuisti (V *RA* : affuisti *ε*) *ε*V *RA* : profuisti Va : interfuisti *RB*

et legit et, ut sensit se amari, erubuit. rex vero apprehendit Apollonii manum; paululum ab illis iuvenibus discedens ait illi: „invenisti naufragum?" Apollonius ait: „bone rex, si permittis, inveni." et his dictis videns rex faciem eius roseo rubore perfusam intellexit dictum et ait: „gaude, gaude, quod filia mea cupit et meum votum est." {nihil enim in 5 huiusmodi negotio sine deo agi potest.} et respiciens tres iuvenes illos ait: „certe dixi vobis, quod non apto tempore me interpellastis. sed cum nubendi tempus fuerit, mittam ad vos." et dimisit eos a se.

22 Ipse autem tenens ei manum iam non hospiti sed genero suo introivit domum suam. et relicto Apollonio rex solus intravit ad filiam suam 10 dicens: „nata dulcis, quem tibi elegisti coniugem?" puella vero prostravit se pedibus patris sui et ait: „pater piissime, quia cupis audire desiderium natae tuae: amo naufragum a fortuna deceptum; sed ne detineat pietatem tuam ambiguitas sermonum, Apollonium praeceptorem meum; cui si me non tradideris, amittis filiam tuam." rex non sustinens filiae suae 15 lacrimas erigit eam et alloquitur dicens: „nata dulcis, noli de aliqua re cogitare, quia talem concupisti, quem ego vero consentio tibi, quia et ego amando factus sum pater." et exiens foras respiciens Apollonium dixit: „magister Apolloni, quia scrutavi filiam meam quid animus eius desideraret nuptiarum causa, cum lacrimis multa inter alia mihi narravit 20 dicens, ⟨et⟩ adiurans me ait: 'iuraveras magistro meo Apollonio, ut si desideriis meis paruisset, dares ei quicquid mare abstulit. modo enim

*ε*VaV

1 vero *om.* Va | comprehendit Va || 1.2 apollonii (-io Va) manum (-us Va) *ε*Va : manum apollonii V || 2 discedens et Va[c] | illi *ε*Va : apollonio V | naufragium *ε* || 3 apollonius autem *ε* | invenies Va | et *om.* Va || 4 ruburo perfusa Va || 5 gaude gaude *ε*V : gaudeo Va | cupit Va*η* *RA* : te cupit *ε*V; *cf. RB* || 5—6 nihil .... potest *delevi* || 6 huiusmodi *scripsi* : -do V : eius modi Va*η* : huius rei omni *ε* || 6—7 tres iuvenes illos ait (ait illis V) *ε*V : illos tres iuvenes ait Va *RA* || 7 certum Va | me *om.* Va || 8 tempus fuerit (*ε*[c] : advenerit *ε*) *ε*V : fuerit tempus Va || 9 autem VaV : enim *ε* | ei manum V : manum ei *ε* : eius manus Va | hospite Va || 12 desiderio Va || 13 praeceptorem meum *post* deceptum Va | detimeas Va || 14 ambiguitas *ε*V : ab nquieta Va | amo apollonium V | Apollonium ... meum *om.* Va | meum preceptorem *ε* || 16 erigit V : erexit *ε* : erigens Va | alloquitur (eam *add.* *ε*) *ε*V : aloquitur ei Va | tali *post* de Va || 17 concupisti *ε* *RA* : cupisti VaV | quem Va : qualem V : ad quem *ε* P | ego ego vero V : ego vere Va : vero ego *ε* | quia *om.* Va || 18 amando VaV : vero amandus *ε* | foras *ε* : foris VaV*η* P | respexit V | apollonio Va || 19 dixit *ε*Va : et dixit ad eum V | eius *om.* V || 20 desideraret Va : desideret *ε*V | cum lacrimis *ε*V : lacrimas *ε*V : multa (-as Va) inter alia (-as Va) mihi narravit *scripsi post* Va *RA* : multis indicat inter alia mihi narravit V : mihi narravit inter alia *ε* || 21 et *addidi ex RA* | adiurans *om.* V | me ait Va *RA* : me et ait *ε* : *om.* V || 22 desideriis *ε*V : deriis Va | meis V : meis in (*om. ε*) doctrinis *εδ* *Raith* : meis doctrina Va | quicquid *ε*V : si quis Va | mare *ε* : illi mare V : mares iratus Va | abstulisset *ε*

quia paruit tuis dictis et obsequiis, abii post eum voluntate et doctrina.
aurum, argentum, vestes, mancipia aut possessiones non quaerit, nisi
regnum {quod putaverat perdidisse}. tuo sacramento per meam coniunc-
tionem me ei tradas.' {rex ait:} magister Apolloni, peto ne nuptias filiae
5 meae in fastidio habeas!" Apollonius ait: {quod a deo est, et} „si tua
voluntas est, impleatur."

Ad quem rex ait: „diem ergo nuptiarum sine mora statuam." post **23**
tertiam diem vocantur amici, vicinarum urbium potentes, quibus considentibus ait: „amici, quare vos in unum convocaverim, discite. sciatis
10 filiam meam velle nubere Apollonio praeceptori suo. peto ut omnibus
laetitia sit, quia filia mea virum prudentem sortita est." haec dicens diem
nuptiarum indicit. munera parantur amplissima, convivia prolixa tenduntur, celebrantur nuptiae regia dignitate. ingens inter coniuges amor,
mirus affectus, incomparabilis dilectio, inaudita laetitia.

15 Interpositis diebus et mensibus, cum haberet puella ventriculum **24**
deformatum sexto mense, aestivo tempore, dum spatiantur in litore,
vident navem speciosissimam, et dum eam mirarentur et laudarent,
cognovit eam Apollonius esse de patria sua, et conversus ad gubernatorem ait: „dic mihi, si valeas, unde venisti." gubernator ait: „a Tyro."
20 Apollonius ait: „patriam meam nominasti." gubernator ait: „ergo Tyrius
es?" Apollonius ait: „ita ut dicis." gubernator ait: „noveras aliquem
patriae illius principem Apollonium nomine?" Apollonius respondit:
„ac si me ipsum, sic eum novi." gubernator ait: „si alicubi illum videris,
dic illi laetetur et gaudeat, quia rex Antiochus cum filia sua dei fulmine

---

εVaV

1 tuis dictis **V**; *cf. RA* : dictis tuis ε : tuis doctrinis **Va** ‖ 1—2 abii . . . argentum
ε**V** : ab ipso eum voluntate doctrinam auro argento **Va** ‖ 3 quod . . . perdidisse
delevi | quod **V** : quem ε : quam **Va** | coniunctionem ε**V** : iussionem **Va** *RA* ‖
4 peto ut *ante* me **V** | rex ait (ε**Va** : et ait rex ad apollonium **V**) *delevi* | apollone
Va ‖ 5 fastidio **V** : fastidium ε : fastigio **Va** | quod . . . est et *delevi* | est ε**V** : fit
Va; *cf. RA* | et si **Va** : etiam si **V** : sed ε | tua ε**V** : qua **Va** ‖ 6 voluntas non est
debet impleri **V** ‖ 7 ad quem *om.* **Va** *RA* | die ε | statuta ε ‖ 8 amici *om.* ε ‖
10 filia mea velle nuberi ε | apollonio praeceptori (-ore **Va**) suo **VaV** : preceptori
suo apollonio ε | omnium **Va** ‖ 11 viro prudente **Va** ‖ 12 indixit **V** | munera pa-
rantur amplissima ηδ *Raith; cf. RB* : munera amplissima parantur ε : numeratur
(-tor **Va**) dos amplissima **VaV** | tenduntur **VaV** : parantur ε ‖ 13 intra ε ‖ 15 di-
ebus ε : autem diebus **VaV** *RA RB* | cum *pro* puella ε ‖ 15.16 ventriculo deformato
Va ‖ 16 spatiantur **Va** : spaciuntur **V** : spaciatur ε ‖ 17 videns **Va** | dum eam
(ea **Va**) . . . laudarent **Va** η : dum eam mirantur et laudant **V** : laudaverunt eam ε ‖
18 de patria sua esse ε ‖ 19 venisti δ *RA Raith* : venis **V** *RB* : venistis ε : venitis
Va η ‖ 20 ait[1] **VaV** *RA RB* : dixit ε | patria mea **Va** | ait[2] **VaV** *RA RB* : dixit ε ‖
20.21 tirius es ε : tyrus es **V** : tyro sis **Va** ‖ 21—22 Apollonius ait ita . . . nomine
om. **Va** *ex homo.* | ait[2] **V** *RA RB* : dixit ε ‖ 23 alicubi ε**V** : ubi **Va** ‖ 24 illi ε**Va** :
ei **V** | letetur et gaudeat ε**Va** *RB* : letare et gaude **V** *RA* ‖ 24—p. 100, 1 dei . . .
arsit ε**V** : deus eos fulmine percussit et assiti **Va**

percussus arsit; opes autem regiae et regnum Antiochiae Apollonio reservantur." Apollonius ut audivit, gaudio plenus conversus ad coniugem suam ait: ,,domina, quod aliquando mihi naufrago credidisti, modo comprobavi. peto itaque, cara coniunx, ut permittas mihi ire ad regnum percipiendum." puella ut audivit eum velle proficisci, profusis lacrimis 5 ait: ,,care coniunx, si in aliquo longo itinere esses, ad partum meum festinare debueras; nunc cum sis praesens, disponis me derelinquere? sed si hoc iubes, pariter navigemus." et veniens puella ad patrem suum ait: ,,care genitor, laetare et gaude; rex enim saevissimus Antiochus cum filia sua concumbens, deus eum fulmine percussit, opes autem regiae et 10 diadema coniugi meo Apollonio reservantur. peto itaque: permitte mihi navigare cum viro meo; et ut libentius mihi permittas: unam dimittis, recipies duas."

25 Rex exhilaratus iussit navem perduci in litore et omnibus bonis impleri; praeterea nutricem eius nomine Lycoridem et obstetricem 15 peritissimam propter partum eius simul navigare praecepit. et data profectoria deduxit eos ad litus, osculatur filiam et generum et ventum prosperum optat. et ascendentes navem cum multa familia multoque apparatu flante vento navigaverunt. qui dum per aliquos dies variis ventorum flatibus detinerentur, septimo mense cogente Lucina enixa est 20 puella⟨m⟩. sed secundis sursum redeuntibus ad stomachum coagulato sanguine conclusoque spiritu defuncta est. subito exclamavit familia ululatu magno; cucurrit Apollonius et vidit coniugem suam iacentem exanimem; scindit a pectore vestes unguibus, primas adulescentiae

εVaV

2 reservatur **Va** | conversus est ε ‖ 3 et ait ε | aliquando mihi naufrago ε : me aliquando naufragum **V** : aliquando naufragium **Va** ‖ 4 comprobavi *scripsi* : comprobabis ε**V** : comprobas **Va** | ut *om.* ε**Va** ‖ 5 eum **VaV** : illum ε | velle *om.* **Va** ‖ 6 coniux ε**V** : compar **Va** | in *om.* ε | itenere essis **Va** | partum **VaV** : patrem ε ‖ 7 debuisses **Va** | et nunc **V** | dispones **Va** | relinquere **VaV** ‖ 8 hoc si ε ‖ 9 sevissimus **V** : -us rex ε : sevimus **Va** ‖ 10 concubans **Va** | eum ε**V** : eos **Va** ‖ 11 reservatur *om.* **Va** | peto itaque *om.* **Va** | mihi **VaV** : me ε ‖ 12 cum viro meo navigare **Va** | et *om.* **Va** | libentibus **Va** | una dimittes et **Va** : unam permittes *e per.* ε**V** ‖ 13 recipies duas ε**Va** *RB* : duas recipies **V** *RA* ‖ 14 rex ε**Va** *RB* : rex vero **V** *RA* | nave **Va** | litus **V** | omni **Va** ‖ 15 impleri **V** : repleri ε : implevit **Va** | nutrice **Va** ‖ 15—16 Lycoridem ... propter *om.* **V** ‖ 15 obste[.]tricae **Va** ‖ 16 eius *om.* **V** ‖ 17 profecturia **Va** | osculatur ε : osculatus **V** : obsculatus **Va** | filia et genero **Va** | et² *om.* **V** ‖ 18 prosperum optat ε *RB* : prospero obtat **Va** : optat prosperum **V** *RA* | ascendens ε | nave **Va** | magnoque **V** ‖ 19 flantem ventum **Va** | qui ε**V** : quod **Va** | aliquod **V** ‖ 20 septimo *scripsi* : -ma ε**V** : decimo **Va**ᶜ | mense *om.* ε**V** | cogentem **Va** ‖ 21 puellam *scripsi* | sed et ε ‖ 21.22 coagolatos sanguinem **Va** ‖ 22 defuncta est ε**V** : defunctae praesentavit effigie **Va**; *cf. RB et RA* ‖ 23 magno *om.* **V** | currit **V** | apollonius et ε**V** : apollonio ut **Va** ‖ 23.24 iacentem exanimem *om.* **Va** ‖ 24 exanimem **V** : -mum ε | scindit ε : scidit **V** : excidit **Va** | primas **VaV** : prime ε

genas discerpit et lacrimas fundens iactavit se super corpus et ait: „cara
coniunx et Archistratis unica filia regis, quid respondebo regi patri tuo,
qui me naufragum suscepit?" cum haec et his similia defleret, introivit
ad eum gubernator et ait: „domine, tu quidem pie facis, sed navis mor-
5 tuum non suffert. iube ergo corpus in pelago mitti." Apollonius indignatus ait: „quid narras, pessime hominum? placet tibi ut hoc corpus in
pelago mittam, quae me naufragum suscepit?" inter haec vocavit fabros
navales, iubet secari et compaginari tabulas et fieri loculum amplissimum,
chartis plumbeis circumduci; rimas et foramina diligenter picari praece-
10 pit. quo perfecto regalibus ornamentis decoratam puellam in loculo
composuit, et cum fletu magno dedit osculum, et XX sestertia auri sub
capite eius posuit et codicillos scriptos. deinde iubet infantem diligenter
nutriri, ut vel in malis haberet iocundum solacium, ut pro filia vel
neptem regi ostenderet. et iussit in mare mitti loculum cum magno
15 luctu.

Tertia die eiciunt undae loculum in litore Ephesiorum non longe a **26**
praedio medici cuiusdam Chaeremonis, qui die illa cum discipulis suis
deambulans in litore vidit loculum fluctibus expulsum iacentem in litore
et ait famulis suis: „tollite loculum istum cum omni diligentia et ad
20 villam perferte." et ita fecerunt. medicus leviter aperuit, et videns puellam regalibus ornamentis decoratam speciosam valde {et in morte falsa
iacentem} obstupuit et ait: „quas putamus lacrimas hanc puellam
parentibus reliquisse!" et videns sub capite eius pecuniam positam et

---

εVaV

1 discerpit **V** *RB* : discrepit **Va** : discerpsit **ε** ‖ 2 et Archistratis (*scripsi* : -te **ε**)
unica filia regis **ε**; *cf.* *RA* : archistratis (**Va** : -te **V**) et unica regis filia (*om.* **Va**)
VaV; *cf.* *RB* ‖ 3 deflentem **Va** ‖ 4 tu *om.* **Va** | naves **Va** ‖ 5 sufferret **Va** ‖
6 pessime *om.* **V** | impiissime *post* hominum *add.* **V**ᶜ | tibi **Va** *RA* *RB* : *om.* **εV** ‖
7 que **δ** : quod **V** : qui **εVa** ‖ 8 compaginare **Va** | loculum fieri **V** ‖ 9 picari (pec-
cari **η**) praecepit **η** *RA* : praecepit picari **Va** : fabricari precepit **ε** : praecepit (bi-
tuminari *add.* **V**ᶜ) **V** ‖ 10 quod **Va** | decorata puella in loculum **Va** ‖ 11 composuit
εVa : collocavit **V** | et cum fletu **ε** : fletuque **V** : cum fletu **Va** | obsculum **Va** |
et² *om.* **ε** | sestertia *RA* *RB* : sextercias **εV** : sextarias **Va** ‖ 12 eius **ε** *RA* : ipsius
VaV *RB* | infante **Va** ‖ 13 mali **ε** | solacium iocundum **ε** ‖ 13.14 vel neptem **V** :
vel neptam **ε** : ut nepte **Va** ‖ 14 regi (*om.* **Va**) ostenderet **VaV** *RA* : ostenderet
regi **ε** *RB* | et sic **ε** | mare **VaV** *RA* : mari **ε** *RB* ‖ 16 undae **εVa**ᶜ : *om.* **VaV** |
ephesorum **Va** ‖ 17 praedium **Va** ‖ 18 expulso iacente **Va** ‖ 19 loculum . . . diligentia **ε**; *cf.* *RA* : cum omni (*om.* **VaV**) diligentia loculum istum (*om.* **V**) **VaV** *RB* ‖
20 perferte **V** : proferte **ε** : perferre **Va** | ita fecerunt **ε** : ita factum est tunc **V** :
accessit **Va** | leviter **εVa** : diligenter loculum **V** ‖ 20—21 puella . . . decorata spe-
ciosa **Va** ‖ 21 decoratam et **V** *RB* | valde *om.* **V** ‖ 21—22 et in morte falsa iacen-
tem (-te **Va**) (**εVa** : falsaque morte occupatam **V**) *delevi* ‖ 22 opstipuit **Va** ‖ 22—23
quas (quis **ε**) putamus (vero *add.* **ε**) lacrimas hanc puellam (-la **Va**) . . . reliquisse
εVa : ut video haec puella parentibus reliquit pecunias **V** ‖ 23 videns **V** *RA* *RB* :
vidit **εVa** | eius *om.* **ε** | posita **Va**

codicillos scriptos {et} ait: ,,videamus quod desiderat dolor." quos cum
designasset, invenit scriptum: 'quicumque hunc loculum inveneris
habentem in eo XX sestertia auri, peto ut X habeas et X funeri eroges.
hoc enim corpus multas reliquît lacrimas. quodsi aliud feceris quam dolor
desiderat, ultimus tuorum decidas nec sit qui corpus tuum sepulturae 5
commendet.' perlectis codicillis ad famulos ait: ,,praestemus corpori
quod dolor imperat. iuro autem per spem vitae meae amplius in hoc
funere me erogaturum." et iubet instrui rogum. et dum sollicite rogus
instruitur, supervenit discipulus medici, aspectu adulescens sed ingenio
senex. hic cum vidisset corpus speciosum super rogum positum, ait: 10
,,magister, unde hoc novum funus?" Chaeremon ait: ,,bene venisti,
haec enim hora te expectavit. tolle ampullam unguenti, et quod supremum est defunctae beneficium, superfunde sepulturae." venit iuvenis
ad corpus puellae, detrahit a pectore vestes, fundit unguenti liquorem,
per artifices suspiciosa manu tactus praecordia sensit; temptat tepidum 15
pectus et obstupuit. palpat indicia venarum, ⟨rimatur⟩ auras narium,
labia labiis probat, sensit spirantis gracilem vitam cum morte luctantem
et ait famulis: ,,supponite faculas per quattuor partes lente." quibus
suppositis, puella teporis nebula tacta, coagulatus sanguis liquefactus
est. 20

*ε*VaV

1 codicellum scriptum **V** | et *delevi; om. RB* : et *ε***VaV P** | quod *ε* : quid **VaV** |
desiderat *ε***Va** *RA* : desideret **V** *RB* ‖ 2 inveneris *ε RB* : invenerit **VaV** *RA* ‖
3 habentem **V** *RA RB* : habeto **Va** : habes *ε* | in eo *om.* **V** | sestertia *scripsi* : sex-
tercias *ε* **V** : sertarias **Va** | auri *om.* **V** | X habeas et (*om.* **Va**) ... eroges *ε***Va** :
dimidiam partem habeat dimidiam vero pro funere eroget **V** ‖ 5 ultimus *δ RA* :
ultimum **VaV** b *β* : ante terminum annorum *ε* | decidas *ε RB* : decidat **Va**ᶜ *RA* :
incidas **V** | sit *om.* **V** | tuus **Va** ‖ 6 commendet invenias **V** | ait ad famulos **V** |
famulos suos *ε* | prestemur **Va** ‖ 7 imperat *ε***Va** : desiderat **V** | me *post* meae **Va** ‖
8 me **V**ᶜ : *om.* *ε***VaV** | et¹ *om.* **VaV** | iubet itaque **V** | sollicitem rogum **Va** ‖
9 eiusdem medici **V** | aspectum **Va** | sed *ε* : et **V** : *om.* **Va** | ingenii *ε* ‖ 10 hic cum
*ε***Va** : cumque **V** | speciosum corpus **V** *RA* ‖ 12 hora **VaV** : mora *ε Raith* | expec-
tavit *ε RB* : -tat **V** *RA* : -avi **Va** | ampulla **Va** | et *om.* **Va** | supremum *ε***Va** :
sumptum **V** ‖ 13 beneficio defunctae **V** | venit iuvenis *ε***Va** : pervenit discipulus **V** ‖
14 detulit **Va** | fudit **V** | unguenti (ungenti **V**) liquorem (-re **Va**) **VaV** : liquoris un-
guentum *ε* | qui liquor *post* liquorem *add.* *ε***Va** *Raith* ‖ 15 artifices *scripsi ex RB* :
-cis *ε***Va** : -cium **V** | suspicosa manu **Va** *RA* : officiosa manu **V** *β* : manum su-
spiciosam *ε* | tactus **V** *RB* : tractus *ε***Va** | temptat *ε* : temptabat **V** : temptan-
tem **Va** | tepidum *om.* **VaV** ‖ 16 pectus *ε***Va** : corpus **V** | indicta **V** | venarum *ε***V** :
romarum **Va** (venarum + rimatur?) | rimatur *addidi ex RA* | aures *ε***V** |
narium *ε* : nares **V** : navium **Va** ‖ 17 labiis *om.* **V** | spirantis *scripsi ex RA* : spi-
ramentum *ε***Va** : cum experimento **V** | gracilem **VaV** : -le *ε* ‖ 18 et ait famulis
(suis *add.* *ε***Va**) *ε***Va** : tunc ad famulos suos ait **V** | partes *ε RA* : angulos **VaV** *e*
codd. RB | lente *ε* : lenteque **V** : letantes **Va** ‖ 18. 19 quibus (quas **Va**) suppositis
*ε***Va** : superponite **V** ‖ 19 puella teporis (*om.* **Va**) nebula tacta *ε***Va** : puellae temperata **V** ‖ 19—20 sanguis ... est *ε***Va** : enim et liquefactus est sanguis **V**

Quod ut vidit iuvenis, ait magistro: „Chaeremon magister, peccasti, **27**
nam puella, quam putas esse defunctam, vivit. et ut facilius mihi credas,
ego illi statim adhibitis viribus spiritum praeclusum patefaciam." his
dictis tulit puellam in cubiculo suo et posuit in lecto, calefecit oleum,
5 madefecit lanam, fudit super pectus puellae et posuit lanam. sanguis
vero qui intus a perfrictione coagulatus fuerat, accepto tepore liquefactus
est coepitque spiritus praeclusus per medullas descendere. venis itaque
patefactis aperuit oculos, et recipiens spiritum, quem iam perdiderat,
leni et balbutienti sermone ait: „rogo, quisquis es, ne me contingas
10 aliter quam contingi oportet regis filiam et regis uxorem." iuvenis ut
vidit in arte quod magistrum suum fefellit, gaudio plenus vadit ad
magistrum suum et dicit ei: „veni, magister; accipe discipuli tui apodixin," et introivit magister cubiculum iuvenis et vidit puellam vivam
quam putaverat mortuam et respiciens discipulum suum ait: „probo
15 artem, amo prudentiam, laudo diligentiam. et audi, discipule: nolo te
artis beneficium perdidisse; accipe mercedem. haec enim puella multam
pecuniam secum attulit." ⟨***⟩ et iussit puellam salubribus cibis et
fomentis recreari. et post paucos dies, ut cognovit eam regio genere esse

*ε*Va**V**

1 magistro *om.* **V** ‖ 2 puella *om.* **V** | putabas **V** | esse *om.* **V** | defuncta vivet **Va** |
mihi credas *om.* **V** ‖ 3 statim *om.* **V** *RA* | adhibis **Va** | spiritum praeclusum *ε***Va** :
experimento **V** | satisfaciam **V** ‖ 4 protulit **V** | puella **Va** | cubiculo suo *ε* : cubi-
culum suum (*om.* **V**) **VaV** | supposuit **Va** | lecto suo *ε* | calefecit *ε***Va** : calefaciens-
que **V** ‖ 5 madefecit **V** *RA RB* : calefecit *ε***Va** | lana **Va** | fudit super *ε RB* : et ef-
fudit super **Va** *RA* : et adhibuit **V** | et posuit lanam (*om.* **Va**) *ε***Va** : tunc **V** ‖ 6 vero
om. **V** | .a perfrictione *om.* **V** | perfrictione *scripsi ex RA* : perfectione *ε***Va**; *cf. RB* |
coagulaverat **V** | tepore *ε***Va** : calore cum infusione **V** ‖ 7 coepit **Va** | inclusus **V** |
medullam *ε* ‖ 8 calefactis **V** | et aperuit oculis **Va** | recipiens *ε* : recepit **V** : praece-
pit **Va** | quem (que **Va**) iam **VaV** *RA RB* : quem *ε Raith* ‖ 9 leni et *scripsi ex RA*
RB : lenique **V** : et *ε***Va** | balbutienti sermone **Va** : palpuciens sermone **V** : balbuciens
sermonem *ε* | quisquis es *ε* : itaque quicumque es **Va** : vos **V** | me *om.* **Va** ‖ 9.10 ali-
ter contingatis **V** *RB* ‖ 10 quam . . . uxorem (uxor **Va**) *ε***Va** : quam oportet regis
filiam et uxorem regis **V** ‖ 11 in arte quod (quae **V**) magistrum suum (*om.* **V**) fefellit **V** : quod in arte videret quod magistrum suum fallebat *ε* : quod in arte non vi-
derat quae magistro suo fallebat **Va** | gaudio *ε***Va** : se feliciorem gaudio **V** | vadit *ε* :
venit **VaV** ‖ 12 suum *om.* **V** | dixit **V** | veni *om.* **V** | apodixin **V** : apodixen *ε* : apo-
dixem **Va** ‖ 13 magister *ε***Va** : in **V** | iuvenis **V** : cum iuvene *ε***Va** ‖ 14 quam
iam **V** | et (*om.* **Va**) respiciens *ε***Va** : respiciensque **V** | discipulum suum **V** : iu-
venem *ε* : iuvenem discipulus **Va** | et ait **V** ‖ 14—15 probo artem (arte **Va**) amo pru-
dentiam (-ia **Va**) *ε***Va** : amo curam probo providentiam **V** ‖ 15 diligentiam tuam
Va | et (*om. ε*) audi discipule *ε***Va** : et ait discipulo **V** | nolo *ε***Va** : ne **V** | te *om.* **Va** ‖
16 beneficiis **Va** | perdidisse *ε RA* : estimes perdidisse **V** *η δ RB* : times perdidisse
Va | mercedem *ε***Va** : pecuniam **V** | enim *om.* **Va** ‖ 16—17 multam (multa **Va**) . . .
attulit *ε***Va** : mercedem secum pertulit **V** ‖ 17 *lac. indico ex RA* | puellam **V** *RA*
RB : eam *ε***Va** | salubrioribus **V** | cibis *ε***V** : civibus **Va** ‖ 18 recreari *ε RA β* : re-
creare **V** b : recrearet **Va** | esse hortam **Va** : ortam **V** : ortam esse *ε*

ortam, adhibitis amicis filiam sibi adoptavit. et rogantem eam cum lacrimis, ne ab aliquo contingeretur, exaudivit et inter sacerdotes Dianae feminas fulsit, ubi omne genus castitatis inviolabiliter servabatur.

28 Inter haec Apollonius dum navigat cum ingenti luctu, gubernante deo applicuit Tarso; descendens ratem petiit domum Stranguillionis et 5 Dionysiadis. quos cum salutasset, omnes casus suos exposuit illis dolenter; et quantum in amissam coniugem flebat, tantum in servatam sibi filiam gratulabatur. Apollonius intuens Stranguillionem et Dionysiadem ait: „sanctissimi mihi hospites, quoniam post amissam coniugem reservatum mihi regnum accipere nolo neque ad socerum reverti, cuius in mari 10 perdidi filiam, sed potius ⟨facere⟩ opera mercatus, commendo vobis filiam meam, ut cum filia vestra Philotimiade nutriatur. quam ut bono et simplici animo suscipiatis peto, et patriae vestrae nomine eam cognominetis Tarsiam. praeterea nutricem uxoris meae nomine Lycoridem, quae cura sua custodiat puellam, vobis relinquo." haec ut dixit, tradidit 15 infantem, dedit aurum et argentum multum et vestes pretiosissimas et iuravit neque barbam neque capillos tonsurum, nisi prius filiam suam nupto traderet. et illi stupentes quod tali iuramento se obligasset, cum

*ε*VaV

1 filiam sibi adoptavit *ε***Va** : adoptavit eam sibi in filiam **V**; *cf. RA* | rogantem eam *scripsi ex RB* : rogante ea **V** : rogavit eum *ε***Va** ‖ **2** contingeretur **V** *RA RB* : contaminaretur *ε***Va** | exaudivit et *scripsi* : et exaudivit (audivit **Va**) eam et *ε***Va** : *om.* **V** *RB* ‖ **3** feminas fulsit *scripsi* : fulsit feminas **V** : et inter feminas eam (etiam *ε*) fulsit *ε***Va** | omne (omnes **Va**) genus castitatis **VaV** : omnino castitas *ε* ‖ **4** inter hec *ε***Va** : interea **V** | dum apollonius *η Raith* | navigat **VaV** *RA* : navigaret *ε* ‖ **5** descenditque **V**; *cf. RA RB* | petiit *ε* : petit **V** : petit et ad **Va** ‖ **6** quas *ε* ·casus suos omnes **V** | illis dolenter *ε*; *cf. RA* : at (et **Va**) illi dolentes **VaV** *RB* ‖ **7** et *δ Raith* : *om.* *ε***VaV** | in (iam *ε*) amissam coniugem flebat (deflent **V**) *ε***V** : in ammissa flebat coniugem **Va** ‖ **7–8** servatam (*scripsi* : reservatam **V** : reservata **Va**) sibi filiam gratulabatur (gratulantur **V**) **VaV**; *cf. RA* : servata filia gratulabatur sibi *ε*; *cf. RB* ‖ **9** mihi **Va** : mei *ε* : *om.* **V** *RA RB* | coniugem caram **V** *RB* ‖ **9.10** reservatum (-to **Va**) mihi *ε***Va** : mihi servatam **V** ‖ **10** nec ad socero **Va** | mari *ε RA RB* : mare **VaV** ‖ **11** ⟨facere⟩ *Hunt* | mercatus *Hunt* : -turus *ε***V** : -torum **Va** ‖ **12** filia mea **Va** | quam ut *ε***Va** : cum autem **V**; *cf. RA* | bona **Va** ‖ **13** suscipitis **V** | et² *ε* : ut **VaV** | eam **V** *RA RB* : *om.* *ε***Va** | cognominabitis *ε Raith* ‖ **14** tharsiam **V** *RA RB* : id' thasia **Va** : idem thasiam *ε* : id est Tharsiam *Raith* | praeterea et **V** | nutricem *om.* *ε* | uxori **Va** | mulcem nomine *ε* ‖ **15** quae . . . puellam *ε* : qui curet sua custodia puella **Va** : puellam peritissimam quae filiam meam nutrierat **V**; *cf. RA* | vobisque *ε***Va** | relinquam *ε* | haec dicens **V** ‖ **16** et (*om.* **Va**) argentum multum *ε* **Va** : multum et argentum **V** | et vestes preciosissimas **V** *RA RB* : vestesque pretiosas (pretiosas **Va**ᶜ) **Va** : vestemque copiosam *ε* ‖ **17** iuravit *ε RA* : iuravit se (ut **Va**) **VaV** | neque barbam neque capillos (se *add.* **Va**) tonsurum *ε***Va** : barbam capillos et ungues non dempturum **V**; *cf. RA RB* | nisi prius *ε RA* : nisi **VaV** *RB* ‖ **18** nupto traderet *scripsi* : traderet (tradiderit **Va**) nupto *ε***Va** : nupto tradidisset **V** | illi . . . tali *ε***Va** : mirantes quod tam gravi **V**; *cf. RA* | se *om.* **Va**

magna fide se puellam educaturos promittunt. Apollonius vero commendata filia navem ascendit altumque pelagus petens ignotas et longinquas
Aegypti regiones devenit.

Interea puella Tarsia expleto quinquennio traditur in schola, deinde **29**
5 in studiis liberalibus una cum Philotimiade filia eorum. cumque ad
XIIII annorum venisset aetatem, reversa de auditorio invenit nutricem
suam Lycoridem subitaneam valitudinem incurrisse, et sedens iuxta
eam causas infirmitatis exquirit. cui nutrix ait: ,,audi, domina, morientis
aniculae verba suprema et pectori manda. {et dixit: domina Tarsia,}
10 quem tibi patrem vel matrem vel patriam putas?" puella dixit: ,,pa-
triam Tarsum, patrem Stranguillionem, matrem Dionysiadem." nutrix
ingemuit et dixit: ,,audi, domina, natalium tuorum originem, ut scias
post mortem meam quid agere debeas. est tibi patria Tyrus, pater
nomine Apollonius, mater Archistratis regis filia, quae cum te enixa est,
15 statim secundis sursum redeuntibus praecluso spiritu ultimum finivit
diem. quam pater tuus Apollonius effecto loculo cum ornamentis regalibus et XX sestertiis auri in mare misit, ut ubicumque fuisset delata,
haberet in supremis exequias funeris sui; quo itaque devenerit, ipsa sibi

εVaV

1 fidem **Va** | se *om.* **V** | docturos **Va** | promiserunt **V** | tunc apollonius **V** |
vero *om.* ε**V** ‖ **2** filiam **Va** | altumque pelagus (-um **Va**) petens (petit **Va**) *scripsi
post* ε : alterum pelagum petit ε : *om.* **V** | et ignotas **Va** | longas **V** ‖ **3** Aegypti
regiones devenit *scripsi ex RA* : petens egypti nationes ε : petit egypto (egypty **V**
Vaᶜ) regiones **VaV** ‖ **4—5** expleto … deinde in ε**Va** : facta est quinque annorum
mittitur in scolam deinde **V** ‖ **5** una … eorum *om.* **V** | filothemia filia **Va** : filia
filothemia ε | cum **V** ‖ **6** annorum *scripsi* : anni ε**Va** : *om.* **V** | reversa de auditorio
ε**Va** : die quadam **V**ᶜ ‖ **7** Lycoridem *om.* **V** *RA* | valitudinem ε**Va** : mortem **V** ‖
7—8 et sedens iuxta eam ε : et sedens in thorum iuxta eam **Va** : sedit iuxta eam
super thorum **V** ‖ **8** causas **V** : casus ε**Va** | exquirit **V** : exquirens **Va** : inquisivit ε ‖
9 aniculae ε**Va** : ancillae tuae **V** | verba suprema **V** *RA RB* : suprema ε : supre-
mum **Va** | pectori manda ε : pectori tuo commenda **V** : pectoris mandat **Va** | et
dixit … Tarsia *delevi* ‖ **10** quem tibi patrem **V** *RA* : quem tibi matrem **Va** : quam
matrem tibi ε | vel matrem **V** : aut patrem ε : quem tibi patrem **Va** | vel quam
patriam putas habuisti **V** | dixit ε**Va** : ait **V** ‖ **10.11** patria tharso **VaV** ‖ **11** ma-
trem dionisiadem **VaV** *RA* : dionisiadem matrem ε *RB* ‖ **11—12** nutrix … dixit
ε**Va** : nutrix ait **V** ‖ **12** domina audi **V** ‖ **13** mortem meam **V** *RA RB* : obitum
meum ε**Va** | quid ε**Va** : quomodo **V** | patria tyros (tyro **V**) εδ : cirene (*add.* **V**ᶜ)
anus patria **V** : *om.* **Va** ‖ **13—14** pater nomine Apollonius **Va**ᶜ : *om.* ε**V** ‖ **14** mater
archistratis regis filia (-am **Va**) **VaV** : sine sola matre tua arcestrate regis filia ε |
cum ε**Va** : ut **V** ‖ **15** secundis sursum redeuntibus (redeundibus **Va**) ε**Va** : *om.* **V** |
praeclusum spiritum **Va** | finivit ε : vitae finivit **V** *RB* : fati signavit **Va**ᶜ *RA* ‖
16 quam *om.* **V** | effecto loculo cum ε**Va** : fecit loculum **V** ‖ **17** sexterciis ε : VIter-
tias **Va** : sextercios **V** | auri ε **Va**ᶜ *RA* : *om.* **VaV** *RB* | in mare misit **V** *RB*; *cf. RA* :
misit in mare ε**Va** | delata ε : dilatam **Va** : elevata **V** ‖ **18** in supremis exequias
ε**V** : et qui iam **Va** | quo (quos **Va**) itaque devenerit (devenerint **Va**) … erit ε**Va** :
om. **V**

testis erit. nam rex Apollonius Tyrius pater tuus amissam coniugem lugens, te in cunabulis posita, tui tantum solacio recreatus, applicuit Tarso, commendavit te mecum cum magna pecunia et veste copiosa Stranguilloni et Dionysiadi hospitibus suis, votumque fecit numquam barbam neque capillos tonsurum nisi te prius nupto traderet, et cum suis 5 conscendit ratem et ad nubiles tuos annos ad vota persolvenda ⟨non⟩ remeavit. sed pater tuus, qui tanto tempore nec scripsit nec salutis suae nuntium misit, forsitan periit. nunc ergo moneo te: si post mortem meam in casu hospites tui, quos tu tibi parentes appellas, aliquam tibi iniuriam faciant, perveni in forum, et ibi invenies statuam patris tui in biga 10 stantem; ascende et statuam patris tui comprehende et omnes casus tuos expone. cives memores patris tui beneficiorum iniuriam tuam vindicabunt."

30 Puella ait: „cara nutrix, dominum testor, quia si prius senectuti tuae naturaliter aliquid accidisset quam haec mihi referres, ego originem 15 natalium meorum nescissem!" et cum haec adinvicem colloquerentur, nutrix in gremio puellae emisit spiritum. et exclamavit virgo, cucurrit familia. corpus nutricis suae sepelitur, et iubente Tarsia in litore monumentum fabricatum est. et post paucos dies puella deposito luctu induit

---

*ε*V*a*V

1 apollonius rex **V** | tyrius pater tuus **Va** : pater tuus tyrius *ε* : pater tuus **V** | amissa **Va** || 2 te *ε* : et te **V** *RA* : et **Va** | posita **Va** : positam *ε***V** | solacium **Va** | recreatus *ε***V** : secretum **Va** || 3 tharso **Va**V : tharsum *ε* | commendavit **Va** : -tque **V** : -avi *ε* | mecum *ε***Va** : mihi **V** | pecuniam **Va** || 4 fecit *ε***Va** : faciens **V** *RA RB* | numquam **Va** : nunquam se *ε* : *om.* **V** || 5 neque . . . tonsurum (-os **Va**) *ε***Va** : capillum neque ungues dempturum **V** *RB*; *cf. RA* | te prius *ε* : prius te **Va** : te **V** | nupto traderet **V** : nuptiis tradidisset *ε* : nuptu tradisse **Va** || 5—7. et cum . . . remeavit *om.* **V** *RA* || 6 conscendens **Va** | et *scripsi ex RB* : ut *ε***Va** | nubiles *δ RB* : nobiles *ε***Va** | annos *om.* **Va** | persolvendo **Va** || 6.7 non remeavit *scripsi ex RB* : remearet *ε***Va** || 7 sed **V** : sed ne *ε***Va** | rescripsit **V** || 7.8 sue nuntium *ε***V** : vel nuntios **Va** || 8—p. 107, 7 nunc ergo . . . illa vero *om.* **V** *et in marg.* puella dixit ego numquam ista audivi et nutrix patris tui inquit statua est in foro que ei ob beneficium est facta cum hanc patriam a fame liberavit si te velint isti homines affligere fuge ad statuam et forsitan dimittent te hec dicens est defuncta et iuxta litus maris sepulta post cuius mortem cum puella cum filia dionisiadis procederet omnis populus laudavit eius pulcritudinem dicens hec puella posset esse regis filia hec autem *add.* **V**ᶜ || 8 si *scripsi* : ut *ε***Va** || 9 in *scripsi* : ne *ε* : nec **Va** | casus hospitis sui **Va** || 10 fecerit **Va** | perveni in *ε* : vade ad **Va** | biga *ε* : vigam **Va** || 11 patris tui *ε* : ipsius **Va** || 11—12 omnes . . . tuos *ε* : casus tuus omne **Va** || 12 memores patris tui beneficiorum (-ia **Va**) **Va** : patris tui beneficio memores *ε* || 14 dominum testor *ε* : dominus testis est **Va** | senectutis **Va** || 15 aliter naturaliter accessisse **Va** | haec mihi referes **Va** : referres hec *ε* | origine **Va** || 16 nescisse **Va** | conloquerentur **Va** : loquitur *ε* || 17 cucurrit **Va** : cum currit *ε* || 18 suae *om. ε* | sepelitur *scripsi ex RB* : sepelivit *ε***Va** | monumento **Va** || 19 puella *om. ε*

se priorem dignitatem et rediit in scholam suam ad studia liberalia, et reversa de auditorio non prius cibum sumebat nisi nutricis suae monumentum introiret et casus suos omnes exponeret et defleret.

Dum haec aguntur, quodam die feriato Dionysias cum filia sua Philo- **31** timiade et cum Tarsia per publicum transibat. et videntes omnes cives speciem Tarsiae et ornamenta laudabant eam vehementer dicentes: „felix pater, cuius Tarsia filia est; illa vero quae adhaeret lateri eius turpis et dedecus est." Dionysias vero ut audivit Tarsiam laudari et filiam suam vituperari, conversa in furorem et singularis secum cogitans ait: 'pater eius ex quo hinc profectus est, habet annos XIIII et numquam nobis salutatorias direxit litteras ad recipiendam filiam. arbitror enim quia mortuus est aut in pelago periit. nutrix vero eius discessit; neminem habeo aemulum. non potest fieri nisi ferro aut veneno tollam hanc de medio et ornamentis eius filiam meam exornabo.' et iussit venire villicum de suburbano nomine Theophilum, cui ait: „Theophile, si cupis libertatem cum praemio consequi, Tarsiam tolle de medio." villicus ait: „quid enim peccavit innocens virgo?" scelerata mulier ait: „negare mihi non potes; fac quod iubeo. sin alias, senties me iratam." villicus ait: „qualiter, domina, in hoc facto fieri potest?" scelerata mulier ait: „consuetudinem habet mox ut venerit de schola non prius sumit cibum nisi monumentum nutricis suae introierit, ferens secum ampullam vini et coronam. et tu

ε Va V

1 et rediit *η* : et redit *ε* : sedit **Va** | in scholam suam *correxi* : in scola sua **Va** : collega ad scolam suam *ε* ‖ 2 conversa **Va** ‖ 2.3 monumento introire **Va** ‖ 3 suus **Va** ‖ 4 quadam **Va** | feriatico *ε* ‖ 5 cum *om.* **Va** *RA* | publica **Va** | transibat *η* : transiebat **Va** : transierunt *ε* ‖ 6 speciem thasie *ε RA* : thasie speciem **Va** *RB* | dicebant **Va** *RA RB* ‖ 7 felix . . . est **Va** : felix est pater tuus thasia filia *ε* | quae *ε* **V** : qui **Va** | adheret **V** *RA* : adest *ε* **Va** | latere **Va** ‖ 8 et dedecus est *ε* **Va** : est et deiecta **V** | dionisia vero **Va** : dionisides *ε* : tunc dionisiadis **V** | ut **Va** **V** : aut *ε* *Raith* | thasiam (-ia **Va**) laudari et *ε* **Va** : *om.* **V** ‖ 9 filiam suam (*om. ε*) vituperari *ε* **Va** : filiae suae vituperationem **V** | conversa in furorem (-re **Va**) *ε* **Va** *RB* : in furorem conversa est **V** *RA* | singularis (-re **Va**) secum cogitans *ε* **Va** : *om.* **V** ‖ 10 hinc *om.* **V** | XIIII **Va** : XV *ε* **V** | et numquam *scripsi* : et non venit **V** : quod nunquam *ε* **Va** ‖ 11 nobis (vel *add. ε*) . . . litteras *ε* **Va** : *om.* **V** | salutatorias *η* : -os *ε* : salutarias **Va** | direxit **Va** : dixerunt *ε* | litteram **Va** | filiam suam **V** ‖ 11—12 arbitror enim quia *ε* **Va** : credo **V** ‖ 12 vero *ε* **Va** *RA* : quoque *ηδ Raith* : *om.* **V** | discessit **V** : recessit *ε* **Va** *Raith* ‖ 12—13 emulum neminem habet **V** ‖ 13 habeo **Va** : habet *ε* | non potest . . . veneno *om.* **V** | venenum **Va** ‖ 14 medio **Va** **V** : mundo *ε* | ornamento **V** | filiam meam exornabo **V** *RB*; *cf.* *RA* : ornabo filiam meam *ε* **Va** ‖ 15 de . . . theophilum (-lio **Va**) *ε* **Va** : suburbanum **V** ‖ 16 cum premio consequi (consecuta **Va**) *ε* **Va** : *om.* **V** | thasia **Va** : mundo *ε* **V** ‖ 16.17 quid enim *ε* **V** | quid **V** ‖ 17 scelerata mulier *ε* **Va** : scelesta **V** | ait *ε* *RA* : dixit **Va** **V** *RB* | mihi *ε* **V** : nobis **Va** ‖ 18 — p. 108, 2 sin (autem *add.* **Va**) alias . . . apprehende et *ε* **Va** : *om.* **V** ‖ 18 sentiens me irata **Va** ‖ 20 veniret **Va** | sumet **Va** | monumento **Va** ‖ 21 in-troire **Va** | ampulla **Va** | tu enim *ε*

cum pugione acutissimo paratus, absconde te; ex occulto veniens, a-
versae puellae crines apprehende et interfice eam et mitte corpus eius
in mare. et cum veneris et de facto mihi nuntiaveris, praemium et
libertatem accipies.'' villicus tulit pugionem acutissimum et lateri suo
celans intuens caelum ait: 'deus, ego non merui libertatem nisi per 5
effusionem sanguinis innocentis virginis?' et licet promissam spem libertatis suspirans et flens ibat ad monumentum nutricis Tarsiae et ibi latere
coepit. puella rediens de schola solito more tulit ampullam vini et coronam et venit ad monumentum et casus suos omnes exponebat. villicus
impetu facto aversae puellae crines apprehendit et traxit ad litus. et 10
dum vellet eam percutere, ait ad eum puella: ,,Theophile, quid peccavi,
ut manu tua moriar?'' cui villicus ait: ,,tu nihil peccasti, sed pater tuus
Apollonius, qui te cum magna pecunia et ornamentis regalibus dereliquit.'' cui puella cum lacrimis ait: ,,peto, domine, ut, si iam nulla spes
est vitae meae, permittas me deum testari.'' cui villicus ait: ,,testare, 15
quia deus scit me coactum hoc facturum scelus.''

32   Et cum puella deum deprecaretur, subito piratae apparuerunt et
videntes puellam sub iugo mortis stare clamaverunt: ,,crudelissime barbare, parce tibi, qui ferrum tenes. haec enim nostra praeda est, non tua
victima.'' villicus ut audivit voces et vidit eos ad se venientes, fugit et 20

ɛVaV

1 pungionem acutissimum **Va** | absconde te *scripsi* : absconse ɛ : absconsus **Va** |
occulte **Va** ‖ 2 et² *om.* **V** | eius *om.* ɛ ‖ 3 cum **V** *RA RB* : dum ɛ**Va** | veneris . . :
mihi *om.* **V** | nuntiaveris actum **V** ‖ 4.5 et libertatem (libertas **Va**) ɛ**Va** : liberta-
tis **V** ‖ 4–8 tulit . . . coepit ɛ**Va** : vero ilico spem libertatis habens seductus est tamen cum dolore discessit tunc pugionem sibi acutissimum praeparavit et abiit post
nutricis tharsiae monumentum **V**; *cf. RB* ‖ 4 pungionem **Va** | latere **Va** ‖ 5 ce-
lans ɛ : celavit **Va** | intuens ɛ : et intuitus **Va** : intuitus δ | deus ego *Raith ex RA* :
deus ergo ego ɛ : deus meus aliter **Va** ‖ 6 promissa spe **Va** ξ ‖ 7 suspirans ɛ : spe-
rans **Va** | flens ɛ : flebat **Va** | monumento **Va** ‖ 8 et puella **Va**V | scola ɛ**Va** :
studiis **V** | solito more **Va** : more solito ɛ : *om.* **V** | tulit (tollens **V**) ampullam ɛ**V** :
retulit ampulla **Va** ‖ 9 et¹ *om.* **V** | et² *om.* **V** | suus **Va** | omnes *om.* **V** | expo-
nere **V** ‖ 10 adversus puellam crinibus eam apprehendit **V** ‖ 11 eam percutere
scripsi : percutere eam ɛ**Va** : eam interficere **V** | ad eum *om.* **V** ‖ 12 manu tua
scripsi ex RA : de manu tua ɛ**Va** : tua manu **V** *RB* | cui *om.* **V** ‖ 13 te cum magna
pecunia et ornamentis regalibus **Va** η; *cf. RA* : te cum ornamentis et magna pecunia
et regalibus vestimentis **V** : tibi magnam pecuniam et ornamenta regalia ɛ; *cf. RB* ‖
14 cui *om.* **V** ‖ 15 permittas me deum (*scripsi* : dominum ɛ : -no **Va**) testari (η δ :
testare ɛ**Va**) ɛ**Va** : deum mihi testari permittas **V** | cui *om.* **V** ‖ 16 quia ɛ**Va** :
et **V** | me coactum ɛ**V** : absit a me **Va** | facturum (-us **Va**) scelus ɛ**Va** : scelus fac-
turum **V** ‖ 17 cum **Va**V : dum ɛ | deum ɛ**V** : dominum **Va** | pirates **Va** ‖ 18 puella
Va | stare ɛ**Va** : positam **V** ‖ 19 qui ferrum tenes ɛ : qui tenes ferrum **V** : quae
fero tenens **Va** | praeda nostra **V** | est nam non **Va** ‖ 20–p. 109, 1 ut audivit . . .
latere ɛ**Va** : voce piratarum perterritus fugit post monumentum **V**

coepit post monumentum latere. piratae applicantes ad litus tulerunt
virginem et altum pelagus petierunt. villicus exiit et videns puellam
raptam a morte egit deo gratias quod non fecit scelus. et reversus ad
dominam suam ait: „quod praecepisti factum est; comple quod promisi-
5 sti." scelerata mulier ait: „quid narras, latro male? homicidium fecisti, et
libertatem petis? revertere ad villam et opus tuum facito, ne iratum
dominum tuum et dominam sentias." villicus aporiatus ibat et levans
oculos cum manibus ad caelum dixit: 'deus, tu scis quod non feci scelus.
esto iudex inter nos.' et abiit ad villam. tunc Dionysias simili modo
10 habuit apud semet ipsam consilium pro scelere quod cogitaverat, quomodo posset funus illud celare. ingressa ad Stranguillionem maritum
suum sic ait: „care coniux, salva coniugem, salva filiam tuam, cela
furorem, solve dementiae nodum. ante paucos dies per publicum dum
transirem cum Philotimiade filia nostra et Tarsia, ut viderunt omnes
15 cives Tarsiae speciem et ornamenta laudabant eam et Philotimiadem
filiam nostram vituperabant. ego autem in furore conversa cogitavi
mecum dicens: 'ecce anni XIIII sunt ex quo pater eius recessit, et numquam nobis vel salutatorias direxit litteras; forsitan ille aut afflictione
luctuum mortuus est aut certe inter fluctus et procellas maris in pelago
20 periit. nutrix quoque eius defuncta est; nullum habeo aemulum. tollam
Tarsiam de medio et ornamentis eius filiam meam ornabo.' quod et factum esse scias. nunc ergo propter civium curiositatem ad praesens indue

ε VaV

1 pirates **Va** ‖ 2 altum pelagus ε : alto pelago (undas *add*. **V**) **Va**V | villicus post
moram **V** *RA RB* | exiit et videns ηδ *Raith* : exiit vidensque **V** : exiens et (*om*. **Va**)
vidit ε**Va** ‖ 2—3 puella rapta ad mortem **Va** ‖ 3 quod ε**V** : qui **Va** | scelus non
fecisset **V** ‖ 4 dominam suam ε : domina sua **Va** : scelestam **V** ‖ 4—5 quod[1] . . . scelerata mulier ait **Va** : domina quod . . . scelesta ait **V** : *om.* ε ‖ 5 male *om.* **V** ‖
6 petis ε**Va** : queris **V** | opum **Va** | facito ε *RA* : fac **Va**V *RB* ‖ 7 domino tuo **Va** |
et[1] *scripsi* : aut ε**Va** *Raith* : *om.* **V** | dominam (tuam *add.* ε) ε η δ : -na **Va** : *om.* **V** |
aporiatus ε**Va** : autem iratus **V** ‖ 7—8 levans . . . caelum ε : levabat manus ad caelum **Va** : reversus ad se **V** ‖ 8 quod non feci (fecerim **Va**) ε**Va** : quoniam non per-
petravi hoc **V** ‖ 9 inter nos ε**Va** : in causa hac **V** | abiit ε**Va** : redit **V** | ad ε**V** : in
Va ‖ 9—p. 110, 18 tunc Dionysias . . . vindices in Dionysiade *om.* **V** *RB*; *cp. illa
ante praetermissa verba 8* deus tu scis *et ultima praetermissa 110, 17* deus tu scis ‖
10 apud semet ipsa consilium apud semet ipsam ε ‖ 11 posset . . .
celare ε : possit illum celare **Va** ‖ 11.12 marito suo **Va** ‖ 12 et salva[2] **Va** ‖ 13 solve
scripsi : studia **Va**c : historiis ε | dementie nodum **Va** : dementia nota ε | publica
Va ‖ 14 transirem **Va** : transeo ε ‖ 14—19 ut viderunt . . . luctuum ε : omnes cives
thasia laudabant et filiam nostram vituperabant in grande me furore insania me
incitaverunt et abito apud me pessimo consilio excogitare dicens ecce iam anni
XIIII ex quo thasia pater eius commendavit et non vel salutatorias litteras misit
forsitan ille aut afflictionem fluctui **Va** ‖ 18 afflictione η δ : in afflictionem ε ‖
19 procella **Va** ‖ 21 thasia **Va** | medio **Va** : mundo ε ‖ 22 esse ε : est **Va** | indui **Va**

lugubres vestes sicuti et ego, et falsis lacrimis dicamus eam subito dolore
stomachi fuisse imbecillem prope in suburbio et exinde fuisse eam defunctam; atque nos eam honeste sepelivimus. faciamus veluti rogum ubi
dicamus eam esse positam." Stranguillio ut audivit, tremuit et stupor
cepit eum, atque ita respondit: ,,equidem da mihi ad praesens lugubres 5
vestes, ut lugeam, qui tali scelere sum iunctus. heu mihi! quid faciam,
quid agam de patre eius, qui primo cum eum suscepissem ut civitatem
a morte et periculo famis liberaret? meoque suasu est egressus civitatem,
passus naufragium, incidit in mortem vitae suae, bona sua perdidit,
exitum penuriae perpessus est: a deo vero in melius restitutus est, nec 10
malum pro malo quasi impius excogitavit neque ante oculos illud habuit,
sed omnia oblivioni ducens, insuper adhuc memor nostri in bono, fidem
eligens nostram, commendans nobis filiam suam tradidit nutriendam,
tantam simplicitatem et amorem circa nos habuit, ut civitatis nostrae
nomen ei imponeret. heu mihi, caecatus sum! lugeo me et innocentem 15
puellam, quid acturus sum ad pessimam venenosamque serpentem." et
elevans oculos suos in caelum ait: 'deus, tu scis quia purus sum a sanguine
Tarsiae; requiras et vindices in Dionysiade.' postera die prima luce
scelerata mulier, ut admissum facinus insidiosa fraude celaret, misit
famulos ad convocandos amicos et patriae principes. qui venientes 20
consederunt. tunc scelerata mulier lugubribus vestibus circumdata,
laniatis crinibus, nudo et livido pectore affirmans dolorem exiit de
cubiculo, et fictas fundens lacrimas ait: ,,amici fideles, scitote Tarsiam

εVaV

1 subitaneo Va ‖ 2 fuisse imbecillem prope in (addidi ex Va) ... defunctam $\eta\xi$:
fuisset mortua propter hoc in suburbio ex exinde fuisse eam defuncta Va : fuisse
defunctam ε ex homo. ‖ 3 eam om. Va | sepelisse Va ‖ 4 et om. Va ‖ 5 cepit ε :
coepit Va | et quidem Va ξ | 6 et ut Va | qui ... heu ε : et quia tale sceleste sum
iunctus eu Va ‖ 7 patrem Va | qui mihi Va | eum om. Va | susciperem Va ‖ 8 pe-
riculum Va | liberasset Va | meoque scripsi : eiusque ε Va | civitate Va ‖ 9 in
mortem ε : a (in Va^c) morte Va | vitae suae om. Va | et bona Va ‖ 10 penuriae
Va : punire ε | a deo ε : abeo Va | vero om. ε | restitutus est Va ξ : restitutum est
ei ε | nec om. Va ‖ 11 malo ε : bona Va | impius ε : pius Va | habui Va ‖ 12 obli-
vione Va ξ | ducens Va : tradens ε | bona fide Va ‖ 13 commendans ε : come-
moras Va | nobis filiam suam ε : nos filiam suam nobis Va ‖ 14 simplicitate et
amore Va | civitatis (-ti Va) nostrae Va $\delta\xi$: civitas nostra ε ‖ 15 cecatus ε : obce-
catus Va | lugo Va | me Va ξ RA : om. ε ‖ 15.16 innocente puella Va ‖ 16 vene-
nosamque (et venenosam ε) serpentem $\varepsilon\eta\delta\xi$: venenosam que sepe notum est Va ‖
17 elevans ε Va ξ : levans $\eta\delta$ Raith RA | suos om. ε | in Va η : ad ε | celo Va ‖
18 requiratur et vindicetur in dionisiam Va | postera autem V ‖ 19 mulier
om. Va V | invidiosa V ‖ 19.20 famulos misit V ‖ 20 famulus Va | principes pa-
triae V | qui ε V : et Va ‖ 21 scelerata mulier ε Va : ipsa V | lugubris Va ‖ 22 la-
niata Va | exiens Va ‖ 23 et om. V | fictas Va V : fictis ξ : om. ε | fingens V | tha-
sia Va

Apollonii filiam, quam bene nostis a nobis fuisse edoctam, subitanea
aegritudine et dolore stomachi subito in villa suburbana esse defunctam;
quam digne sepelire fecimus." tunc patriae principes affirmationem
sermonis ex habitu lugubri, fallacibus lacrimis seducti, crediderunt.
5 postera die placuit universis patriae principibus ob merita et beneficia
Apollonii filiae eius in litore fieri monumentum ex aere collato non longe
a monumento Lycoridis scriptum in titulo: TARSIAE VIRGINI APOLLONII
FILIAE OB BENEFICIA EIVS EX AERE COLLATO MONVMENTVM FECERVNT.
Interea piratae, qui Tarsiam rapuerunt, devenerunt in civitatem **33**
10 Mytilenen; deponitur Tarsia et inter cetera mancipia venalis proponitur.
et videns eam leno Leoninus nomine cupidissimus et locupletissimus
'nec vir nec femina' contendere coepit ut eam emeret. et Athenagora
nomine princeps civitatis eiusdem intellegens nobilem et sapientem et
pulcherrimam puellam obtulit decem sestertia auri. leno dixit: ,,ego XX
15 dabo." Athenagora obtulit XXX, leno dat XL, Athenagora obtulit L,
leno dat LX, Athenagora obtulit LXX, leno dat LXXX, Athenagora
obtulit XC, leno in praesenti dat C dicens: ,,si quis amplius dederit, ego
X sestertia auri superdabo." Athenagora ait: 'ego si cum hoc lenone
contendere voluero, ut unam emam, plures venditurus sum. sed per-
20 mittam eum emere, et cum ille eam in lupanar statuerit, intrabo prior et

ε VaV

1—2 quam bene ... stomachi ε**Va** : hesterna die stomachi dolore **V** ‖ 1 fuisse
edoctam (doctam ε) ε η : fuisset edocta **Va** ‖ 2 subito om. ε ǀ esse defunctam (-ta **Va**)
VaV : est defuncta ε ‖ 3 quam ... fecimus **Va** : quam digne sepelivimus ε : meque
eam honestissimo funere extulisse **V** ǀ principes patriae **V** ǀ principis **Va** ǀ affirmationem *scripsi ex RB* : -ione ε**VaV** ǀ 4 ex **Va** η : et **V** : et ex ε ǀ abitu lugubribus
Va ǀ fallacibus **Va** η : -busque **V** : et fallacibus ε ǀ crediderunt dictis **V** ‖ 5 postera
autem **V** ǀ patriae om. **V** ǀ merita et beneficia η *Raith* : -tum et -ium ε : -to ed -ciis
Va : meritum **V** ‖ 6 ere collato (-tum ε**V**) ε**V** η : greco latino **Va** ǀ 7 ligoridis nutricis suae scribentibus titulum desuper **V** ǀ virgini ε : virginis **Va** : om. **V** ‖ 7.8 filiae
apollonii **V** ‖ 8 ex ere collato monumentum (om. **Va** ξ) fecerunt **Va** δ ξ : ex aere collatum domum dederunt **V** : monumentum ex ere collatum fecerunt ε ‖ 9 pirates
Va ǀ thasia **Va** ‖ 9—10 devenerunt ... proponitur ε**Va** : in civitate metilena deponunt et venalem inter cetera manicipia ponunt **V** ǀ civitate metellina **Va** ‖ 10 ve-
nale **Va** ‖ 11 leno ε**VaV**ᶜ : leo **V** ‖ 12 nec vir nec femina om. **V** ǀ eam emeret **V** *RA*
RB : emeret eam ε**Va** ǀ et (om. **Va**) athenagores ε**Va** : athenagores autem **V** ‖
13 nomine om. **V** ‖ 13.14 et pulcherrimam om. **V** ‖ 14 pulcherrima puella **Va** ǀ sestertia *scripsi* : sextercias ε**Va** : -ios **V** ǀ auri om. **V** ǀ dixit ε**Va** : ait **V** ‖ 15 leno dat
XL ε**Va** : iterum leno obtulit XL **V** ǀ obtulit L ε : autem L **V** ‖ 15—16 Athenagora obtulit L, leno dat LX om. **Va** ‖ 16—17 leno dat LX ... obtulit XC om. **V** ‖
17 in praesenti ... dicens ε**Va** : ait praesenti do C et **V** ǀ amplius ε**Va** : super **V** ‖
18 sestertia *scripsi* : sextercias ε**Va** : -ios **V** ǀ auri om. **V** *RA RB* ǀ ego si ε**Va** : et
mihi quid est **V** ǀ hoc om. **V** ‖ 19 voluero ... sum sed om. **V** ǀ emam ε : ema **Va** ǀ
permitto **Va** ‖ 20 ille om. **V** ǀ ea **Va** ǀ constituerit **V** ‖ 20—p. 112,1 intrabo ...
comparaverim (emerem **Va**) ε**Va** : ego prior intrabo ad eam et diripiam virginitatem eius **V**

eripiam virginitatem eius vili pretio, et erit ac si ego eam comparaverim.'
addicitur puella lenoni, numeratur pecunia, perducitur in domum,
introducitur in salutatorium, ubi Priapum aureum habebat ex gemmis,
et ait: ,,Tarsia, adora numen praesentissimum." puella ait: ,,domine,
numquid Lampsacenus es?" leno ait: ,,quare?" puella ait: ,,quia cives 5
Lampsaceni Priapum colunt." cui leno ait: ,,ignoras, misera, quia in
domum incidisti lenonis et avari?" puella ut audivit, toto corpore contremuit et prostrata pedibus eius dixit: ,,miserere, domine, succurre
virginitati meae! et rogo ne velis hoc corpus sub tam turpi titulo prostituere." cui leno ait: ,,alleva te, misera; nescis quia apud tortorem et 10
lenonem nec preces nec lacrimae valent?" et vocavit ad se villicum
puellarum et ait: ,,Amiante, cella, ubi Briseis stetit, exornetur diligenter
et titulus scribatur: 'qui Tarsiam violare voluerit, dimidiam libram auri
dabit. postea singulis aureis populo patebit'." et fecit villicus quod
iusserat dominus eius leno.   15

34   Tertia die Tarsia antecedente turba cum symphoniacis ducitur ad
lupanar. Athenagora prior affuit et velato capite ingreditur lupanar.
introivit cellulam et sedit in lecto puellae. puella ex demonstrato ostium
clausit et procidens ad pedes eius ait: ,,miserere, domine! per iuventutem

---

εVaV

1 hac **Va** | eme[.]rem **Va** ‖ 2 adicitur **Va** : adducitur ε**V** *Raith* | perducitur $\check{\xi}$:
-cit ε : -ci **Va** : adducitur **V** | domo **Va** ‖ 3 introducitur ε**Va**: postea ducitur **V** | sa-
lutatorio **Va** | aureum ε**V**ᶜ : areum **V** : *om*. **Va** | habebant **V** | ex gemmis **V** : et ex
gemmis ε**Va**; *lac. ind.* et? ‖ 4 et ait ε**Va** : et unionibus paratum et ait **V** | thar-
siae **V** | adora numen (nomen **Va**) presentissimum ε**Va** : ades (**V**ᶜ) praesens numen **V** ‖
5 lapsacenus es leno ait (**Va** $\check{\xi}$ *RA RB* : dixit ε) ... ait ε : cives lampsacenus est leno
ait ... ait **Va** : cives lapsac[***]**V** ‖ 6 colent **Va** | cui leno ait *om*. **V** ‖ 7 domo **Va** |
incidisti lenonis (-ni **Va**) et avari (-ris **Va**) ε**Va** : lenonis avari incidisti **V**; *cf. RA* | ut
haec **V** *RA* | totum **Va** ‖ 8 prostrataque **V** ‖ 9 rogoque **V** | velles **Va** | tam **VaV**
RA RB : tanto ε δ : tanta η *Raith* | turpi titulo ε**Va**ᶜδ : turpitulo **Va** : turpi stu-
dio **V** : turpitudine η *Raith* | prostituere ε**Va** : humiliare **V** ‖ 10 cui ε *RA* : *om*. **Va**
RB ‖ 10—11 tortorem et (*om*. ε) lenonem (-ne **Va**) ε**Va** $\check{\xi}$: lenonem tortorem **V** ‖
11 nec² ... valent ε**Va** : blandae nec valeant lacrimae **V** | ad se *om*. **V** ‖ 12 amiante
Va : adduc eam in εᶜ : *om*. **V** | cella (cellula **Va**) ubi briseis (briseida ε : presaida **Va**)
... diligenter ε**Va** : vide prius cellam ubi virgo mittatur **V** ‖ 13 titulo **Va** | sic scri-
batur **V** | thasia **Va** | violare ε**V** : devirginare **Va** | dimidiam (-ia **Va**) libram (-ra
Va : *om*. ε) auri ε**Va** η : libram auri mediam **V** ‖ 14 posteraque die **V** | singulis aureis
(areis **Va**) populo ε**Va** : singulos aureos **V** *RA RB* ‖ 14—15 quod iusserat (iussit **Va**)
... leno (*om*. **V**) **VaV** : quod dominus eius leno iusserat ε ‖ 16 autem die **V** | Tarsia
antecedente turba cum *scripsi* : thasiae accedit turba cum **Va** : antecedit turba tha-
sia enim ε : antecedentibus liris tibiis et **V** | simphoniis **V** | ducitur virgo **V** ‖
17 prior ε**Va** : autem primus **V** | lupanar ingreditur **V** | 18 introivit ε**Va** : ingredi-
turque **V** | cellam **V** | in lecto **Va**Vᶜ : in lectum **V** : super lectum ε ‖ 18—19 ex ...
(hostio **Va**) clausit ε**Va** : vero causit (clausit **V**ᶜ) hostium **V** ‖ 19 procidit **Va** $\check{\xi}$ |
ait ε : dixit **V** : *om*. **Va** | domine *om*. ε | 19—p. 113, 1 iuventutem (-te **Va**) tuam (tua
Va) ... te adiuro (adiuro te ε) ε**Va** : deum te adiuro et per iuventutem tuam **V**

tuam et per deum te adiuro ne velis me sub hoc titulo violare. contine impudicam libidinem et casus infelicissimae virginis audi et natalium meorum originem." cui cum universos casus suos exposuisset, confusus et pietate plenus obstupuit vehementer et ait ad eam: „erige te. scimus
5 enim temporum vices: homines sumus. habeo et ego ex amissa coniuge filiam bimulam, de qua simili casu possum metuere." et dedit XL aureos in manu virginis dicens: „domina Tarsia, ecce habes amplius quam virginitas tua venalis proposita est. age advenientibus similiter, quousque liberaris." puella profusis lacrimis ait: „ago, domine, pietati tuae gratias
10 et rogo ne cui narres quae a me audisti." Athenagora ait: „si narravero, filia mea cum ad tuam venerit aetatem patiatur similem poenam." et cum lacrimis discessit. occurrit illi collega eius et ait: „quomodo te cum novicia?" Athenagora ait: „non potest melius; cum magno effectu usque ad lacrimas!" haec dicens subsecutus est eum Athenagora ad audiendum
15 exitum rei. iuvenis ut intravit, puella solito more ostium clausit. cui iuvenis ait: „si salva sis, indica mihi quantum tibi dedit iuvenis qui ad te introivit." puella ait: „quater denos aureos mihi dedit." iuvenis ait: „non illum impedivit; homo dives est. quid grande fecisset, si tibi libram integram auri complesset? ut ergo scias me meliorem animo esse, tolle
20 libram auri integram." Athenagora vero de foris audiebat et dicebat: 'plus das, plus plorabis!' puella acceptis aureis prostravit se ad pedes

εVaV

1 velles Va | hoc ... violare εVa : hac turpitudine humilari V | contine queso V ‖ 2 inpudica libidine Va | et[1] om. V ‖ 3 originem intellige V | cui cum (dum Va) VaV RA RB : et cum ε | universo casus suum exposuit Va ‖ 4 et (est Va) pietate εVa : pietateque V | obstupuit vehementer (vent Va) εVa : abstinuit se V | ad eam om. V | 5 enim om. εV | sumus casibus subiacemus V | habeo et ego VaV : et ε ‖ 6 bimulam (-la Va) εVa : om. V | casus V | et dedit εVa : haec dicens dedit ei V; cf. RA ‖ 7 in manu (-um ε) ... dicens εVa : dixitque illi V | amplius om. Va ξ ‖ 8 venale Va | age scripsi : da ε : dare V : de Va | similiter ε : et (om. V) age precibus similiter VaV ξ ‖ 9 ago εVa : ego V | domine om. ε | gratias ago V ‖ 10 rogoque V | ne cui ε : neui Va : ne alicui V | narrabo Va ‖ 11 tua Va | pervenerit ε | similem patiatur ε ‖ 12 collega eius εVa : discipulus suus V ‖ 13 novicia ε : non vici Va : om. V | melius εVa : amplius V | effectu scripsi : effectum Va : affectu ε ‖ 13-14 cum magno ... dicens om. ε ‖ 14 subsecutus εVa : et secutus V | ad[2] om. Va | videndum V ‖ 15 ille iuvenis V | more solito εVa | hostium εVa ‖ 16 si ... indica Va : sis salva scis indica ε : dic si vales V | mihi om. V | ad εV : a Va ‖ 17 introivit ε : intravit V : exivit Va | dedit michi V ‖ 18 non illum impedivit ε : non illam puduit Va : om. V | est quid εV : qui Va | fecisset scripsi : fecerat ε VaV | tibi om. V ‖ 19 integram ε : om. VaV | auri tibi complesset V | ergo om. V | me om. ε | meliorem (-ri ε) animo esse εVa : animo esse meliorem V ‖ 20 libram (-a Va) auri integram (-a Va) Va RA RB : integram auri libram V : libram integram auri ε | de foris om. V ‖ 21 das εV : dabis Va RA RB | plus[2] εVa : amplius V | plurabis Va | pedibus Va

eius et similiter expositis casibus suis confudit hominem et avertit a libidine. aporiatus iuvenis ait ad eam: ,,alleva te, domina! et nos homines sumus, casibus subiacentes." puella ait: ,,ago, domine, pietati tuae maximas gratias et peto ne cuiquam narres quae a me audisti."

35 Et exiens foris invenit Athenagoram ridentem et ait illi: ,,magnus ₅ homo es! non habuisti cui lacrimas tuas propinares et adiurationem proderes." tacentes aliorum coeperunt exitum expectare. et insidiantibus illis per occultum aspectum, omnes quotquot introibant dantes pecuniam flentes recedebant. facta autem huius rei fine obtulit puella pecuniam lenoni dicens: ,,ecce pretium virginitatis meae." et ait ad eam leno: ₁₀ ,,quantum melius est hilarem te esse et non lugentem et gementem! sic ergo age ut cotidie ampliores pecunias afferas." et cum puella altera die de lupanari reversa diceret: ,,ecce quod potuit virginitas", hoc audito leno vocavit villicum puellarum et ait ad eum: ,,Amiante, te tam neglegentem esse miror, ut nescias Tarsiam virginem esse. si virgo tantum ₁₅ offert, quantum dabit mulier? duc eam in cubiculum tuum et eripe ei nodum virginitatis!" cumque eam villicus in cubiculum suum duxisset, dixit ad eam: ,,verum mihi dic, Tarsia, adhuc virgo es?" puella dixit: ,,quamdiu deus vult, virgo sum." villicus ait: ,,unde ergo his duobus

---

*ε*Va*V*

1 et[1] *om.* **Va** | exposuit casus suos **V** | avertitque **V** | a libidine *ε***Va** : libidinem **V** ‖ 2 et aporiatus **V** | ad eam *om.* **V** ‖ 3 subiacemus **V** | ago *ε***Va** : ego **V** | domine *om.* *ε* | pietati *ε***Va**ᶜ : petati **V** ‖ 4 maximas *om.* **V** | gratias ago **V** | cuiquam **V** : cui *ε***Va** | audistis **Va** ‖ 5 et (*om.* **Va**) exiens ... illi *om.* *ε* | foris *om.* **V** | iuvenis invenit **V** ‖ 6 et dives *post* homo *ε* | es tu **Va** | propinares *ε***V**ᶜ : propinare **Va** : propinareris **V** ‖ 6—7 et adiurationem proderes *ε* : et adiuratione prodere **Va** : *om.* **V** ‖ 7 tacentes (-tis **Va**) *ε***Va** : et tacentes *δ ξ Raith* : et adiuratione facta inter se ne haec verba proderent **V**; *cf.* *RA RB* | coeperunt exitum (-us **Va**) expectare *ε***Va** : exitium coeperunt expectare tacentes **V** | insidiantibus *ε***Va**ᶜ**V** : insiantibus **Va** ‖ 8 occultu aspectu **Va** | quotquot *ε* : qui **V** : quisquid **Va** | intrabant **V** ‖ 9 huius *ε***V** : hanc **Va** ‖ 9—10 obtulit puella pecuniam (-ia **Va**) lenoni (*om.* *ε*) *ε***Va** : infinitam puella pecuniam obtulit lenoni **V** ‖ 10 ecce *ε***V** : accipe **Va** | virginitatis meae precium **V** | virginitati **Va** | ad eam **V** ‖ 11 quantum ... te **V** *RA RB* : quantum est te melius hilare **Va** : quanto meliorem hilarem te *ε* | non *om.* *ε* | gemente et lugente **Va** | et gementem *om.* **V** *RA RB* ‖ 12 altera die *scripsi ex RA* : cotidie *ε***Va** *Raith* : *om.* **V** ‖ 13 de lupanari (-ar *ε*) *ε***V** : lupanar **Va** | dicerit **Va** | quod *ε***Va** : quantum **V** | patuit **Va** | virginitas (mea *add.* *ε*) *ε***V** : -tatis **Va** | hoc audito *ε***Va** : audiensque **V** ‖ 14 amiantem *post* puellarum *add.* **V**ᶜ | ad eum *om.* **V** | eum [***] tam **Va** | amiante *η ξ* : amiante miror *δ Raith* : admiror *ε* : *om.* **V** | te tam neglegentem *ε RA* : tam neglegentem te **Va** *η δ ξ RB Raith* : tam neglegenter **V** ‖ 15 esse[1] *ε* : agis **V** : *om.* **Va** | miror *η* : scio *ξ* : *om.* *ε***Va**V | scias thasia **Va** ‖ 16 offert *ε***V** : afferit **Va**; *cf.* *RA* | dabit *ε***V** : debet **Va** | cubiculo tuo **Va** | ei *om.* **V** ‖ 17 virginitatis eius **V** | eam *ε* : ea **Va** : *om.* **V** | cubiculo suo **Va** | eam *ante* duxisset **V** ‖ 18 dixit ad eam *ε***Va** : ait ei **V** | mihi dic **Va**V *RA RB* : dic mihi *ε Raith* | thasia *ε***Va** : si **V** | puella *ε***Va** : tharsia **V** ‖ 19 vult *ε RA* : voluerit **Va**V *RB* | ait *ε***Va** : dixit **V** | duobus **Va** *ξ* : *om.* *ε***V**

diebus tantas pecunias abstulisti?" ⟨***⟩ puella prostravit se pedibus eius et ait: ,,miserere, domine, subveni captivae regis filiae; ne me velis violare." et cum ei casus suos exposuisset, motus misericordia dixit: ,,nimis avarus est leno; nescio si possis virgo perseverare."

5 Puella ait: ,,dabo operam studiis liberalibus; erudita ⟨sum⟩; similiter **36** et lyrae pulsu modulabor in ludo. iube crastino in frequenti loco scamna disponi; et facundia oris mei populo spectaculum praebeo; deinde lyram plectro {et} modulabor et in hac arte ampliabo pecunias; et quoscumque nodos quaestionum proposuerint solvam." quod cum fecisset villicus, 10 omnis aetas populi ad videndam virginem cucurrit. puella ut vidit ingentem populum, introivit in facundam studiorum abundantiam et ingeniosas quaestiones sibi proponi iubebat, et acceptas cum magno favore solvebat. fit ingens clamor, et tantus circa eam civium amor excrevit, ut et viri et feminae cotidie ei infinita conferrent. Athenagora 15 autem princeps civitatis memoratam integerrimae virginitatis et generositatis diligebat eam ac si unicam filiam suam, ita ut villico illi multa donaret et commendaret eam.

Et cum cotidie virgo misericordia populi tantas congregaret pecunias **37** in sinum lenonis, venit Apollonius in Tarsum XIIII anno transacto, et

εVaV

1 diebus εV : vicibus Va | tanta Va | abstulisti *scripsi* : attu- εVaV | *lac. indico* | prostravit se VaV : prostrata ε | pedibus εVa : ad pedes V ‖ 2 et *om.* ε | miserere mei V *RA* | regis filiae εV : reginae Va | ne me velis (velles Va) εVa : nec velis me V ‖ 3 casus suos ε : omnes casus suos V : casus suus omnes Va ‖ 4 nimis avarus εV : nisi aurum Va | virgo *om.* V ‖ 5 puella ait *om.* V | opera Va | ait puella *post* operam V | erudita (sum *addidi*) εV : perfecte erudita sum Va^c ‖ 5. 6 similiter et *om.* V ‖ 6 pulsu V : pulsos ε : polsus Va | modulabor in ludo V : modulanter inludo (ludo ε) εVa | iube ergo V ‖ 7 et facundia oris (operis Va) ε Va : fecundi amoris V | populo VaV : populum ε | (ad *add.* εVa) spectaculum ε Va : *om.* V | praebeo Va η *RA* : provideo ε : merebor V ‖ 7—8 deinde . . . pecunias (-iam ε) et εVa : et casus meos omnes exponam V ‖ 8 et¹ *delevi* | modulabor et δ^c *RA* : -lato εVa | ampliabor Va ‖ 8. 9 quoque nodus Va | 9 proposuerit Va | exsolvam V | alacresque tibi ampliabo pecunias *post* solvam V | villicus fecisset V ‖ 10 concurrerunt V | ingentem *om.* ε ‖ 10—11 ad videndam . . . populum *om.* Va ‖ 11 introivit εVa : ingredi V | in *scripsi* : et εVa : *om.* V | facundam studiorum habundantiam V : facundia oris studiorum habundantia εVa ‖ 12 ingeniosas V : ingenio εVa | proponi iubebat VaV : proponebat fieri ε ‖ 12—13 acceptas . . . favore *om.* V | 13 fit εVa : et V : et fit β π | et εVa : ortus est V | tantus vero V | amor civium V ‖ 14 et¹ *om.* V | ei infinita ε : infinita ei Va : infinitam V | conferrent Va : conferrent dona ε : conferrent pecuniam V ‖ 15 memoratam ξ *RA RB* : memor tam ε *Raith* : memoratus V : memor Va | integritate ε ‖ 15—16 generositatem diligebant ea Va ‖ 16 ac si unicam εVa : ut V | filia sua Va ‖ 17 commendare Va ‖ 18 tanta Va | congregaret V η : coegeret Va : congerit ε *RB* ‖ 19 sino Va | lenonis V : leonini lenonis ε : lenoni attulit Va | apollonius venit V | in tharsum η *Raith* : in tharso εVa : tharso V | anno transacto ε : transacto anno V : anni transacti Va

operto capite, ne a quoquam civium deformis aspiceretur, ad domum pergebat Stranguillionis. quem ut vidit Stranguillio a longe, perrexit prior rapidissimo cursu et dixit Dionysiadi uxori suae: ,,certe dixeras Apollonium naufragio perisse?" illa ait: ,,dixi certe." Stranguillio ait: ,,crudelis exempli pessima mulier, ecce venit ad recipiendam filiam suam. 5 quid dicturi sumus patri de ea cuius nos fuimus parentes?" scelerata mulier ait: ,,miserere, tibi, coniunx, confiteor: dum nostram diligo filiam, perdidi alienam. accipe itaque consilium: ad praesens indue lugubres vestes, et fictis lacrimis dicamus eam stomachi dolore nuper defecisse. et cum nos tali habitu viderit, credet." et dum haec dicit, introivit Apollo- 10 nius domum, revelat caput, hispidam ab ore removet barbam et aperit comam a fronte. et ut vidit eos lugubribus vestibus et maerentes, ait: ,,hospites fidelissimi, si tamen hoc adhuc in vobis permanet nomen, quid est quod in adventu meo largas funditis lacrimas? ne forte istae lacrimae non sint vestrae sed meae?" scelerata mulier cum gemitu expressis 15 lacrimis ait: ,,utinam talem nuntium ad aures tuas alius pertulisset, et non ego nec coniunx meus! nam Tarsia filia tua subitaneo stomachi dolore defecit." Apollonius hoc audito toto corpore tremebundus obpalluit diuque defixus constitit. tandem resumpto spiritu malam mulierem intuens ait: ,,Dionysias, Tarsia filia mea ante paucos dies discessit: 20 numquid pecunia, vestes et ornamenta perierunt?"

38 Scelerata mulier haec audiens secundum pactum referens atque reddens omnia ait: ,,crede nobis, quia et cupivimus filiam tuam incolu-

---

ε Va V

1 deformes **Va** ‖ 2 stranguilionis pergebat ε ‖ 3 dionisiade **V** | uxoris **Va** ‖ 4 apollonius naufragium perisset **Va** | illa ait *scripsi* : illa et **V** : et ait ε**Va** *Raith* ‖ 5 exempli pessima ε : exemplissima **Va** : mulier pessima **V** | mulier **V** η *RB Raith* : mulierum ε**Va** | recipiendum **Va** | suam *om.* **V** ‖ 6 dicturi ... de ea ε**Va** : dicemus de eius filia **V** | nos *om.* ε ‖ 7 mulier *om.* **V** | nostra diligo filia **Va** | 8 aliena **Va** | itaque *om.* **V** | consilio **Va** | indui **Va** ‖ 9 et fictis (finctis **Va** : iunctis ε) lacrimis ε**Va** : fictas finge lacrimas **V**; *cf. RA RB* | dicamusque **V** | dolorem nuper defecisset **Va** ‖ 10 nos (in *add.* ε) tali habitu (-tum **Va**) ε**Va** η *RA RB* : talem habitum **V** | et dum (cum **Va**) haec dicit ε**Va** : haec cum dicerent **V** | introivit ε**Va** : intravit **V** ‖ 11—12 ab ore ... merentes ε**V** : habere se movet barbam ad aperit coma ... lugubres vestes temerenti **Va** | 12 a ε : de **V** | ut *om.* **V** | lugubribus vestibus et *Raith*; *cf. RA* : lubriis vestibus indui et ε : lugubres vestes indutos ac esse **V** ‖ 13 si *om.* **Va** | adhuc hoc ε | vos **Va** | nomen ε**V** : nū **Va** ‖ 14 est quod in **Va** : est quia ε : in **V** *RA RB* | largas ε**Va** : cur **V** | fundetis **Va** | ne forte ε**Va** : aut **V** ‖ 15 sint ε**Va** : sunt **V** | mulier *om.* **V** | gemitu ε : iemitu **Va** : in tormento esset **V** ‖ 15.16 (et *add.* ε) expressis lacrimis ε**V** : expressit lacrimas **Va** ‖ 16 tale **Va** ξ | alius pertulisset (prae- **Va**) ε**Va** : non pertulissem **V** ‖ 16.17 et non ε**Va** : nec **V** ‖ 17 subitanea **Va** ‖ 19 diuque ε**Va** : diu **V** | tandem resumpto ε**Va** : resumptoque **V** | mala mulier **Va** ‖ 20 Tarsia *om.* **V** | ante paucos dies *scripsi ex RA* : ante paucos dies ut dicis ε : ut dicis ante paucos dies **Va** : ut fingitis ante paucos dies **V** ‖ 21 pecunia et ε | et *om.* **Va** ‖ 22 scelesta **Va** ‖ 22—p. 117, 1

mem resignare sicut haec omnia damus. et ut scias nos non mentiri, habemus huius rei testimonium, cives Tarsis qui memores beneficiorum tuorum ex aere collato proximo litore filiae tuae monumentum fecerunt, quod potes videre." Apollonius credens eam defunctam ait ad famulos
5 suos: ,,tollite haec omnia et ferte ad navem; ego vero ad filiae meae monumentum vado." at ubi venit, legit titulum: Dɪɪ Manes. cives Tarsis Tarsiae virgini Apollonii Tyrii filiae ex aere collato ob beneficiorvm pietatem eivs fecervnt. perlecto titulo stupenti mente constitit. et dum miratur, lacrimas non fudit; maledicens oculos suos
10 ait: 'o crudeles oculi, potuistis titulum natae meae legere, non potuistis lacrimas fundere! o me miserum; puto, filia mea vivit.' et veniens ad navem dixit ad suos: ,,proicite me in sentina navis; cupio enim in undis efflare spiritum, quem in terris non licuit lucem videre." et proiecit se in sentina navis.
15 Et dum prosperis navigat ventis Tyrum reversurus, subito mutata **39** fide pelagi per diversa maris discrimina iactatur; omnibus deum rogantibus ad Mytilenen civitatem devenerunt. ibi Neptunalia celebrabantur. quod cum cognovisset Apollonius, ingemuit et dixit: 'ergo omnes diem

---

*ε***VaV**

mulier ... damus *ε***Va** : ait ex parte perierunt et ex parte sunt aliqua proferuntur dicuntque ei crede mihi quia filiam tuam cupivimus tibi incolomem resignare **V** ‖
22 pactum *scripsi ex RA* : placitum *ε* : -to **Va** | atque **Va** *ξ RA* : ac *ε* ‖ **23** filiam tuam incolumem *ε* : filia incolume **Va**
1 sicut *ε* : sicuti et **Va** | et *om.* **Va** ‖ **2** habemus ut *ε* | testimonium **V** : -io *ε* **Va** | tharsis qui *ε* : *om.* **VaV** | memorati **V** ‖ **3** ex aere ... monumentum *om.* **Va** | in proximo **V** ‖ **4** eam *ε* **Va** : filiam suam **V** | defuncta **Va** ‖ **4-5** ait ... suos *ε* **Va** : ad famulos ait **V** | **5** omnia *om.* **V** | navem *ε* : -es **V** ‖ **5-6** vero ... vado *ε* **Va** : vadam ad filiae meae monumentum **V** ‖ **6** monumento **V** | pervenit **V** | dii manes *η RA* : dii magni *ε* : diis manibus **Va** : *om.* **V** ‖ **7** tharsis *ε* : tharsi **VaV** | virginis apolloni tyri **Va** | ex ere collato *ε* **V** : ex greco latino **Va** ‖ **7-8** ob (ut **Va**) ... eius *ε* **Va** : monumentum **V** ‖ **8** pietatem *η Raith* : -tis *ε* **Va**; *cf. RA* ‖ **9** constituit **Va** | miratur (*ε* : miraretur **Va**) lacrimas non fudit **Va** : miratur non fudit lacrimas *ε* : se non flere miratur **V** | oculis suis **V** ‖ **10** crudelis *ε* : titulo **Va** | legere *ε* **Va** : cernere **V** *RB*; *cf. RA* ‖ **10-11** non potuistis (potestis **V**) ... vivit (**V** *RA RB* : vivat *ε*) *ε* **V** : nam lacrimas non potuistis fundere o misero putas filia mea vidit **Va** ‖ **11** me miserum *ε* : miser **V** | puto *η* : peto *ε* : ut suspicor **V** ‖ **12** dixit *ε* : et dixit **Va** : ait **V** ‖ **12. 13** undis efflare **VaV** : mundum efflavit *ε* ‖ **13** lucem videre *om.* **V** ‖ **13-14** et proiecit ... navis *om.* **V** ‖ **13** proicit **Va** ‖ **15** prospere navigantes a tyro **Va** | Tyrum *scripsi* : tyro *ε* **VaV** ‖ **16** fide (fides **Va**) ... discrimina *ε* **Va** : est pelagi fides per diversa discrimina maris **V** *RA* | omnibus autem **V** | deo **Va** ‖ **17** civitate **Va** ‖ **17-18** ibi (ibique **Va**) neptunalia (natalia *ε*) ... cognovisset *ε* **Va** : gubernator cum omnibus plausum dedit apollonius ait quid sonus hilaritatis aures meas percussit gubernator ait gaude domine hodie neptunalia est **V**; *cf. RB* ‖ **18** ingemuit (iniemuit **Va**) et dixit *ε* **Va** : ait **V** ‖ **18**-p. 118, 1 omnes ... festum *ε* **Va** : hodie omnes dies festos **V**

117

festum celebrant praeter me! sed ne lugens et avarus videar! sufficiat
servis meis poena quod me tam infelicem sortiti sunt dominum.' et
vocans ad se dispensatorem suum ait ad eum: ,,dona X aureos pueris,
et eant et emant sibi quae volunt et diem festum celebrent. me autem
veto a quoquam appellari; quod si quis fecerit, crura illi frangi iubeo." 5
dispensator itaque emit quae necessaria erant et redit ad socios, exornat
navem, et laeti discubuerunt. et dum epulantur, Athenagora princeps
civitatis, qui Tarsiam filiam eius diligebat, deambulans in litore et considerans celebritatem navium, vidit navem Apollonii ceteris navibus
pulchriorem et ornatiorem et ait amicis suis: ,,ecce illa navis mihi maxime 10
placet, quam video esse paratam." nautae vero et servi Apollonii ut
audierunt navem suam laudari, salutaverunt eum dicentes: ,,invitamus
te, princeps magnifice, si dignaris." at ille petitus cum quinque servis
navem ascendit. et cum videret eos unanimes discumbere, libenti animo
et ipse discubuit inter epulantes et posuit X aureos in mensa dicens: 15
,,ecce ne me gratis invitaveritis." omnes dixerunt: ,,agimus nobilitati
tuae maximas gratias." Athenagora autem cum vidisset omnes tam
licenter discumbere nec inter eos maiorem esse qui praevideret, dixit
ad eos: ,,quod omnes licenter discumbitis, huius navis dominus quis

ε Va V

1 hodie praecte **Va** | et vocavit dispensatorem suum et ait *post* me **V**; *cf. 3
infra* | sed ne (*om.* ε) lugens (lugens **Va**^{c}) ε **Va** : ne non lugiens **V** | et avarus ε **Va** :
sed amarus esse **V** ‖ 2 servis meis pena (poenam **Va**) ε **Va** : famulis ad paenam **V** |
infelice **Va** ‖ 2−3 et vocans . . . ad eum *om.* **V** ‖ 3 vocavit **Va** | ait ε : et adit **Va** |
dona ε **Va** : da ergo **V** ‖ 4 et (ut ε) eant ε η *RA* : eant **Va** : *om.* **V** | sibi *om.* **V**
RA | volerit **Va** | et diem ε **Va** : idemque **V** ‖ 5 veto *om.* ε | appellari ε **Va** :
vocari **V** | de servis meis haec *post* quis **Va** | iubeo **V** η *RA RB* : iubebo ε **Va** |
si liber fuerit macula libertatis accipiet mirati sunt omnes illi quod si se ita ius
iurandum obligasset *post* iubeo **Va** ‖ 6 itaque ε : vero **V** : *om.* **Va** | emet **Va** |
socios **V** : navem ε **Va** ‖ 7 navem ε **V** : navigium η δ ξ *Raith* : navigio **Va** |
aepularentur **V** ‖ 7.8 princeps civitatis (-ti **Va**) ε **Va** : *om.* **V** ‖ 8 thasia filia **Va** |
filiam (-ia **Va**) eius ε **Va** : ut filiam **V** | in littore ε **Va** : ad navigium **V** | 8−9 et
considerans celebritatem navium δ : et celebritatem considerans **V** : considerare
(-aret **Va**) celebritatem navium ε **Va** ‖ 9 apollonio inter ceteris **Va** ‖ 10 pulchri-
ores **Va** | et ornatiorem **Va** V ξ *RA RB* : *om.* ε | et^2 *om.* ε | amicis suis (*om.* **Va**)
ε **Va** : amici **V** ‖ 10.11 placet maxime ε ‖ 11 parata **Va** | vero . . . apollonii
(-nio **Va**) ε **Va** : *om.* **V** | ut **V** η : *om.* ε **Va** ‖ 12 suam navim **V** | salutaverunt eum
dicentes ε **Va** : dicunt ad athaenagoram **V** ‖ 13 magnifice princeps **V** ‖ 13−14 at
ille . . . discumbere ε **Va** : athenagora ascendit navim et **V** ‖ 13 servis suis **Va** ‖
14 viderit **Va** ‖ 15 et ipse ε : et ille **Va** : *om.* **V** | inter epulantes *om.* **V** | posuit-
que **V** ‖ 16 ingratis ε^{c} ‖ 16−19 agimus . . . dixit ad eos ε **Va** : bene nos accipis
domine athenagora videns eos discumbere unanimes ait **V** ‖ 17 autem *om.* ε |
omnes *om.* **Va** ‖ 18 libenter **Va** | nec *om.* **Va** | qui *om.* **Va** | praevidens **Va** ‖
19 quod **Va** ξ *RA RB* : quid est quod **V** : quoniam ε | licenter ε **Va** : tam liben-
ter **V** | discumbetis **Va** | huius *om.* **V**

est?" gubernator dixit: „dominus huius navis in luctu moratur, et iacet intus in subsannio navis in tenebris; mori destinat. in mari coniugem perdidit et in terris filiam." Athenagora autem ad unum de servis nomine Ardalionem ait: „dabo tibi duos aureos; tantum descende et dic ei:
5 'rogat te Athenagora princeps huius civitatis, ut procedas ad eum de tenebris ad lucem'." iuvenis ait: „domine, si possum de duobus aureis quattuor crura habere. utilem inter nos non invenisti nisi me? quaere alium qui illuc eat, quia iussit ut, quicumque eum appellaverit, crura illi frangantur." Athenagora dixit: „hanc legem vobis statuit, non mihi
10 quem ignorat. ego ad eum descendam. dicite mihi, quis vocatur." famuli dixerunt: „Apollonius."

Athenagora vero audito hoc nomine ait intra se: 'Tarsia Apollonium **40** patrem nominat.' et demonstrantibus pueris pervenit ad eum. quem cum vidisset squalida barba, capite horrido et sordido in tenebris iacentem,
15 submissa voce ait: „ave, Apolloni." Apollonius autem putans se ab aliquo servo contemni, horrido vultu respiciens, ut vidit ignotum sibi hominem honeste decoratum, furorem silentio texit. cui Athenagora princeps ait: „scio te mirari quod ignotus tuo nomine te salutavi. disce quod princeps sum huius civitatis, Athenagora nomine. descendi in
20 litore ad naviculas contuendas, inter quas vidi navem tuam decenter

---

ε Va V

1 dixit ε Va : ait V | dominus huius navis ε Va : navis dominus V ‖ 1—2 et iacet intus in ε Va : iacens V ‖ 2 destinatur Va | in mari (mare V) ε V : et in marem Va ‖ 3 perdidi Va | filiam amisit V | luget uxorem luget et filiam post filiam add. Va ξ Raith | autem ε : dixit Va; cf. RA RB : om. V | nomine om. V ‖ 4 ait ε : dixit V : om. Va | tantum V : om. ε Va | et om. Va ‖ 5 rogat (roga Va) . . . civitatis ε Va : athenagora princeps civitatis rogat te V | ad eum om. V ‖ 6 ait ε V RA RB : dixit η δ ξ Raith : [.] Va | si ε Va : non V | de ε Va : pro V | aureis ε V : pedibus Va ξ ‖ 7 cruras Va | habere V RA RB : habere eam Va ξ : emere ε | tam utilem V RA RB | inter nos om. V | nisi ε Va : pater sicut V ‖ 8 qui illuc eat om. V | quia iussit Va V ξ RA RB : iussit enim ε | quicumque Va V RA RB : qui ε | eum om. Va | illi ε Va : eius V ‖ 9 frangatur Va | dixit ε Va : ait V | statuet Va ‖ 10 quem ignorat Va V : qui ignoro ε | ego ad eum descendam om. V | mihi om. V | discite ε | quis V RA RB : quid ε Va Raith : quod η ‖ 12 vero . . . nomine ε Va : ut audivit nomen V | thasia ε : ecce tharsia V : heu me Va ‖ 12—13 apollonium (-io Va) . . . nominat ε Va : patrem vocabat apollonium V ‖ 13 demonstratus a pueris Va | quem ε V : quae Va ‖ 13—14 cum . . . capite (capud ε) . . . et (om. Va) sordido (om. Va) ε Va : ut vidit barba capiteque squalido V ‖ 14 sordido loco ε | iacentemque in tenebris V ‖ 15 apolloni ave V | apollonius autem (om. Va) ε Va : ille ut audivit voces eius V ‖ 16 contempni ε : contempsisse Va : vocari V | horrido ε Va : turbulento V | ut η RA : et ε : om. Va V ξ ‖ 17 honeste ε : -tum Va : honesto vultu V | furorem silentio texit (tegit ε) ε V : sub silentio exiet Va ‖ 17—18 cui . . . princeps ε Va : athenagora V ‖ 18 miraris Va | ignotum tuo nomen Va | te nomine ε ‖ 20 contuendas scripsi ex RA : inspiciendas V : conspiciendas η : committendas ε Va β | quas ε V δ : ceteras η ξ Raith : ceteras navis Va | diligenter V

ornatam, et laudavi aspectum eius. et dum intendo, invitatus sum a
nautis tuis. ascendi et libenti animo discubui. inquisivi dominum navis.
qui dixerunt te in luctu morari, quod et video. prosit ergo, quod ad te
veni. procede de tenebris ad lucem, discumbe paululum et epulare.
spero autem de deo, quia dabit tibi deus post tam ingentem luctum 5
ampliorem laetitiam." Apollonius vero luctu fatigatus levavit caput
suum et ait: ,,quisquis es, domine, vade, discumbe et epulare cum meis
ac si cum tuis. ego autem graviter afflictus sum meis calamitatibus; non
solum epulari sed nec vivere volo." Athenagora confusus abiit de subsannio navis, ascendit in lucem et discumbens ait: ,,non potui persuadere 10
domino vestro, ut {vel} ad lucem exiret. quid faciam ut eum a proposito
mortis revocem? bene mihi venit in mentem: vade, puer, ad Leoninum
lenonem et dic illi ut mittat ad me Tarsiam. est enim scholastica et
suavissimo sermone et nimio decore conspicua; potest eum ipsa exhortari, ne talis dominus taliter moriatur." cumque puer perrexisset ad 15
lenonem illum, leno cum audisset et eum contemnere non potuisset, licet
nolens misit eam. veniente igitur puella ad navem, videns eam Athenagora sic ait: ,,domina Tarsia, hic est ars studiorum tuorum necessaria, ut

εVaV

1 ornata Va | aspectum eius (huius Va) εVa : om. V || 1—2 et dum . . . ascendi
et εVa : nautis vero tuis invitantibus V || 2 nautis η Raith : nauticis εVa^c ||
2—3 inquisivi . . . qui εVa : dein dominum navis inquisivi V || 3 te^1 om. V | in
om. Va || 3—4 prosit . . . procede εV : pro quod ergo quid veni ut procedas Va ||
3 ad te om. V || 4 paululum et εVa : et nobiscum V || 5 autem εVa : enim V |
dabit . . . ingentem luctum (ingenti luctu Va) εVa : pro ingenti luctu dabit tibi V |
tibi om. ε | tam $\eta \delta \xi$ RA Raith : om. εVaV || 6 ampliorem leticiam εV RA :
letitiam (-ia Va) ampliorem Va RB || 7 suum om. V | ait ε : dixit VaV | quis-
quis εV : quicumque Va | et om. V | cum meis η RA RB : cum eis εVa : om. V ||
8 autem graviter om. V | sum om. V | meis calamitatibus εVa RA : calamitati-
bus meis $\eta \xi$ Raith : calamitatibus gravibus V || 9 solum ε RA : possum VaV $\xi \beta$ |
epulare εVa | volo vivere V || 9—10 abiit . . . navis om. V | 10 et post navis
add. $\eta \delta \xi$ Raith | ascendi Va | in lucem scripsi : in navem εVa : navim V | dis-
cumbensque V | ait εVa : dixit eis V | persuadere ε : -dari Va : suadere V ||
11 ad scripsi post Hunt^1 34 RA : vel ad εVaV | revocem post ut^2 posuit V ||
11.12 morti propositum Va | 12 revocem ε : voce Va : vocem Va^c : om. V | mihi
venit (veniet Va) εVa : venit mihi V | mentem V η RB : mente εVa P | Leoninum
om. V RA || 13 illi εVa RB : ei V RA | ad me VaV : mihi ε || 13—14 est . . . con-
spicua εVa : habet enim sapientiam et sermones suavissimos V || 14 sermones Va |
decorae Va | eum $\eta \xi$ RB Raith : enim eum Va : enim ε : forte V | exortari $\delta \xi$
RB : eum exortari V : exortare εVa || 15 ne ε : nec Va : ut V | dominus Raith :
dominus vester ε : dominus vobis Va ξ : vir non V | 15—16 ad . . . illum om. V || 16 cum audisset εV :
quod audivit Va | et eum . . . potuisset (posset $\eta \delta$ Raith) ε : om. VaV || 17 misit
εVa : tamen dimisit V || 17—18 veniente (-ti Va) . . . ait εVa : et venit tharsia et
dicit athenagora V || 18 Tarsia om. V | necessarius V

consoleris dominum huius navis sedentem in tenebris, coniugem lugentem
et filiam, et horteris eum ad lucem exire. haec est pietatis causa per
quam deus fit hominibus propitius. accede ergo et suade ei exire ad
lucem; forsitan per nos eum vult deus vivere. si enim hoc potueris facere,
5 dabo tibi X sestertia auri, et XXX diebus te redimam a lenone, ut
melius possis virginitati tuae vacare." puella audiens haec constanter
descendit ad hominem et submissa voce salutavit eum dicens: ,,salve,
quicumque es, salve et laetare. non enim aliqua polluta ad te consolandum veni, sed innocens virgo, quae virginitatem meam inter naufragia
10 castitatis inviolabiliter servo."
Et his carminibus coepit modulata voce cantare: **41**

,,per sordes gradior, sed sordis conscia non sum,
sic rosa in spinis nescit compungi mucrone.
piratae me rapuerunt gladio ferientis iniquo.
15 lenoni nunc vendita {sum}, non violavi pudorem.
ni fletus lacrimae et luctus de amissis essent,
nobilior me nulla, pater si nosset ubi essem.
regali genere et stirpe propagata priorum,
atque iubente deo quandoque dolore levabor.
20 fige modum lacrimis curasque resolve dolorum,

εVaV

1 consoleris V ξ *RA* : consolas ε : consolet Va | dominus Va | navis huius V *RA*
RB | sedente Va | lugente coniugem Va ‖ 2 et¹ εVa : ac V | et² V *RA* : ut εVa |
exorteris V | exire VaV : venire ε | causa pietatis V ‖ 3 quem Va | fit ... propi-
cius εVa *RB* : hominibus fit propicius V *RA* | ei εV : eum Va ξ ‖ 4 forsan V |
eum vult ε : vult eum VaV ξ | hoc ε : haec Va : *om.* V ‖ 5 sestertia *scripsi* : sex-
tercias εVa : sextercios V | auri *scripsi post RA; cf. Duncan-Jones 254, Callu 191* :
et XX aureos εVaV : argenti et XX aureos η ξ *Raith* | XXX diebus ε : XXX dies
Va ξ : post XXX dies V | redimam te V ‖ 6 possis melius V | haec audiens V ‖
7 ad hominem εV : homine V *RA RB* : con-
solandum (consulendum Va) te Va *Raith* : te ε ‖ 9 veni ε : venit Va V ‖ 10 viola-
biliter Va ‖ 11 et his ... cantare εVa : tunc in carminibus modula voce cantare
exorsa est V ‖ 12 sordes εVa^{c}V : sordidis Va | gaudior Va | sed εV : et Va |
sordis η δ *RA RB* : sordibus εVaV ξ ‖ 13 sic ε η : sicut VaV ξ *Raith* | rosa ε :
rosam Va : spina V | in *om.* Va | compungi VaV : iam pungi ε ‖ 14 ferienti Va |
iniquo Va η δ ξ : iniqui εV ‖ 15 lenone V | vendita εVa : vincta V | sum *delevi* |
non *scripsi* : numquam εVaV | pudore Va ‖ 16 ni *scripsi ex RA RB* : si εVaV |
fletu Va | et lacrimae V | et εVa : aut V | essent *scripsi* : inessent εV : *om.* Va ‖
17 nobilior me nulla ξ : nulla me nobilior εVaV | patre V ‖ 18 regali *scripsi* : regio
sum εVaV | et *om.* VaV | procreata V | prioram Va ‖ 19 atque iubente deo quan-
doque dolore levabor π | atque ξ π : et εVaV | iubente deo π : iuvante deo ξ :
deo iubente VaV : deo iuvante ε | quandoque dolore levabor π : iubebor (Va ξ :
iubeor ε : videbor Vδ) quandoque laetari (εV : laetares Va) εVaV ‖ 20 fige εVa^c :
finge V | modo Va | curasque V ξ : curas ε : cura Va | doloris V

redde polo faciem ⟨atque⟩ animos ad sidera tolle!
⟨mox⟩ aderit deus ⟨ille⟩ creator omnium et auctor,
non sinit hos fletus casso maerore relinqui."

ad haec verba Apollonius levavit caput et videns puellam ingemuit et
ait: 'heu me miserum. contra pietatem quamdiu luctabor?' et erigens se   5
resedit et ait ad eam: ,,ago prudentiae tuae et nobilitati tuae maximas
gratias et consolationi tuae hanc vicem rependo, ut memor tui, quandoque
si mihi laetari licuerit, regni mei viribus relevabo; et forsitan, ut dicis
regiis te ortam natalibus, parentibus repraesentem. nunc accipe CC
aureos et ac si me in lucem reduxeris, laeta discede. et nolo me ulterius 10
appelles; recenti enim luctu et renovata crudelitate tabesco." et acceptis
CC aureis abire cupiebat, et ait ad eam Athenagora: ,,quo vadis, Tarsia?
sine effectu laborasti? non potuimus facere misericordiam et subvenire
homini interficienti se?" et ait Tarsia: ,,omnia quae potui feci, et datis
mihi CC aureis rogavit ut discederem, asserens se renovato dolore tor- 15
queri." et ait Athenagoras: ,,ego tibi CCCC aureos dabo, tantum descende
et refunde ei hos CC aureos quos tibi dedit, et dic ei: 'ego salutem tuam,
non pecuniam quaero'." et descendens Tarsia sedit iuxta eum et ait:
,,iam si in isto squalore permanere definisti, permitte me tecum vel
in istis tenebris miscere sermonem. si enim parabolarum mearum nodos 20
absolveris, vadam; sin alias, refundam tibi pecuniam tuam et abscedam." Apollonius ne pecuniam recipere videretur, et cupiens a prudenti

ε**VaV**

1 polo ξ *RB* : celo ε**VaV** | atque *addidi* : *om.* ε**VaV** | ad ε**V** : a **Va** ‖ **2** mox
addidi | iste *post* aderit *add.* ε^c | ille *addidi* | creator omnium *scripsi ex RA RB* :
omnium (hominum ε) creator ε**V** : et creator **Va** ‖ **3** non *scripsi* : qui non ε**VaV** :
qui ε^c | maerore *scripsi ex RB* : labore ε**VaV** | relinquet **Va** ‖ **4** caput levavit **V** |
videt **Va** | puella **Va** | ingemuit *om.* **Va** ‖ **5** me miserum ε : me misero **Va** : mihi
misero **V** | contra pietatem (-te **Va**) quamdiu ε**Va** *RB* : quamdiu contra pietatem **V**
RA ‖ **6** sedit **Va** | ago ε**Va** : ego **V** | prudentie ε**Va** : pudiciciae **V** | tuae¹ *om.* **Va** |
tuae² *om.* ε ‖ **6.7** maximas gratias *om.* **V** ‖ **7** consolationis **Va** | tuae *om.* **V** | hanc
vicem ε**V** : ac vicę **Va** | ut memor ε**V** : ministerii **Va** | tui ε**Va** : tibi **V** ‖ **8** laetare
Va | revelabo ε | forsan **V** ‖ **9** regiis te ε**Va** : te regibus **V** | hortam **Va** | natalibus
parentibus ε**Va** : parentibus ac natalibus **V** | representes **Va** ‖ **10** et¹ *om.* **V** | ac ε**V** :
hac **Va** | in ε**V** : ad **Va** | reduxeris ε**V** : perduxeris **Va** η δ ξ *Raith* | discedas **Va** |
et² *om.* **V** | nolo **VaV** *RB*; *cf. RA* : nolo ut ε ‖ **11** repenti **Va** | credulitate tavesco
Va ‖ **11—12** acceptos ... aureos **V** ‖ **13** affectu **V** | potuimus **VaV** : potuisti ε ‖
14 se interficienti **V** | thasia ait ε | datisque **V** ‖ **15** descenderem ε ‖ **16** tibi
om. ε ‖ **17** refunde ε**Va** : redde **V** | ei¹ *om.* **Va** | hos *om.* **V** ‖ **18** sedens **Va** ‖ **19** si
om. ε ‖ **20** miscere **V** *RA RB* : immiscere **Va** η ξ *Raith* : inire ε δ | sermones **Va** |
enim *om.* ε ‖ **21** absolveris **Va** : solveris ε**V** | sin et **Va** | aliud **V** : tuam *om.* **Va** |
discedam **V** ‖ **22** pecuniam (-ia **Va**) recipere (reciperet **Va**) videretur ε**Va** : videre-
tur pecuniam repetere **V**; *cf. RA* | velle *post* recipere *add.* η ξ *Raith* | a prudenti
puella ε**Va** : prudentis puellae **V**

puella audire sermonem ait: „licet in malis meis nulla mihi cura suppetit nisi flendi et lugendi, tamen (ut caream hortamento laetitiae) dic quod interrogatura es et abscede. peto enim ut fletibus meis spatium tribuas." Et ait Tarsia:

42

5   „est domus in terris clara quae voce resultat.
ipsa domus resonat, tacitus sed non sonat hospes.
ambo tamen currunt, hospes simul et domus una."

et ait ad eum: „si rex es, ut asseris, in patria tua (regi enim convenit nihil esse prudentius), solve mihi quaestionem, et vadam." Apollonius
10 caput agitans ait: „ut scias me non esse mentitum, audi solutionem. domus quae in terris resonat unda est; hospes huius domus tacitus piscis est, qui simul cum domo sua currit." et ait Tarsia:

„longa feror velox formosae filia silvae,
innumeris pariter comitum stipata catervis.
15   curro vias multas, vestigia nulla relinquo."

Apollonius dixit: „o si me laetum esse liceret, ostenderem quae ignoras. tamen ne ideo tacere videar, ut pecuniam recipiam, respondeo quaestionibus tuis. miror enim te tam tenera aetate huius esse prudentiae. nam longa arbor est navis, formosae filia silvae; fertur velox vento pellente,
20 stipata catervis; vias multas currit undarum, sed vestigia nulla relinquit." puella inflammata prudentia solutionum ait ad eum:

εVaV

1 sermones **Va** | suppetat **V** δ ξ ‖ **2** et nisi flenti et lugenti **Va** | tamen ut caream **VaV**ξ : *om.* ε η δ *Raith* | hortamento ξ : -ta εVaV̌ ‖ **3** discede **V** | enim *om.* ε ‖ **5** *Aenigma I = Symphosius* (*Bailey*) *XII* | claraque **V** ‖ 6 hospis **Va** ‖ **7** currunt . . . una εV : una currunt hospis et domus **Va** ‖ **8** et *om.* **Va** | eum thasia ε | rege] regem **Va** | convenis **Va** ‖ **9** esse ε : est **Va** : *om.* **V** | mihi εVa : enim **V** | vadās **Va** ‖ **10** audi solutionem *om.* **VaV** ‖ **11** quae εV : qui **Va** | hospis vero **Va** | tacitus **VaV** *RA RB* : tacens ε ‖ **12** simul *om.* **VaV** | id est unda *post* currit *add.* ε ‖ **13** *Aenigma II = Symphosius II om.* εVaV | *Aenigma III = Symphosius XIII* | formosae **V** *Sym.* : -sa εVa | silvis **Va** ‖ **14** innumo **Va** | comitantium **Va** ‖ **16** dixit εVa : ait **V** | laetum me **V** | esse *om.* **Va** | ostenderem que (quod **V**) εV : ostendere tibi quem **Va** ‖ **17** nec **Va** | ideo **VaV** : iam ε ‖ **17—18** respondebo questioni tuae **V** ‖ **18** huius esse (*om.* **Va**) prudentie εVa : sic mirifice esse imbutam prudentia huius artis **V** ‖ **19** est navis **Va** : navis ε : *om.* **V** | formose ε : formonsa **Va** : et formosa **V** | navis est quae *post* silvae *add.* **V** ‖ **20** vias multas currit undarum **Va** *RB* : vias multas decurrens **V** : undarum vias multas currit ε | sed εVa : et **V** | vestia **Va** | relinquens **V** ‖ **21** prudentiae consolatione **V** | ad eum *om.* **V**

123

„per totas aedes innoxius introit ignis;
circumdat flammis ⟨magnis⟩ hinc inde nec uror.
nuda ⟨tamen⟩ domus est et nudus convenit hospes.

Apollonius ait: „ego si luctum deponerem, innocens intrarem {in} ignes.
intrarem enim {in} balneum ubi hinc inde flammae per tubulos surgunt; 5
nuda domus est quia nihil intus nisi sedilia habentur, ubi nudus hospes
sudat." et ait Tarsia:

„ipsa gravis non sum, sed aquae mihi pondus adhaeret.
viscera tota tument patulis diffusa cavernis.
intus nympha latet, quae se non sponte profundit." 10

Apollonius ait: „spongia cum sit levis, visceribus totis tumet aqua gravata patulis diffusa cavernis, intra quas nympha latet, quae se non
sponte profundit." et ait Tarsia:

„mucro mihi geminus ferro coniungitur uno.
cum vento luctor et gurgite pugno profundo. 15
scrutor aquas medias, imas quoque mordeo terras."

respondit ei Apollonius: „quae te sedentem in hac nave continet, anchora est, quae mucrone gemino ferro coniungitur uno; cum vento
luctatur et cum gurgite profundo, scrutatur aquas medias; quae imas
terras morsu tenet." 20

ε Va V

1 *Aenigma IV = Symphosius LXXXVIIII* | totas aedes innoxius ε : -a sedes
innoxius **Va** : totos **V** | introit ignis ε**Va**ᶜ : intro ignes **V** ‖ 2 circumdat *Ring* : cir-
cumdata **VaV** : circum ε | flammis **VaV** : *om.* ε | ⟨magnis⟩ *Hunt* | vallata *post*
inde *add.* ε**VaV** | data flammis *post* uror *add.* ε ‖ (2 est calor in medio magnus
quem nemo veretur *Sym.*) ‖ 3 nuda ⟨tamen⟩ domus est et nudus convenit *Bailey* :
nuda domus nudus ibi (*om.* **Va**) convenit **VaV** : non est nuda domus nudus sed
cum venit ε ‖ 4 Apollonius ... 20 tenet *om.* **Va** *in lacuna versus et dimidii* [depo-
nerer ε | in *delevi* | ignis ε | per totas edes innoxius introit ignis vere est calor
in medio magnus quem nemo videt non est nuda domus nudus sed convenit ho-
spes *post* ignes *add.* ε ‖ 5 intrarem **V** ξ : intrare ε | in *delevi* | per tubulos *scripsi* :
per tabulos ε *Raith* : *om.* **V** ‖ 6 est *om.* ε | nisi *om.* ε | sedilia δ ξ *RA* : -le **V** *RB* :
-les ε | habentur *om.* **V** ‖ 7 sudat **V** : sudans habetur ε | iterum *post* et *add.* **V** ‖
8 *Aenigma VI (Aenigma V in RC) = Symphosius LXIII* | adheret ε : adhesit **V** :
inhaeret *Sym.* ‖ 10 nimpha ε : limpha **V** *Sym.* | quae se non ε**V** : sed non se *RA*
Sym. ‖ 11 visceribus **V** : viscera ε | totis *scripsi* : tota ε**V** | tument ε ‖ 12 infra **V** |
quos ε | nimpha **V** : limpha ε | non *om.* ε ‖ 13 ait iterum **V** ‖ 14 *Aenigma V*
(Aenigma VI in RC) = Symphosius LXI | mucro ... p. 125, 1 ad eum puella
om. **V** *ex homo.* | coniungitur *scripsi ex RA Sym.* : contingitur ε | uno ε : unco **F** ‖
16 imas ε : ipsas *Sym.* ‖ 17 te η δ ξ : *om.* ε ‖ 18 coniungitur *Ring* : contingitur ε

Item ait ad eum puella: **43**

> „non sum vincta comis et non sum nuda capillis.
> intus enim mihi crines sunt, quos non videt ullus.
> meque manus mittunt, manibusque remittor in auras."

5 Apollonius ait: „hanc ego in Pentapoli habui ducem, ut fierem regis amicus. nam sphaera est, quae non est vincta comis, sed intus plena capillis, manibus missa manibusque remittitur." ait iterum Tarsia:

> „nulla mihi certa est, nulla ⟨est⟩ peregrina figura.
> fulgor inest intus radianti luce coruscus.
10 > qui nihil ostendit, nisi si quid viderit ante."

Apollonius ait: „nulla certa figura speculo est, quia mentitur aspectus; nulla peregrina figura, quia quod contra se habuerit ostendit." ait iterum Tarsia:

> „quattuor aequales currunt ex arte sorores.
15 > sic quasi certantes, cum sit labor omnibus unus;
> et prope sint pariter, non se pertingere possunt."

Apollonius ait: „quattuor sorores similes forma et habitu rotae sunt quattuor, quae ex arte currunt quasi certantes; et cum sint sibi prope, nulla potest contingere parem." item dixit puella:

*ε*Va**V**

2 *Aenigma VII* = *Symphosius LIX* | vincta *ε***V** : compta **Va**^c *Sym.* | et **Va** *Sym.* : *om.* *ε***V** | nuda *Ring Sym.* : nudata *ε***V** : compta **Va**^c ‖ 3 mihi crines sunt **Va** : crines mihi sunt **V** *Sym.* : mihi mucrones *ε* | quos *ε***V** : que **Va** ‖ 4 meque **Va**^c**V** : neque *ε Raith* | manus *ε***V** : manibusque **Va**^c | manibusque remittor in (remittar ad **V**) auras **V** *RA RB Sym.* : rursusque remittunt **Va** : rursus manusque remittunt *ε* ‖ 5 tunc apollonius *ε* | ego *om.* *ε* | pentapolim *ε* | regi **Va** ‖ 5.6 amicus regis **V** ‖ 6 quae non est *om.* **V** | vincta *ε***V** : huncta **Va** ‖ 6—7 comis [***] manibus missa **Va** ‖ 6 sed *ε* : et **V** ‖ 7 manibus *ε***Va** : manibusque **V** | manibusque **Va** *RA RB* : manibus *ε* : manusque **V** | remittunt **V** | ait iterum *ε***Va** : et iterum ait **V** ‖ 8 *Aenigma VIII* = *Symphosius LXIX* | est² *addidi ex RA RB* ‖ 9 inest **Va****V** *ξ* : mihi est *ε* | radianti luce coruscus *scripsi ex RA RB* : divini sideris instar *ε***V** : divinis sideris instat **Va** ‖ 10 quae **V** | si´ quid *Sym.* : se **Va** : quod **V** : *om.* *ε* ‖ 11 nulla certa ... aspectus *om.* **V** | speculo **Va**^c : speculus *ε* | est *ε* : inest **Va** | aspectus **Va** : aspectu *ε* ‖ 12 quod **Va****V** : quot *ε* ‖ 12.13 ait iterum *ε***Va** : et ait **V** ‖ 14 *Aenigma IX* = *Symphosius LXXVII* | quattuor ... 19 dixit puella *om.* **V** | equales currunt ex arte **Va**^c : artes lignee equales forme *ε* ‖ 16 *scripsi* : cum sint **Va**^c : cum sumus *ε* : sunt *Sym.* | pariter non (nec *Sym.*) se pertingere (con- *Sym.*) possunt **Va**^c *Sym.* : non possumus contingere ab utroque *ε* ‖ 17 ait *ε* : dixit **Va** | forma *δ ξ RA* : forme *ε***Va** *Raith* | et *om.* **Va** | habitu *ε* : abitum sorores **Va** ‖ 18 sit **Va** | sibi *om.* *ε* ‖ 19 parem *ε* : partem **Va** | puellam **Va**

„nos sumus, ad caelum quae tendimus alta pententes,
concordi fabrica quas unus conserit ordo.
quicumque alta petunt, per nos comitantur ad auras."

Apollonius ait: „grandes scalae sunt gradus, uno consertae ordine aequales mansione manentes; alta quicumque petunt, per eas comitantur ad 5
auras."

44 Et his dictis misit caput puella super Apollonium et strictis manibus
complexa dixit: „quid te tantis malis affligis? exaudi vocem meam et
deprecantem respice virginem, quia tantae prudentiae virum mori velle
nefarium est. si coniugem desideras, deus tibi restituet; si filiam, salvam 10
et incolumem invenies. praesta petenti quod te precibus rogo." et tenens
lugubrem vestem eius ad lumen conabatur adtrahere. Apollonius in
iram conversus surrexit et calce eam percussit. impulsa virgo cecidit, et
de genu eius sanguis effluere coepit, et sedens puella coepit flere et
dicere: 'o ardua potestas caelorum, quae me pateris innocentem tantis 15
calamitatibus ab ipsis nativitatis meae exordiis fatigari! nam statim ut
nata sum in mari inter fluctus et procellas, mater mea secundis ad stomachum redeuntibus mortua est, et sepultura terrae negata. ornata a
patre meo missa in loculo cum XX sestertiis auri Neptuno est tradita. et
ego Stranguillioni et Dionysiadi coniugi eius impiis a patre meo tradita 20

ε Va V

1 *Aenigma X = Symphosius LXXVIII* | quae *scripsi ex RA RB* : qui ε Va V |
tendimus ε V : scandimus Va^c *Sym.* || 2 concordi fabrica quas Va^c *RA Sym.* : omni-
bus equales (aequalis V) mansio omnes (*om.* V) ε V | conseritur Va || 3 quicumque
alta *scripsi ex RA* : alta quicunque ε Va V | nos Va V ξ : eos ε || 4 grandes (-de Va)
scale (-les ε) sunt gradus ε Va : aules ad grandes scalas gradus V | uno consertae
(-ti ε) ordine ε : unus conseritur ordine Va : *om.* V || 4−5 equales (-li ε) mansione
(-nes Va) manentes ε Va : *om.* V || 5 quicumque Va^c V : qui ε Va | petunt V : petit ε
Va | eas *scripsi* : eos ε Va V | comintatur Va V : comitatus ε || 7−9 et his dictis ...
virginem *del. superscripsitque inepta* Va^c | 7 caput V : se ε | puella *om.* V ||
8 dixit ε : est eum dicens V | ut quid V | exaudi V ξ : sed audi ε || 9 virginem
respice ε | velle *om.* Va V || 10 nefas V | tibi *om.* V | restituet δ : -uat ε Va V |
salva Va || 11 invenies V δ : -ias ε Va | praesta ... rogo *om.* V | te *om.* ε || 12 lu-
gubrem vestem eius ε : lugubrem (-es Va) eius vestem (-es Va) Va ξ : lugubrem eius
manum V | conabatur ad lumen trahere V || 13 iram η ξ : ira ε Va : iracundiam V |
versus V | et^1 *om.* Va | eam V : *om.* ε Va | et impulsa V || 14 sanguis ... cepit ε :
coepit sanguis effluere Va : sanguis caepit effluere V | resedens Va || 15 o *om.* ε |
quae ε V : qui Va || 15.16 calamitatibus tantis V || 17 sum Va V : fui ε | in mari
om. V || 17−18 secundis . . . mortua ε Va : algoribus constricta mortua esse
visa V || 18 sepultura terrae ε Va : sepulturae eius terra V | negata ε : negata
est V : [.] et Va | ornata *om.* ε Va || 19 missa ε : dimissa (est *add.* V) Va V : deposita
possit | sextertias Va | auri Va^c : aureis ε : *om.* Va V | tradita est V || 19−20 et
ego ... tradita *om.* Va || 20 coniugi eius *om.* V | meo *om.* V *Raith*

cum ornamentis regalibus et vestibus, pro quibus ad necis veni perfidiam, nam iussa sum puniri a servo eius. qui dum vellet me percutere, a piratis supervenientibus rapta sum et in hac urbe lenoni addicta sum. deus, redde Tyrio Apollonio patri meo, qui ut matrem meam lugeret Stran-
5 guillioni et Dionysiadi impiis me commendavit."

Apollonius haec signa audiens exclamavit voce magna cum lacrimis: **45** „currite famuli, currite amici, et anxianti patri finem ponite!" audientes famuli clamorem magnum cucurrerunt omnes; cucurrit etiam inter famulos Athenagora princeps civitatis, et descendens in subsannio navis
10 invenit Apollonium super collum Tarsiae flentem et dicentem: „haec est filia mea quam lugeo, cuius causa redivivas lacrimas et renovatum luctum assumpseram. nam ego sum Apollonius Tyrius, qui te commendavi Stranguillioni. dic mihi: quae dicta est nutrix tua?" et illa dixit: „Lycoris." Apollonius vero vehementius clamare coepit: „tu es filia mea!" et
15 illa dixit: „si Tarsiam quaeris, ego sum." tunc erigens se {et proiectis lugubribus vestibus induit se mundissimas vestes} et apprehendens eam osculabatur et flebat. videns eos Athenagora utrosque in amplexu cum lacrimis inhaerentes, et ipse amarissime flebat et narrabat qualiter sibi olim hoc ordine puella in lupanar posita universa narrasset, et quan
20 tum temporis esset quod a piratis abducta et addicta fuisset. et mittens se Athenagora ad pedes Apollonii dixit: „per deum vivum, qui te patrem restituit filiae, te coniuro ne aliquo viro Tarsiam tradas. nam et ego

εVaV

1 regalibus *om.* **V** | pro quibus *om.* **V** | ad necis (necem **Va**) veni perfidiam *ε* **Va** : usque ad necem per invidiam perveni **V** ‖ **2** qui dum (cum *ε*) vellet (velle **Va**) me (*om. ε*) percutere a (*om.* **Va**) piratis **Va** : *om.* **V** ‖ **3** addicta sum *scripsi* : distracta sum *ε* **Va** : sum tradita **V** ‖ **4** redde me **V** | tyro **V** | patre **Va** | ut *ε* **Va** : cum **V** ‖ **4**—**5** stranguillioni me **Va** *δ ξ* | **5** dionisiada **Va** | impiis me *om.* **Va** | commendavit *ε* **Va** : dereliquit **V** ‖ **6** voce . . . lacrimis *ε* **Va** : cum lacrimis voce magno et ait **V** ‖ **7** imponite **V** ‖ **7.8** audientes famuli *ε* **Va** : qui audientes **V** ‖ **8** clamorem magnum (*om.* **V**) *ε* **V** : clamore magno **Va** | cum currerunt **Va** ‖ **8**—**9** etiam (et imquam **Va**) inter famulos *ε* **Va** : et **V** ‖ **9** princeps civitatis (suae *add.* **Va**) *ε* **Va** : civitatis illius princeps **V** | et descendens (-ntes *ε*) . . . navis *ε* **Va** : *om.* **V** ‖ **10** inveniunt *ε* **Va** | collo **Va** | flente et dicente **Va** ‖ **11** ob cuius causas has **V** | redividas *ε* **V** : redit vivas **Va** | renovatu luctu **Va** ‖ **12** tirius apollonius **V** | commendavit **Va** ‖ **13** quae *ε* **V** : quid **Va** ‖ **14** vero *ε* **Va** : ad huc **V** | vehementissime *ε* | quam lugeo *post* mea *add.* **V** ‖ **15** thasia **Va** ‖ **15**—**16** et proiectis . . . vestes *delevi* | proiectisque vestibus lugubribus **V** ‖ **16** lugubris **Va** | se . . . vestes *ε* **Va** : mundissimas **V** | apprehensam **V** ‖ **17** amplexus **Va** ‖ **18** ipsa **V** | narrabatque athenagoras **V** ‖ **19** sibi **V** : [.]ibi **Va** : fuisset *ε* | hoc *om.* **Va** | lupanar *ε* **Va** : -ari **V** | posita [***] et quantum **Va** | et cum *post* posita *add. ε Raith* ‖ **20** esset **V** : erat *ε* **Va** | pirates **Va** | abducta *scripsi ex RB* : adducta *ε* **Va**) | addicta *scripsi* : distracta *ε* **Va** : districta **V** | et² *om. ε* | **21** apollonii (-io **Va**) dixit *ε* **Va** : eius ait **V** ‖ **21**—**22** qui te . . . thasiam *ε* : te adiuro qui te patrem restituit filiae ne alio viro tharsiam **V** : qui te patrem restitues filiae tuae ne alium virum thasiae **Va** ‖ **22** et *om.* **V**

princeps sum civitatis huius et mea ope virgo permansit et me duce patrem agnovit." cui Apollonius ait: „ergo ego huic tantae bonitati et pietati possum esse contrarius? immo opto, quia votum feci non depositurum me luctum nisi filiam meam nuptum tradidero. hoc vero restat ut filia mea de hoc lenone vindicetur, quem sustinuit inimicum." hoc 5 audito Athenagora dicto citius cucurrit ad curiam et convocatis magnatis omnibus civitatis exclamavit voce magna dicens: „currite, cives piissimi, subvenite civitati, ne pereat propter unum infamem."

46 At ubi dictum est ab Athenagora principe hanc vocem clamari in foro, concursus factus est populi, ut nemo omnino domi remaneret, neque vir 10 neque mulier. omnibus autem concurrentibus magna voce dixit: „cives Mytilenes, sciatis Tyrium Apollonium regem magnum huc venisse et classes navium cum exercitu properantes, eversurum civitatem causa Leonini lenonis, qui Tarsiam filiam eius emit et constituit in lupanar. ut ergo salvetur civitas, deducatur ad eum leno et vindicet se de eo et non 15 tota civitas pereat." his auditis comprehensus est leno et vinctis a tergo manibus ad forum ab auriculis ducitur. fit tribunal ingens, et indutus Apollonius regia veste omni squalore deposito atque tonsus capite, diademate imposito, cum filia sua tribunal ascendit. et tenens eam in amplexu coram populo lacrimis impediebatur loqui. Athenagora autem 20 vix manu imperavit populo ut tacerent. quibus silentibus Athenagora dixit: „cives Mytilenes, quos pristina miseratio nunc repentina pietas coagulavit in unum, videtis Tarsiam a patre suo hodie cognitam, quam

ɛVaV

1 huius civitatis (-ti Va) VaV | ope ɛV : opera Va | et me duce (ducem Va) ɛVa : meque docente V ‖ 2 agnovit Va : cognovit ɛ : invenit V | cui om. V | ergo om. V | ego om. Va | huic om. V ‖ 3 non possum V | depositurus Va ‖ 4 filiamā Va | nuptum (-to VaV) tradidero VaV η δ ξ : tradidero nuptum ɛ ‖ 5 hoc[1] om. V | inimico Va ‖ 5.6 his auditis V ‖ 6 dicto ɛ : -tum Va : om. V | magnatis om. V forsitan recte ‖ 7 omnibus om. ɛ | civitatis ɛ : -ti Va : om. V | exclamavit . . . dicens ɛVa : ait V ‖ 7—11 currite . . . voce dixit om. V ‖ 9—10 hanc vocem . . . populi ɛ : ac voce in foro concursus ingens factus est et tanto commotio populi fuit Va ‖ 10 domum Va ‖ 10—11 nec viri nec mulieres Va ‖ 11.12 cives mitilenis (civitatis add. ɛ) ɛVa : piissimi cives militenae civitatis V ‖ 12—13 et classes navium om. V ‖ 13 properantes eversurum ɛ : proximante eversurum hanc Va : eversurus V ‖ 14 Leonini om. V | lenonis ɛV : leoni Va | thasia filia Va | emit . . . lupanar ɛVa : in lupanari constituit V ‖ 15 salventur Va ‖ 16 peraeat Va | auditis ɛV : autem dictis Va ‖ 17 ad forum . . . ducitur ɛVa : ducitur ad forum V | ingens tribunal V ‖ 18 veste regia V | omni ɛ : omnis Va : omnique V | ex qualore Va | atque om. V | tonsus ɛV : tonso Va ‖ 19 diadema ɛVa | imposita Va | tribunal . . . eam om. Va | tenensque V ‖ 20 amplexo Va | impediebat Va | loqui om. V ‖ 21 manu om. V | silentium (-io Va) post manu add. ɛVa | imperavit populo V : populo imposuit ɛVa | taceret V | silentibus ɛV : silentiis factis Va ‖ 21.22 athenagoras dixit ɛVa : ait V ‖ 22 pristina miseratio (-ione Va) ɛVa : om. V RA | nunc om. ɛ in ras. ‖ 23 una Va | videtis Va : videns ɛ : detis Vᶜ | thasia Va | hodie om. Va | cognitam om. ɛ

cupidissimus leno ad nos expoliandos usque in hodiernum diem depressit, quae vestra pietate virgo permansit. ut ergo plenius pietati vestrae gratias referat, natae eius procurate vindictam." et omnes una voce clamaverunt: „leno vivus ardeat et bona eius puellae addicantur!" adducitur
5 ignibus leno; villicus eius cum universis puellis et facultatibus Tarsiae traditur. ait Tarsia villico: „redono tibi vitam, quia beneficio tuo et civium virgo permansi." et donavit ei CC talenta auri et libertatem. deinde cunctis puellis coram se repraesentatis dixit: „quicquid de corpore vestro illi infausto contulistis, vobis habete, et quia servistis mecum,
10 liberae estote."

Et erigens se Tyrius Apollonius alloquitur populum dicens: „gratias **47** pietati vestrae refero, venerandi et piissimi cives, quorum longa fides pietatem praebuit et quietem tribuit et ⟨***⟩ salutem ⟨et⟩ exhibuit gloriam. vestrum est, quod redivivis vulneribus rediviva vita successit;
15 vestrum est, quod fraudulenta mors cum suo luctu detecta est; vestrum est, quod virginitas nulla bella sustinuit; vestrum est, quod paternis amplexibus unica restituta est filia. pro hoc tanto munere vestro ad restituenda civitatis vestrae moenia condono auri pondus ducenta." quod cum in praesenti fecisset, fuderunt ei statuam ingentem in prora
20 navis stantem et calcantem caput lenonis, et filiam suam in dextro bracchio eius sedentem, et in base eius scripserunt: TYRIO APOLLONIO RESTAVRATORI AEDIVM NOSTRARVM ET TARSIAE SANCTISSIMAE VIRGINI

ε VaV

1 usque in (*om.* Va) ε Va : hodie usque V | hodiernum diem Va : ho[***] diem ε : *om.* V ‖ 2 nostra pietatem Va | (in *add.* ε) plenius ε V : in pleamus Va ‖ 3 referat V RA RB : referamus ε Va *Raith* | vindicta Va | et *om.* V | clamaverunt ε Va : dixerunt V ‖ 4 bona ε Va : diviciae V | addicantur Va : adducantur ε : dentur V | adducitur V : addicitur ε Va ‖ 5 ignibus leno ε Va : leno et igni traditur V; *cf. RA* | villicus ε V : viribus Va | 6 traditur et ε | dono V | 7 permansi virgo V | auri *om.* V ‖ 8 praesentatis V η RA RB | dixit VaV : ait ε | quicquid ε V : quaeque Va ‖ 9 contulistis infausto V | vos ε | habetis Va | et *om.* V | servastis V | mecum ε Va : meam V ‖ 10 libere estote (stote Va) ε Va : libertatem V ‖ 12 refero pietati vestrae V | et Va : ac ε V | quibus V ‖ 13 praebuit VaV : tribuit ε | et[1] *om.* V | tribuit V : prebuit ε | et[2] ε : *om.* VaV | *lac. indico ex RA* | et[3] *addidi ex RA* ‖ 14 gloriam Va : gloria ε *Raith* : gloriam edocuit V; *cf. RB* | vestrum est V : vestram Va : vestra ε *Raith* | rediviva ε V : redde vivas Va | successet Va ‖ 15 detecta ε : deiecta V : detestata Va ‖ 16 paternis iam Va ‖ 17 unica *om.* V ‖ 18 civitati Va | vestrae *om.* V | condono ε : condonabo Va : tribuo vobis V | pondus ε VaV : pondera η ξ *Raith* | ducenta (-as Va) ε Va : L V ‖ 19 fecisset V : dare fecisset ε Va RB *apud Riese* | fuderunt *scripsi ex RA RB* : foderunt V : fuerunt Va | statua ignea in prura Va ‖ 19.20 prora (prura Va) navis ε Va : navi V ‖ 20 stantes Va | et[1] ε V : *om.* Va | calcante Va | suam *om.* V ‖ 21 eius[1] *om.* V RA RB | sedente Va | bas Va | eius[2] *om.* V RA RB | Tyrio *om.* V ‖ 22 aedium ε V : et dum Va | nostrorum ε | virgini V : -nis Va : *om.* ε

FILIAE EIVS VNIVERSVS POPVLVS MYTILENENSIVM OB NIMIVM AMOREM
AETERNVM DECVS MEMORIAE DEDIT. et intra paucos dies tradidit filiam
suam in coniugio Athenagorae cum ingenti laetitia totius civitatis.

48 Et cum eodem atque cum filia sua navigans inde, cum suis omnibus
volens per Tarsum proficisci et ire ad patriam suam, vidit in somnis ₅
quendam angelico habitu sibi dicentem: 'Apolloni, ad Ephesum iter
tuum dirige et intra {in} templum Dianae cum filia et genero tuo, et
omnes casus tuos expone per ordinem; postea veniens Tarsum filiam tuam
vindica innocentem.' Apollonius expergefactus indicat filiae et genero
somnium. at illi dixerunt: ,,fac, domine, quod tibi videtur." et iussit ₁₀
gubernatori Ephesum petere. felici cursu perveniunt, et descendens
Apollonius cum suis templum petit Dianae, ubi coniunx eius inter
sacerdotes principatum tenebat, et rogat sibi aperiri sacrarium, ut in
conspectu Dianae omnes casus suos enarraret. nuntiatur hoc illi maiori
omnium sacerdotum, venisse regem nescio quem cum filia et genero cum ₁₅
magnis donis. at illa audiens regem venisse, regio habitu ornavit caput
gemmis, et veste purpurea venit virginum constipata catervis. erat enim
effigie decora, et ob nimium castitatis amorem asserebant omnes nullam

ε Va V

1 mitilenensium ε : mitillinentium Va : militenae V | nimio amore Va ‖ **4−5** et
(dum *add.* Va) cum eodem . . . patriam suam ε Va : post haec cum filia sua et genero
volens redire in patriam suam transeundo per tharsum V ‖ **5** volens ε : nolens Va |
tharsum ε : -so Va | somnio Va ‖ **6** quendam . . . dicentem ε Va : angelum dicen-
tem sibi V ‖ **6−7** iter tuum dirige ε : dirige Va η δ ξ *Raith* : descende V ‖ **7** in
delevi | templo Va | filia tua V | et³ ε Va : ibi V ‖ **8** tuos ε V : tuus Va | per ordi-
nem (-ne Va) ε Va : *om.* V | postea vero ε | tharsum ε V : in tharso Va | et *post*
tharsum *add.* ε Va ‖ **9** vindica Va *RA RB* : vindices ε : vindicabis V *Raith* | indixit
filiae suae Va | genero suo ε ‖ **10** somnium ε V : omnia Va | quod viderat *post*
somnium *add.* ε | at ε V : et Va | videtur ε V : iubetur Va ‖ **11** gubernatorem V |
ephesum petere η ξ *RA RB* : petere aephesum V : ad ephesum pergere Va : ut ad
ephesum tenderet ε | felice Va V : et ecce veloci ε | perveniunt Va : superve-
niunt ε : pervenerunt aephesum V ‖ **12** Apollonius *om.* V | suis aephesum V | tem-
plum petit (petiit ε V) ε V : petit templum Va | Dianae *om.* ε | ubi ε V : in quo
templo Va ‖ **13** erat enim effigie satis decorata et omnium castitatis more man-
sueta nullam tam gratam esse diana aptam habebant nisi ipsa interea veniens apol-
lonius ad diana cum suis *post* tenebat *add.* Va; *cf. RA* | et *om.* Va | aperire Va V ‖
13−14 ut in . . . enarraret *om.* V ‖ **13** ut ε : et Va ‖ **14** suos η δ ξ *RA* : suus Va :
eius ε | enarrare Va | nuntiatur hoc illi ε Va : dicitur illi V | maiori ε : matri V :
om. Va ‖ **15** omnium sacerdotum ε V : mox ad domum sacerdotum Va | nescio
quem regem Va *RA* | genero ε : genero suo V : generum suum Va ‖ **15.16** cum
magnis (nimiis V) ε V : magnis Va^c ‖ **16−17** at illa . . . catervis ε : et alia votantae
in conspectu diane recitare at illa intuens advenisse regem induit se et ipsa regio
abitu ornavit capud gemmis et in vestitu purpureo venit constipata catervis famularum templum ingreditur Va; *cf. RA* : hoc audito gemmis regalibus caput ornavit
in vestitu purpureo venit virginum constipata catervis V; *cf. RB* ‖ **16** venisse et
ipsa ε ‖ **17** virginum *scripsi post* V : cum virginibus ε ‖ **17−p. 131, 1** erat enim . . .
esse Dianae *om.* Va; *cf. supra* ‖ **18** effigies V | amore ε | nullam esse V

tam gratam esse Dianae. quam videns Apollonius cum filia et genero
corruerunt ad pedes eius; tantus enim splendor pulchritudinis eius emanabat, ut ipsa Diana esse videretur. et aperto sacrario oblatisque muneribus
coepit Apollonius in conspectu Dianae effari et dicere: ,,ego ab adulescen-
5 tia mea rex, natus Tyro, Apollonius appellatus, cum ad omnem scientiam
pervenissem nec esset ars aliqua quae a nobilibus et regibus exerceretur
quam ego nescirem, regis Antiochi quaestionem exsolvi, ut filiam eius in
matrimonio acciperem. sed ille foedissima sorde sociatus, cuius pater
natura fuerat constitutus, per impietatem coniunx effectus est filiae
10 suae; me quoque machinabatur occidere. quem dum fugio, naufragus
a Cyrenensi rege Archistrate eo usque gratissimo susceptus sum affectu,
ut filiam eius meruissem accipere. quae mecum desiderans properare ad
regnum percipiendum, {et} hanc filiam meam, quam coram te, magna
Diana, praesentari iussisti — postea quam in navi peperit, emisit spiri-
15 tum. quam ego regio indui habitu et in loculo cum XX sestertiis auri
deposui, ut ubi inventa fuisset digne sepeliretur; hanc vero famulam

εVaV

1 esse *om.* V | filiam suam Va || **2** corruerunt Va^c RA : corruunt V : concurre-
runt ε | splendor *om.* εV | decor *post* eius^2 *add.* ε | emanabat VaV : -avit ε |
splendor *post* emanabat *add.* V || **3** ipsa diana $\eta\,\delta\,\xi$: ipsa dea V : ipsa [***] Va :
diana ipsa ε | diana esse videretur *in ras.* Va | esse *om.* ε | et εV : interea Va RA ||
4 Apollonius *om.* Va | in conspectu ... effari et *om.* V | et ε : atque Va RA |
ab εV : in Va || **5** mea *om.* Va | natus εV : novus Va^c | tyro ξ : -rio εV : -rium Va^c |
cum *om.* Va | omne Va || **6—7** nec esset ... nescirem *om.* V || **6** esset ε : esse om-
nino Va || **7** quam ε : quem Va | nescire Va | regis V : regis vero ε : iniqui Va;
cf. RA | exsolvi V : solvebam ε : absolvi Va || **8** caperem V | fedissimam Va |
sociatus cuius εVa : sauciatus per impietatem coniunx effectus est cui V || **8.9** pater
na natura Va || **9—10** per impietatem ... filiae suae *om.* V || **9** impietate Va ||
9.10 filie sue ε : filia Va || **10** et me V | quoque *om.* V | atque (Va^c) minabatur
post machinabatur *add.* Va | quem VaV : cui ε *Raith* | fugio εV : fu[***] Va |
et usque *post* fu *add.* Va^c || **10—11** naufragus a cirenensi (-se ε) εV : adquiri nen-
sium Va || **11** regem Va | eo usque εV : qui me Va | gratissimo V : -me εVa |
susceptus sum affectu εV : suscipiens effecto Va || **12** meruissem ε : mererer V :
manu docta docerem quecum mecum desiderat et in matrimonio eam Va | que
mecum ε : qui cum V : *om.* Va | desiderans εV : dum vellem Va | properarer V ||
13 recipiendum V | et *delevi* | illa mecum veniret *post* et *add.* V | hanc filiam
meam VaV : parvulam filiam meam hanc ε | in templo *post* quam *add.* V | te εVa :
deo statui V || **13.14** magna diana ε : magne diane Va : *om.* V || **14** praesentari Va |
representare ε : *om.* V | iussisti εVa : *om.* V | in somnium mihi angelis innuntiante
post iussisti *add.* Va | postea quam ε : postquam Va RA : *om.* V | navi εV : mari
Va | pariens V | spiritum emisit VaV || **15** quam ego regio ε : et ego eam deinde V :
ego vero Va | habitu et εV : eam regio et honesto dignoque ornatu sepulture Va;
cf. RA | in loculo (-lum Va) VaV : loculo ε | cum XX sexterciis auri (*om.* V)
deposui (*scripsi* : dimisi εV) εV : et posui cum ea XX sextertias auri Va || **16** de-
posui ⟨et misi in mare⟩ *possit* | ubi *om.* V | fuisset Va : esset ε : *om.* V | ipsa sibi
testis esset ut *post* fuisset *add.* Va RA | dignius V | famulam tuam ε : famula
tua Va : *om.* V RA

tuam, filiam meam, nutriendam iniquissimis hominibus commendavi
et in Aegypti partibus luxi XIIII annis. adveniens ut filiam meam reciperem, dixerunt esse defunctam. et dum redivivo luctu lugubribus vestibus involverer, mori cupienti filiam reddidisti."
49 Cum haec et his similia narrat, levavit se Archistratis ⟨***⟩ uxor 5
ipsius et rapuit eum in amplexu. Apollonius non credens esse coniugem
suam reppulit eam a se. at illa cum lacrimis voce magna clamavit dicens:
,,ego sum coniunx tua Archistratis regis filia!" et mittens se iterum in
amplexu eius coepit dicere: ,,tu es Tyrius meus Apollonius; tu es magister
meus qui me docuisti, tu es qui me a patre Archistrate accepisti, tu es 10
quem naufragum adamavi non causa libidinis, sed sapientiae ducem!
ubi est filia mea?" et ostendit ei Tarsiam et dixit: ,,haec est." et flebant
invicem omnes. sonat in tota Epheso Tyrium Apollonium regem uxorem
suam Archistratis filiam cognovisse, quam ipsi inter sacerdotes habebant.
fit laetitia ingens, coronatur civitas, organa disponuntur, fit ab Apollonio 15
convivium civibus, laetantur omnes. ipsa vero constituit sacerdotem

*ε*Va**V**

1 filia mea **Va** | nutriendam iniquissimis (*scripsi* : iniquis **V** : nequissimis *ε*)
hominibus commendavi *ε***V** : commendavi iniquis hominibus nutriendam **Va**; *cf.*
RA ‖ **2** et in (*scripsi* : in *ε* : et **V**) ... annis *ε***V** : duxi me in egypti partibus
et quattuordecim annos luxi uxorem **Va** | (unde *add.* **V**) adveniens *ε***V** : et veniente
me **Va** | filia mea **Va** | reciperem (per- **Va**) **Va** *RA* : repeterem **V** : peterem *ε* ‖
3 esse defunctam *ε***V** : mihi quod mortua esset **Va**; *cf.* *RA* ‖ **3−4** et dum ...
involverer *ε* : et dum redivivis luctu lugubris induerer vestimentis **V** : quos cum
redivivos luctus iterum post matris atque filie involvere **Va**; *cf.* *RA* ‖ **4** mori ...
reddidisti *ε* : mori cupiens mihi filia mea reddita est **V** : mortem cupienti tunc
reddit mihi letitia **Va** ‖ **5** cumque **V** | narret **Va** | levavit se archistratis (-es *ε***V**)
*ε***V** : *om.* **Va** | *lac. indico explendam* ⟨regis filia et⟩ ‖ **5−7** uxor ... lacrimis *ε***V** :
om. **Va** ‖ **6** amplexum **V** ‖ **7** at **V** : et *ε* | vocem **Va** *RA* | clamans **Va** *RA* |
dicens *ε***V** : uxor eius dicens **Va** *RA* ‖ **8** archistratis **Va** *RA* : -tes *ε***V** | regis **Va** ξ
RA : regis arcestratis (-te **V**) *ε***V** | filiam **Va** | mittit **Va** | iterum *om.* **Va** *RA* ‖
9 amplexu (-um **V**) *ε***V** : coplexu **Va** | et cepit **Va** | meus *om.* **V** ‖ **10** meus *om.* **Va** |
me docuisti *ε* : docuisti me **V** : me docta manu docuisti **Va**; *cf.* *RA* | me[2]
om. **Va V P** | arcestrate accepisti (me *add.* **V**c) *ε***V** *RA* : meo (*add.* **Va** η) accepisti
archistrate **Va** η δ ξ *RB* | tu es[2] *om.* **V** ‖ **11** naufrago **Va** | causa libidinis *ε***V** :
pro libidinis causa **Va** | ducem *om.* **V** ‖ **12** et[1] *om.* **Va** | illi thasia **Va** | et dixit
*ε***Va** : dicens **V** | haec est *ε***V** : ecce est **Va P** ‖ **12−13** et flebant (ad *add.* *ε*)
invicem omnes (*om.* **V**) *ε***V** : *om.* **Va** *RA* ‖ **13** tota **Va V**c *RA* : -o **V** : -am *ε* | epheso **V**
RA : -i **Va** : -um *ε* | regem cum **Va** ‖ **14** arcestratis filiam ξ : arcestratem *ε***V** :
om. **Va** *RA* | cognovisset **Va** | inter sacerdotes *ε* : sacerdotem **Va V** | habebat **Va** ‖
15 fit laeticia ingens **V** ξ : fit ingens leticia *ε* : et facta est letitia omni civitate **Va**
RA | coronatur ... organa *ε***V** : coronantem (**Va**c) plateae organis **Va** ‖ **15−16** fit
ab ... civibus *ε* : fiunt ab his dē convivia civibus **Va** : *om.* **V** ‖ **16** letantur om-
nes **Va** : omnes letantur *ε* : cives laetantur **V** | ipsa vero ... p. 133, 1 cara *ε* : cons-
tituit ipsa sacerdotem quae ī sequens erat et orat **Va** : *om.* **V**

quae ei sequens erat et cara. et cum omnium Ephesiorum gaudio et
lacrimis cum marito et filia et ge..ero navem ascendit vale dicens eis.
Veniens igitur Tyrius Apollonius Antiochiam, sibi reservatum regnum **50**
Antiochi suscepit, pergit deinde Tyrum et constituit loco suo regem
5 Athenagoram generum suum. et cum eo et cum filia sua et cum coniuge
sua et cum exercitu regio navigans venit Tarsum civitatem, et iussit
statim comprehendi Stranguillionem et Dionysiadem coniugem eius, et
sedenti pro tribunali in foro adduci praecepit. quibus adductis coram
omnibus civibus dixit: ,,cives beatissimi Tarsis, numquid Apollonio
10 Tyrio exstitit aliquis vestrum ingratus?" at illi omnes una voce dixerunt:
,,te regem, te patriae patrem diximus; pro te et mori libenter optamus,
cuius ope pericula famis evasimus. pro hoc et statua a nobis posita in
biga testatur." Apollonius ait ad eos: ,,commendavi filiam meam
Stranguillioni et Dionysiadi uxori eius; et hanc mihi reddere noluerunt."
15 scelerata mulier ait: ,,bene, domine, quod tu ipse titulum monumenti
eius legisti?" Apollonius exclamavit: ,,domina Tarsia, nata dulcis, si

ε Va V

1—2 et cum . . . lacrimis *om.* **V** | ephesorum gaudium et lacrimas **Va** || **2** cum
marito . . . vale dicens eis ε : cum planctum et quod relinqueret eos vale dicens
cum marito et filia et genero navem ascendunt **Va**; *cf. RA* : ipse vero apollonius
cum uxore et genero et filia navim ascendit **V** || **3** veniens . . . apollonius ε **Va** :
veniensque **V** | antiochiam invenit **Va** || **3—4** sibi . . . Antiochi (*scripsi* : -iae **Va**)
suscepit **Va** : antiochi regnum sibi reservatum suscepit ε : regnum servatum acci-
pere **V** || **4** hoc regnum *post* suscepit *add.* **Va** | pergit deinde (*om.* **V**) Tyrum
(*scripsi* : -o ε **V**) ε **V** : pergens deinde tyro (velociter *add.* **Va**c *post ras.*) **Va** | et con-
stituit loco suo ε : constituit ibi in locum suum **V** : *om.* **Va** | regem **η δ ξ** : *om.* ε
Va V || **5** athenagoram (-a **V**) generum suum ε **V** : *om.* **Va** || **5—6** eo et cum . . . con-
iuge sua ε : eo et cum filia sua **V** : athenagoras navigat cum coniuge et filia sua **Va** ||
6 cum exercitu **Va V** : exercitu suo ε | regio *om.* **Va** | navigans *om.* **V** | tharso **Va** |
civitatem *om.* **V** | et[2] *om.* **Va** || **7** coniugem ε **Va** : uxorem **V** || **7—8** et sedenti
(-tibus **Va**) pro tribunali (-libus **Va**) . . . precepit ε **Va** : et adduci ad se **V** || **8** qui-
bus adductis ε : quos adductos **Va** : et **V** || **9** civibus dixit ε : sic ait **Va** : ait **V** |
beatissimi cives **V** | tharsis ε : tharsi **Va V** | numquam ε || **9.10** apollonius tyrus **V** ||
10 extitit aliquis vestrum (ξ : *om.* ε) ingratus ε : alicui vestro exstitit ingratus **V** :
aliquid vestrum aliqua re ingratus stetit **Va** | dixerunt ε **V** : exclamaverunt dicen-
tes **Va** || **11** regem ε : patrem **Va V** | te[2] ε **V** : et **Va** | patriae *om.* ε | patrem ε **V** :
regem **Va** | diximus ε **V** *RB* : et diximus et in perpetuo dicimus **Va** *RA* | pro **Va** :
propter ε **V** | et *om.* **Va V** | libenti mori **Va** | optavimus **V** || **12** opem **Va** | pericula
famis ε : famem **V** : famis periculo **Va** | evasimus ε : effugimus **V** : vel mortem
transgredimus **Va** | pro hoc et ε **V** : et in hoc **Va** | statuam ε **Va** | positam ε ||
13 biga **V** : bigam **Va** : iugum ε | testatur ε **V** : stantem **Va** | et ait apollonius **Va** |
ad eos *om.* **V** | filia mea **Va** || **14** uxori ε **V** : coniugi **Va** | et hanc ε : et eam **V** :
hac **Va** || **15—16** scelerata . . . titulum (ε **V**) monumenti eius legisti (ε : legisti mo-
numenti **V**) ε **V** : stranguilio ait per clementia regni tui quia statim ut stomachi
languore percussa est ilico defuncta est **Va**; *cf. RA* || **16—p. 134,2** apollonius excla-
mavit domina (ε) tharsia nata dulcis (**η δ ξ** : nata dulcis thasia ε) . . . exaudi ε :
apollonius iussit venire filiam suam tharsiam in conspectu ipsorum civium **V** :

quis tamen apud inferos sensus est, relinque Tartaream domum et genitoris tui vocem exaudi." puella de post tribunali regio habitu circumdata capite velato processit et revelata facie malae mulieri ait: ,,Dionysias, ave; saluto te ego ab inferis revocata." mulier scelerata ut vidit eam, toto corpore contremuit. mirantur omnes cives et gaudent. et iussit ₅ Tarsia in conspectu suo adduci Theophilum villicum Dionysiadis. cui ait: ,,Theophile, ut possim tibi ignoscere, clara voce responde, quis me interficiendam tibi obligavit?" villicus respondit: ,,Dionysias, domina mea." tunc cives omnes rapuerunt Stranguillionem et Dionysiadem et extra civitatem lapidaverunt eos. volentes et Theophilum occidere ₁₀ interventu Tarsiae non tangunt. et ait Tarsia: ,,nisi iste ad testandum

ε VaV

apollonius ait videte cives tharsi non sufficiet quantam ad suam malignitatem et consilio alio homicidio penetraverunt insuper et per regni mei putaverunt periurandum ecce ostandam vobis et hoc quod visuri estis et testimonium aliter vobis approbrabo et clamore magno vocans apollonius ait thasia dulcissima filia mea denuper vocata et gladio subrapta in lupanar casta inventa quae matrem in mare peperit ad patrem anxietate reservata quam viva capta a malis hominibus rapta vivam luxi et in subsannio peregrinam inveni surge et exaudi vocem mea et comproba ab his homicidis quante in nimia tribulationes et derisiones proposuerunt **Va**; *cf. RA*

2−3 puella . . . processit ε : et producens eam apollonius coram omnibus populis ait ecce est filia mea thasia et ait thasia volens ergo **Va**; *cf. RA* : *om.* **V** ‖ **3** et revelata (velata ε) facie ε**V** : *om.* **Va** | male mulieri ait ε : maledixit mulieri **V** : *om.* **Va** ‖ **3−4** dionisia . . . te ε : ave o dionisiade saluto te **V** : saluto te dionisia **Va** ‖ **4** ego thasia **Va** | ab ε**V** : da **Va** | scelerata ε**V** : mala **Va** ‖ **5** toto corpore contremuit **V** : toto corde intremuit ε : scelesta dionisia **Va**; *cf. RA* | omnes *om.* **VaV** | quod dionisia prae scelere dixit domine rex ne credas aliter quod suasus est ab hac muliere nam et ex greco [***] tibi ostendi mihi ubi sepelimus ea cives nunc (*aut* nec) quae rogo non vidistis et nos flentes non audistis et pecunia tibi non designavimus sed haec mulier ex arbitrium tibi filiam se vocat ad haec verba scelesta mulier *post* cives *add.* **Va** | et gaudent et iussit ε**V** : iubet **Va** ‖ **6** in conspectu suo *om.* **V** | adduci . . . dionisiadis (η δ ξ : -di **Va**) **Va** : theophilum villicum dionisiadis adduci ε : theophilum villicum venit **V** | sceleste mulieris cumque adductus fuisset *post* dionisiadis *add.* **Va**; *cf. RA* ‖ **6.7** cui ait ε**V** : thasia ait ad eum **Va** ‖ **7** ut possim tibi ignoscere (-ci **V**) ε**V** : si vis tormenta et sanguinem tuum esse consultum et a me mereris indulgentia **Va**; *cf. RA* | responde ε**V** : dic **Va** ‖ **7−8** me interficiendam (-dum **V**) tibi obligavit ε**V** : tibi suasit me interficienda **Va** ‖ **8** villicus respondit ε**V** : theophilus ait **Va** ‖ **9** tunc ε**V** : ad huc **Va** | omnes cives **VaV** *RA* | rapuerunt . . . et² (*om.* ε) ε**V** : sub adtestatione confusionem factam tam coram ratione confusio populi rapientes stranguilione et dionisiadem tulerunt **Va** ‖ **10** lapidaverunt eos ε : educentes combusserunt *add. in marg.* **Vᶜ** : *om.* **V** : et lapidi[. . .]bus occiderunt eos et a bestiis et volucribus caeli in campo iactaverunt eos ut etiam corpora eorum negarentur sepultura terre **Va** | volentes . . . occidere ε**V** : volens autem et theophilum hoccidere **Va**; *cf. RA* ‖ **11** interventu Tarsiae *scripsi* : sed tharsiae interventu **V** : sed interveniente thasia ε : intervenit thasia **Va** | tangunt *scripsi* : tangitur ε**VaV** | et ait thasia (*om.* **V**) ε**V** : ait enim thasia **Va** | iste *om.* **Va**

deum horarum mihi spatium tribuisset, modo vestra pietas non me defendisset." quem manumissum incolumem abire praecepit, et scelestae filiam secum Tarsia tulit.

Apollonius vero ad laetitiam populo dedit munera; restaurantur **51** 5 thermae, moenia, murorum turres. moratus ibi mensibus sex navigat cum suis ad Pentapolim civitatem Cyrenen. ingreditur ad regem Archistratem. {coronatur civitas, ponuntur organa} gaudet in ultimo senectutis suae rex Archistrates: vidit neptem cum marito; nepotes, regis filios veneratur, et in osculo suscipit eos, cum quibus integrum annum laetum 10 perdurat. post haec laetus moritur perfecta aetate in manibus eorum, medietatem regni sui Apollonio relinquens et medietatem filiae suae.

His omnibus peractis, dum deambulat Apollonius iuxta mare, vidit piscatorem illum a quo fuerat naufragus susceptus, et iussit famulis suis apprehendere eum et ad palatium duci. tunc videns se piscator a famulis 15 et militibus duci, putavit se occidendum. sed ubi ingressus est palatium,

---

ε**VaV**

1 deum ε**V** : dominum **Va** | [.]orarum **Va** | mihi spatium tribuisset **VaV** : modicum spacium tribuisset mihi ε | modo me **Va** | pietas ε**V** : clementiam **Va** | me **V**; *cf. RA RB* : *om.* ε**Va** ‖ 2 quem manumissum ε : quem manu dimissum **V** : dat theophilo libertatem **Va** | incolumem abire ε : abire incolomem **V** : *om.* **Va** *RA* | praecepit *om.* **Va** ‖ 2—3 et sceleste ($\eta\,\xi$: cleste ε) filiam secum tharsia ($\eta\,\xi$: *om.* ε) tulit ε : quicquid autem stranguilio et dionisiades habuerunt secum tharsia detulit **V** : *om.* **Va** ‖ 4 vero *om.* **Va** | ad leticiam ε : pro hanc letitiam **Va** : dat licentiam **V** | populi ε | dedit munera ε**V** : addens civitati **Va** ‖ 4—5 restaurantur therme moenia (*om.* ε) murorum (et *add.* **V**) turres ε**V** : pro restaurationem [***] **Va** ‖ 5 moratur **V** | ibi ε : autem ibi **V** : ibidem **Va** | mensibus sex (post haec *add.* **V**) ε**V** : in ipsis civibus cum ipsis hominibus [***] postea vero valedicens omnibus **Va**; *cf. RA* ‖ 5—6 navigat . . . pentapolim (et *add.* ε) . . . cirinam ε**V** : navigans pentapoli quirinensium **Va** ‖ 6 ingreditur ε**V** : pergens ingreditur feliciter **Va**; *cf. RA* ‖ 7 coronatur . . . organa *delevi post Riese in RB* | organa ε**V** : ornamenta gaudet civitas **Va** ‖ 7—8 ultimo senectutis (-ti **Va**) sue ε**Va** : ultima senectute sua **V** ‖ 8 neptam cum marito ε : neptem cum matre filiam cum marito **V** : filiam marito et neptem thasiam **Va** ‖ 8—9 nepotes . . . veneratur ε : regis filias regisque nepotes **V** : [***] regis filios venerabant **Va**^{c} ‖ 9 in osculo ε**V** : osculum **Va** | suscepit *om.* **V** | eos ε : apollonio et filiam suam **Va** : apollonii et filiae **V** | cum quibus ε**Va** : *om.* **V** ‖ 9—10 integrum . . . perdurat ε : integro anno perdurat **V** : iugitur in [***] uno anno letus perdurans **Va** ‖ 10 laetus *om.* **Va** | perfecta aetatem moritur **V** ‖ 11 medietatem . . . Apollonio relinquens (*scripsi* : apollonio reliquit **V** : relinquens apollonio ε) ε**V** : dimittens medietatem regni sui apollonio **Va** *RA* | suae dedit **V** ‖ 12 his ε**V** : in illo tempore **Va** | deambulat **V** : -aret ε : -ans **Va** | Apollonius *om.* ε | iuxta mare ε**V** : in litore maris **Va** ‖ 13 piscatorem illum (*om.* ε) ε**V** : illum piscatorem **Va** | famulis suis *om.* **V** ‖ 14 apprehendere eum ε : eum comprehendi **V** : ut comprehenderent eum **Va** | duci ε**V** : ducerent **Va**^{c} | tunc (*om.* **V**) videns ε**V** : tunc cum vidit **Va** | se piscator ε : piscator se **V** : piscator **Va** ‖ 14—15 a famulis . . . duci ε : comprehendi a militibus **V** : duci a famulis et militibus ad palatium **Va** ‖ 15 putavit (putat **Va**) se occidendum ε**Va** : occidi se putabat **V** ‖ 15—p. 136, 1 sed ubi . . . tyrius **Va** : sed ubi ingressus tyrius ε : et ingressus **V**

Tyrius Apollonius coram coniuge sua iussit eum adduci et ait: „domina mea regina, hic est paranymphus meus, qui mihi opem naufrago tulit et ut ad te venirem iter ostendit." et intuens eum Apollonius ait: „o benignissime vetule, ego sum Tyrius Apollonius, cui tu dimidium tribunarium tuum dedisti." et donavit ei ducenta sestertia auri, servos et ancillas et 5 vestes, et fecit eum comitem suum, usque dum vixit. Hellenicus vero, qui ei de Antiocho nuntiaverat, Apollonio procedenti obtulit se et ait: „domine rex, memor esto Hellenici servi tui." et apprehendens manum eius Apollonius, erexit eum et osculari coepit, et fecit eum divitem, et ordinavit eum comitem. his rebus expletis genuit ex coniuge sua filium 10 quem in loco avi eius Archistratis regem constituit. ipse autem cum coniuge sua benigne vixit annos LXXIIII, et tenuit regnum Antiochiae {et Tyri et Cyrenensium}; quieta vita omne tempus regni sui vixit. casus suos suorumque ipse descripsit, et duo volumina fecit: unum Dianae in templo Ephesiorum, aliud ⟨in⟩ bibliotheca sua exposuit. 15

ε VaV

1 coniugem suam **Va** | eum *om.* **V** | duci **Va** | ait ad eam **Va** ‖ 2 mea regina *ε* : regina **Va** : *om.* **V** | mihi *om.* **V** | naufrago tulit *ε* : naufrago dedit **V** : tulit naufragum **Va** | et *om.* **V** ‖ 3 te *ε***Va** : regem **V** | ostendit iter **V** | et intuens ... ait *ε***Va** : et dixit ei **V** | ad eum *post* ait **Va** | o *om.* **V** ‖ 3.4 beatissime vitule **Va** ‖ 4 tirus **V** | tu *om.* **V** | dimidio tribunario **Va** ‖ 5 tuum *om.* **Va** | dedisti **V** : donasti *ε***Va** | sestertia scripsi : -ias *ε***Va** : -ios **V** | auri *om.* **V** ‖ 5–6 servos et ancillas et (*om.* **Va**) vestes **Va**V : *om. ε* ‖ 6 et argentum copiosum *post* vestes *add.* **Va**; *cf.* *RA* | fecitque **V** | suum *om.* **V** | viveret **Va** *RA* ‖ 6–7 hellenicus ... antiocho (-hia **V**) ... procedenti (*scripsi* : -te *ε***V**) *ε***V** : ellanicus autem qui quando eum rex antiochus persequebatur qui indicaverat ei omnia et nihil accipere voluit secutus est eum et procedentem ante apollonio **Va**; *cf.* *RA* ‖ 7 obtulit se (ei *add.* **Va**) *ε***Va** : eo se obtulit **V** | ait *ε***V** : dixit **Va** ‖ 8 ellanico servo tuo **Va** | et ille **Va** | apprehendit *ε* ‖ 9 eius Apollonius *om.* **Va** | erigens **Va** | et osculari (*η* : -are *ε*) cepit *ε* : et caepit osculari eum **V** : suscepit osculum **Va** | eum² *om.* **V** ‖ 10 ordinat **V** | eum *om.* **Va**V | his rebus *ε* : idem rebus **Va** : his **V** | expletis **V** : explicitis **Va** : expeditis *ε* | ex *ε* : de **Va**V | coniugem suam **Va** ‖ 11 quem **Va**V : et *ε* | in loco ... regem constituit (constituit regem *ε*) *ε***V** : constituit regem in loco archistrati avi sui **Va** | autem *ε***Va** : vero **V** ‖ 12 coniugem suam **Va** | benigne *om.* **Va** | LXXVII *ε* | et (*om.* **V**) tenuit *ε***V** : regnavit et tenuit **Va** *P* | regni *ε* ‖ 13 et (*om. ε***V**) Tyri (tyro **Va**) et (*om.* **Va**) Cyrenensium (quirinensium **Va**) *delevi* | quieta vita **V** : quiete vite *ε* : adque felicem vitam **Va** | omne ... vixit *ε* : omni tempore regni sui quamdiu vixit **V** : vixit omnibus temporibus reg[.. .] sui **Va** | *post* sui [***] *in* **Va** *usque ad finem* ‖ 14 suorumque **V** : que *ε* | ipse descripsit *η δ ξ Raith* : descripsit ipse *ε* : exposuit ac descripsit **V** ‖ 14—15 dianae in templo **V** : in templo diane *ε* ‖ 15 ephesiori *ε* | alium *ε* | ⟨in⟩ bibliotheca sua *scripsi* : bibliotece sue *ε***V** | exposuit *om.* **V**; *cf. supra*

INDICES

NOMINA PROPRIA

(scripta secundum capita; 2[B] e. g. indicat locos in RB adiunctos)

Aegyptus 28, 48
Aeolus 11
Africus 11
Amiantus 33[B], 35[B]
Antiochia 1, 4, 7, 24[B], 50[B], 51
Antiochus 1, 4, 6, 7, 8, 9, 10, 12, 24, 48, 51
Apollo 16
Apollonius 4, 6, 7, 8, 9, 10, 11, 12, 13, 14, 15, 16, 17, 18, 19, 20, 21, 22, 23, 24, 25, 28, 29, 31, 32, 37, 38, 39, 40, 41, 42, 43, 45, 46, 47, 48, 49, 50, 51
Archistrates 13, 16, 18[B], 25[B], 29, 48, 49, 51
Ardalion (persona prima) 21
Ardalion (persona altera) 39[B]
Athenagoras 33, 34, 35, 36, 39, 40, 41, 45, 46, 47, 50
Auster 11

Boreas 11
Briseis 33[B]

Chaeremon 26, 27
Chaldaei 6
Cyrenaeus 11, 51
Cyrene 11[B], 12[B], 29[B], 51[B]
Cyrenensis 48, 51

Diana 27, 48, 51[B]
Dionysias 11, 28, 29, 31, 32, 37, 44, 48, 50

Ephesius 26, 49, 51[B]
Ephesus 48, 49
Eurus 11

Felicitas 10, 46, 50 (felicitas 18)

Graecus 6[B]

Hellenicus 8, 51

Lampsacenus 33
Latinus 6
Leoninus 33[B], 40[B]
Lucina 25, 29, 49
Lycoris 25, 28, 29[B], 32[B], 45[B]

Manes 30, 31, 32, 38
Musae 42
Mytilenaeus 46
Mytilene 33, 37, 39, 46, 47[B]

Neptunalia 39
Neptunus 11, 12, 44
Notus 11

Palladius 13
Pentapolis 11[B], 43, 51
Pentapolitae 12
Pentapolitanus 11, 12[B]
Philotimias 28[B], 31
Priapus 33

Stranguillio 9, 11, 28, 29, 31, 32, 37, 44, 45[B], 48, 50

Tarsia 28, 29, 30, 31, 32, 33, 34, 35, 37, 38, 39, 40, 41, 42, 45, 46, 47, 49, 50, 51
Tarsis 10
Tarsius 8, 10, 37
Tarsus 8[B], 11[B], 28, 29, 32, 37[B], 38, 48, 50
Tartareus 50[B]
Thaliarchus 6, 7
Theophilus 3, 44, 50
Triton 11
Tyrius 4, 6, 7, 8[B], 10, 12, 22[B], 23, 24, 32, 38[B], 44[B], 45[B], 46, 47, 48, 49, 50, 51
Tyrus 5, 6, 7, 24, 29, 39, 48[B], 50[B], 51

VOCABVLA GRAVIA

vetulus 51
vigilare 1, 18
violare 2, 34
vires regni 7, 18, 41, 50
virginitas 34, 35, 36, 40, 47
virgo 1, 2, 32, 33, 34, 35, 38, 40, 45^B

vituperare 16, 31
vituperium 32
volumen 6^B, 51^B
votum 4, 21, 29

zaeta = diaeta 17

RES

ablativus pro acc. (solum exempla): 1^B (in matrimonio postulabant), 1 (in pavimento ceciderunt), 12 (in ... litore pulsus), 20^B (pertulit ... in foro), 25 (in pelago mitti), 27 (tulit puellam in cubiculo), 30 (lugens eam anno), 30^B (rediit in studiis), 34 (dedit in manu), 38 (proicite me in subsannio), 45 (in amplexu ... ruens), 50 (in conspectu ... adduci)

accusativus pro abl. (solum exemplum) 34 (sedit in lectum)

ad cum acc. pro dativo (solum exempla) 34 (quantum dedit ad te), 35 (exponens ad omnes)

aenigma 42 (flumen et piscis), 42 (canna/harundo), 42 (navis), 42 (balneum), 42 (ancora), 42 (spongia), 43 (sphaera/pila), 43 (speculum), 43 (rotae), 43 (scalae)

carmina 11, 41; v. aenigma

crematio corporum mortuorum 26, 32

diminutiva 24 (ventriculum), 24 (puellula), 25 (barbula), 25 (corpusculum), 33 (corpusculum), 40 (navicula)

eunuchus 33^B (leno ... nec vir nec femina)

incestus 1

mors falsa 26 (25—27)

pecunia v. aereum, aureus, talentum, sestertia

pleonasmus (solum exempla) 9 (respiciens ... vidit), 39 (vocans ... ait), 49 (mittit vocem magnam clamans)

poena servilis 39 (crura frangere), 50 tormenta

proverbium 7 (fugere quidem potest, sed effugere non potest), 8^B (rex enim longam habet manum), 8 (apud bonos enim homines amicitia praemio non comparatur), 20^B (per ceram mandavi quae ruborem non habet), 33 (apud lenonem et tortorem nec preces nec lacrimae valent), 34 (scimus fortunae casus), 34 (quantum plus dabis, plus plorabis), 34 (homines sumus casibus subiacentes)

superstitiones 25, 38

tempora verborum promiscue commixta (solum exempla) 2 (cum ... posset ... vigilans irrumpit ... iussit), 7 (quaeritur ... inventus est), 19 (accepit ... signavit datque ... dicens), 31 (tulit ... celat), 51 (vidit ... iubet), 7 quaeritur ... inveniebatur), 29 (traditur ... docebatur), 33 (voluero ... sum), 22 (quaerit ... quod putaverat perdidisse), 48 (susceptus sum ... ut ... meruissem), 51 (vidit ... susceptus fuerat ... iubet), 51 (iubet ... ut ... comprehenderet)

titulus funebris 32, 38
titulus honorificus 10, 47
titulus lupanaris 33

THESAVRVS LINGVAE LATINAE

Der Thesaurus linguae Latinae ist das größte lateinische Wörterbuch der Welt und wird seit dem Jahre 1900 im BSB B. G. Teubner Verlagsgesellschaft, Leipzig, veröffentlicht. Herausgeber ist die Internationale Thesaurus-Kommission, in der wissenschaftliche Gesellschaften und Akademien aus elf europäischen Ländern und einem außereuropäischen Land vertreten sind. Das in der Welt einzigartige Nachschlagewerk ist ein unentbehrliches Arbeitsmittel für alle sprach-, literatur-, kultur- und wissenschaftshistorischen Untersuchungen zur römischen Antike.

Alle bisher erschienenen Teile des Wörterbuches sind nunmehr wieder komplett lieferbar:

A – M (vollständig)
O   (vollständig).

Als weitere Lieferungen erschienen:

Vol. X, Pars 1 (p – pastor)
Vol. X, Pars 2 (porta – praepotens)

1989 wird ausgeliefert:

Vol. X, Pars 1, Fasc. V (pastor – paucus)

Ausführliche Informationen erhalten Sie vom

LEIPZIG

BSB B. G. TEUBNER VERLAGSGESELLSCHAFT LEIPZIG